供配电一次系统

主　编　王朗珠　陈　书
副主编　涂雪芹　吴　靓

重庆大学出版社

内容提要

本书共 12 章,内容为电力系统与供配电系统,负荷计算,电力变压器及运行,高、低压开关电器,互感器,供配电网络,变配电所一次系统,变配电站(室)布置,输配电线路,短路电流计算,电气设备选择,以及防雷与接地。本书全面地包含了教育部 2018 年颁布的全国高等职业院校《供用电技术专业标准》中专业核心课程"供配电一次系统"所要求的教学内容与要求。本书根据供配电一次系统运行、维护、安装、检修等岗位的实际工作要求,将知识与能力两方面融合起来进行编写。书中采用大量的现场图片,图文并茂,在增强感性认识的同时,加深理性认识。教学内容以当今现场技术为主,由浅入深、理实一体、突出重点、知识够用地进行供配电一次系统专业知识的介绍。

本书每一章节起始以实际工作中的任务为引导,帮助学生理解该部分内容在现实工作中的作用。

图书在版编目(CIP)数据

供配电一次系统/王朗珠,陈书主编.--重庆:
重庆大学出版社,2019.8(2023.7 重印)
高职高专电气系列教材
ISBN 978-7- 5624- 9353- 2

Ⅰ.①供… Ⅱ.①王… ②陈… Ⅲ.①供电—高等职业教育—教材 ②配电系统—高等职业教育—教材 Ⅳ.①TM72

中国版本图书馆 CIP 数据核字(2015)第 169833 号

供配电一次系统

主编 王朗珠 陈 书
副主编 涂雪芹 吴 靓
策划编辑:周 立

责任编辑:李定群 版式设计:周 立
责任校对:关德强 责任印制:张 策

*

重庆大学出版社出版发行
出版人:饶帮华
社址:重庆市沙坪坝区大学城西路 21 号
邮编:400031
电话:(023) 88617190 88617185(中小学)
传真:(023) 88617186 88617166
网址:http://www.cqup.com.cn
邮箱:fxk@cqup.com.cn(营销中心)
全国新华书店经销
重庆重报印务有限公司印刷

*

开本:787mm×1092mm 1/16 印张:18 字数:406 千
2019 年 8 月第 1 版 2023 年 7 月第 3 次印刷
ISBN 978-7-5624-9353-2 定价:45.00 元

前 言

本书在习近平新时代中国特色社会主义思想指导下，落实新时期教材要求，与"建立工作过程化课程体系"的职业教育课程改革的方向相一致，主要体现职业教育规律，满足企业岗位需求，符合学生就业要求。教材以学习情境或项目教学为编写章节，工作过程为教学顺序，以知识、技能和职业技能鉴定为主要教学内容，并将职业素质教育贯穿其中，以期达到满足理实一体教学模式的需要。

教材在编排上力求目标明确、深入浅出，避免烦琐的理论推导和验证、文字简练、图文并茂、通俗易懂。在内容定位上，遵循"知识够用、为技能服务"的原则，突出针对性和实用性。

本书由重庆电力高等专科学校王朗珠、陈书主编，重庆电力高等专科学校涂雪芹、广东水利电力职业技术学院吴靓副主编完成该教材的编写。

学习供配电一次系统课程，需要前期已完成电路与磁路基本知识的学习、课程学习的主要教学内容与要求是：了解供配电系统的基本知识；熟悉负荷计算及无功补偿的分析与计算方法；掌握变配电站(所)电气设备功能、原理结构及运行；熟悉配电线路的分类及组成，各类金器具的结构及功能，配电设备的功能、原理及运行；掌握配电网组成及接线形式；掌握变配电站(所)电气主接线形式及运行方式；了解无限大容量系统的短路电流计算；熟悉电缆、导线、配电设备的选择；了解防雷与接地基本知识。

教材在每一章的开始对学习内容与实践的关系进行了描述，给出了参考教学目标及学习任务。

由于教材采用新的体例，疏漏和不足在所难免。实践是检验真理的唯一标准，在具体教学实践中，我们会不断完善和修改，并期待读者提出批评，更希望教师创造性地使用，使本套教材更加充实和完善，更加体现高等职业教育的特色。

编　者
2019 年 2 月

目录

第 **1** 章
电力系统与供配电系统

【学习描述】

随着我国经济建设和电力工业的不断发展,电能在整个国民经济和人民日常生活中起着举足轻重的作用。电能生产最基本的特点就是不能大规模地储存,电能的生产、输送、分配、使用几乎是同时进行的。图 1.1 简略地表示了电力工业的整个生产环节。建立对电力生产过程的整体认识是进入专业学习的第一步。

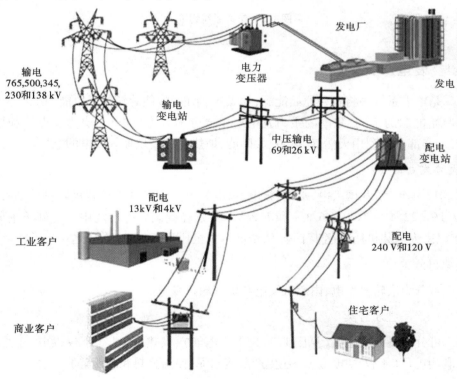

图 1.1　电能生产、输送、分配、使用系统

【教学目标】

使学生了解电力系统的组成,了解供配电网络在电力系统中的地位和作用及供电的基本要求;清楚配电系统中性点的运行方式。

【学习任务】

根据电力系统的定义及组成单位特点,形成"发—输—配—用"的整体概念;清楚供电、用电之间的关系及电能质量指标;理解配电系统的中性点运行方式。

1.1 电力系统与配电系统的组成

电力系统是由各类发电厂、电力网(变电所、线路)和用户组成的一个统一整体。其功能就是完成电能的生产、输电、分配和使用,如图1.2所示。

发电厂　　　　　　输电线路　　　　　　变电站　　　　　　　用户

图1.2　电力系统组成

1.1.1 发电厂类型

发电厂是电力系统中将各种原始能源,如煤炭、水能、核能等转换成电能的工厂。

根据原始能源的不同,我国的主力发电厂主要分为火力发电厂、水力发电厂和核电厂。另外,还有一小部分是利用天然气、风力、太阳能、地热、潮汐、垃圾等发电的电厂。

(1)火力发电厂

截至2013年年底,我国火电、水电、核电、风电和太阳能发电累计装机容量分别占总装机容量的69.1%,22.4%,1.2%,6.1%和1.2%。火电在我国发电市场中一直处于主导地位,但2006年以来火电装机比重逐步下降,清洁能源装机比重逐年增加。

1)按燃料分类

火电厂可分为汽轮机发电、内燃机发电和燃气轮机发电。

2)按生产产品性质分类

火电厂可分为凝汽式电厂(见图1.3,只生产电能)、供热式电厂(不仅供电,还给用户供热)、综合利用电厂(不仅供电、供热,还生产灰渣水泥、保温材料和磷肥等)。

发电厂全貌　　　　输煤和锅炉　　　　汽轮发电机组　　　　高压配电装置

图1.3　火力发电厂图

3) 按供电范围分类

①区域发电厂。向大区域面积供电或建在煤炭基地的坑口电厂。

②地方发电厂。主要向区县城市供电。

③企业自备电厂。专门供企业所需电能和热能。

④小型发电厂。利用当地能源,供当地工农业用电和城乡居民用电。

⑤列车、船舶电站。为基本建设施工或暂时性地区缺电时用电。

目前我国火电厂最大单机容量为 1 000 MW。国外最大火电厂为日本鹿岛电厂,装机为 4 400 MW,单机容量为 1 300 MW。

(2) 水力发电厂

水力发电厂把水的位能和动能转变成电能,通常简称水电厂或水电站,如图1.4 所示。

图1.4　葛洲坝水利枢纽及发电厂

根据水利枢纽布置的不同,水电厂又可分为河床式、堤坝式和引水式等。

因河流的落差是沿河分布的,流量也是随地点和时间而变化的,所以为有效而经济地利用水能,需设法集中落差和调节流量,水电厂就是按集中落差或调节流量的方式来建造的。我国最大的水电厂为三峡电厂,装机容量为 26 台,70 万 kW 的机组。

1) 按集中落差的方式分类

①河床式

河床式水电站大多建造在河流中下游河道底坡平缓的河段上。水电站厂房与坝排成一

3

体,共同阻挡河水,这种坝一般不高,中小水电站水头为 10 m 左右,主要靠流量大出力,属低水头大流量型水电站。例如,葛洲坝水利电站,如图 1.4 所示。

②引水式

上游筑坝,通过坡降引水管道或隧洞到下游形成落差,如图 1.5 所示。

图 1.5　引水式电站

③堤坝式

在河流中地形地质条件合适的地方修建堤坝以抬高上游水位,如图 1.6 所示。电厂按位置,可分为坝后式电厂、河床式电厂两类。

图 1.6　三峡水电站及水利枢纽

④混合式

上游筑坝形成水库,又通过水渠加大落差。

2)按调节流量分类

①径流式

无水库调节,河流来多少流量发多少电。

②调节池式

取水口与厂房间设储水池蓄一日(或周)调节水池发电。

③水库式

有较大水库能调节年季或月发电流量。

④抽水蓄能电站

电力负荷低谷时,用多余电力把水从下游抽到上游,蓄能发电,如图1.7所示。

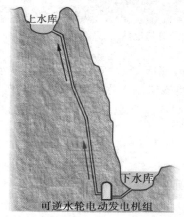
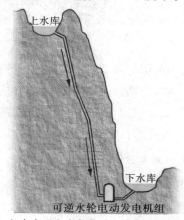

(a)在后半夜电力负荷进入低谷负荷时,　　(b)在白天电力负荷进入峰荷时,抽水

　　抽水蓄能电站利用电力系统多余电能　　　蓄能电站采用上水库储存的水进行发

　　把下水库的水抽到上水库储存　　　　　电,供给高峰负荷

图1.7　抽水蓄能发电原理

(3)核电站

核电厂是利用核裂变能转化为热能,再按火电厂的发电方式,将热能转换为电能,它的原子核反应堆相当于锅炉。核反应堆中,除装有核燃料外,还以重水或高压水作为慢化剂和冷却剂,因此,核反应堆又可分为重水堆、压水堆等。

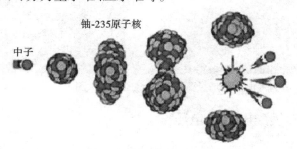

图1.8　铀-235原子核裂变及链式反应

核反应堆内铀-235在中子撞击下,使原子核发生裂变(见图1.8),产生的巨大能量主要是以热能形式被高压水带至蒸汽发生器,在此产生蒸汽,送至汽轮发电组。

1 kg铀-235发出的电力约等于2 700 t标准煤所发出的电力。

图1.9　秦山核电站和大亚湾核电站

截至2014年9月4日，我国内地已建成并投入商业运行的核电站有8个，分别为浙江秦山核电站一期、二期、三期，广东大亚湾核电站和岭澳核电站一期、二期，江苏田湾核电站，辽宁红沿河1,2号机组，福建宁德1号机组，防城港1号机组共20台机组。如图1.9所示为秦山核电站和大亚湾核电站外景图。

（4）其他发电方式

其他可利用于发电的一次能源有风力发电、太阳能发电、潮汐发电、地热发电等。此外，还有直接将热能转换成电能的磁流体发电。国家大力鼓励发展新能源和可再生能源，尤其是近年来为改善大气污染状况，要求压减燃煤发电的呼声较大。火电装机比重将呈下降趋势，风电和太阳能发电等清洁能源装机比重呈上升趋势。图1.10、图1.11为风力发电厂风场及太阳能发电光伏电池图片。

图1.10　风力发电厂风场　　　　　图1.11　太阳能发电光伏电池

1.1.2　电力网、供配电网及电压

电能是发电厂制造的"产品"，这是一个特殊产品，不能大量储存，电能的生产、输送、分配和使用的全过程是同时进行的，即发电厂任何时刻生产的电能等于该时刻用电设备消耗的电能与输送、分配中损耗的电能之和。该产品必须通过中间环节才能送到用户，这个中间环节就是电力网。供电网一般指电力网中靠近用户的部分。

（1）电力网

电力系统中输电线路及两端的变电站（变压器）组成电力网。

电力网就像一个交通网，以公路网为例，有高速路、国道、普通的公路和加油站。输电线路就像道路,变电站就像加油站和中转站。如图 1.12 所示为电力网的示意图。

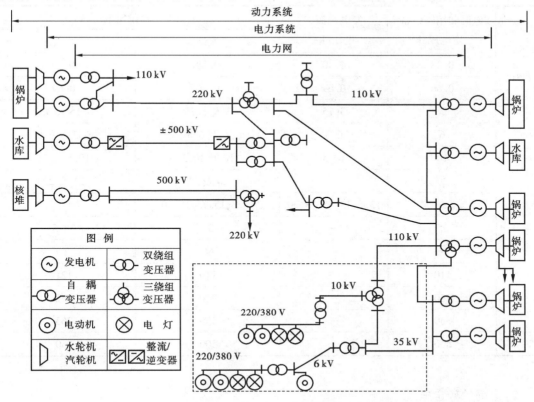

图 1.12　电力系统和电力网络示意图

（2）输电网

电力网按其在电力系统中的作用不同,可分为输电网和供电网。

输电网是以超高压和高压将大型发电厂、变电所或变电所之间连接起来的电网络,故又称主干网。

（3）配电网

供配电系统位于电力系统的末端,直接与用户相连,整个电力系统对用户的供电能力和供电质量最终都必须通过它来实现和保障。如图 1.12 所示的虚线。

配电网是电力网的一部分,可理解为纵横交错的国道和四通八达的普通的公路。图 1.12 中虚框部分为供配电网和用户。

（4）电网的电压

1）额定电压

为了使电气设备的设计与制造实现标准化、系列化,发电机、变压器、断路器、电动机等各种电器都规定有额定电压。电气设备在其额定电压下运行时其技术、经济效益最佳。

按照国家标准《标准电压》(GB/T156—2017)规定,我国三相交流电网、发电机和电力变压器的额定电压见表 1.1。

表 1.1　三相交流电网和电力设备的额定电压

	电网和用电设备额定电压/kV	发电机额定电压/kV	电力变压器额定电压/kV	
			一次绕组	二次绕组
低压	0.38	0.40	0.38	0.40
	0.66	0.69	0.66	0.69
高压	3	3.15	3 及 3.15	3.15 及 3.3
	6	6.3	6 及 6.3	6.3 及 6.6
	10	10.5	10 及 10.5	10.5 及 11
	20	—	20 及 21	21 及 22
	—	13.8,15.75,18,20	13.8,15.75,18,20	
	35	—	35	38.5
	66		66	72.6
	110		110	121
	220		220	242
	330		330	363
	500		500	550

2）电网的额定电压

电网（或电力线路）的额定电压等级是国家根据国民经济发展的需要及电力工业的水平，经全面技术经济分析后确定的。它是确定各类用电设备额定电压的基本依据。各电压等合理输送容量及数电距离见表 1.2。

表 1.2　各级电压合理输送容量及输电距离范围及适用地区

额定电压/kV	输送容量/MW	输送距离/km	适用地区
0.38	0.1 以下	0.6 以下	低压动力与三相照明
3	0.1~1.0	1~3	高压电动机
6	0.1~1.2	4~15	发电机电压、高压电动机
10	0.2~2.0	6~20	配电线路、高压电动机
35	2.0~10	20~50	县级输电网、用户配电网
110	10~50	30~150	地区级输电网、用户配电网
220	100~200	100~300	省、区级输电网
330	200~500	200~600	省、区级输电网、联合系统输电网
500	400~1 000	150~850	省、区级输电网、联合系统输电网

由于三相功率 S 和线电压 U、线电流 I 之间的关系为

$$S = \sqrt{3}IU$$

因此,在输送功率一定时,输电电压越高,输电电流越小,从而可减少线路上的电能损失和电压损失,同时又可减小导线截面,节约有色金属。而对某一截面的线路,当输电电压越高时,其输送功率越大,输送距离越远;但是电压越高,绝缘材料所需的投资也相应增加,因而对应一定输送功率和输送距离,均有相应技术上的合理输电电压等级。同时,还须考虑设备制造的标准化、系列化等因素,因此,电力系统额定电压的等级也不宜过多。

①发电机的额定电压

如图 1.13 所示,由于电力线路允许的电压损耗为 ±5%,即整个线路允许有 10% 的电压损耗,因此,为了维护线路首端与末端平均电压的额定值,线路首端(电源端)电压应比线路额定电压高 5%,而发电机是接在线路首端的,故规定发电机的额定电压高于同级线路额定电压 5%,用以补偿线路上的电压损耗。

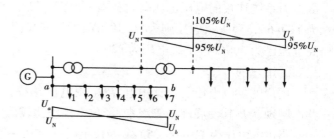

图 1.13　电力系统中的各点电压分布

②电力变压器的额定电压

A. 电力变压器一次绕组额定电压的两种情况

a. 变压器直接与发电机相连,则其一次绕组的额定电压应与发电机额定电压相同,即高于同级线路额定电压 5%。

b. 当变压器不与发电机相连,而是连接在线路上,一次绕组的额定电压应与线路额定电压相同。

B. 变压器二次绕组的额定电压

变压器二次绕组的额定电压是指变压器一次绕组接上额定电压而二次绕组开路时的电压,即空载电压。而变压器在满载运行时,二次绕组内约有 5% 的阻抗电压降。因此分两种情况讨论:

a. 如果变压器二次侧供电线路很长(如较大容量的高压线路),则变压器二次绕组额定电压,一方面要考虑补偿变压器二次绕组本身 5% 的阻抗电压降,另一方面还要考虑变压器满载时输出的二次电压要满足线路首端应高于线路额定电压的 5%,以补偿线路上的电压损耗。因此,变压器二次绕组的额定电压要比线路额定电压高 10%。

b. 如果变压器二次侧供电线路不长(如为低压线路或直接供电给高、低压用电设备的线路),则变压器二次绕组的额定电压,只需高于其所接线路额定电压 5%,即仅考虑补偿变压器内部 5% 的阻抗电压降。

③用电设备的额定电压

用电设备的额定电压规定与同级电力线路的额定电压相同。

3）配电系统的额定电压

①供电电压

我国自20世纪80年代以来，通过城网改造，电压等级已逐步走向标准化、规范化，大中城市电网电压等级基本上为4个层次：220 kV及以上高压输电网，110（66,35）kV高压配电网，20 kV,10 kV中压配电电网，380/220 V低压配电网。

我国地域辽阔，城市数量多，城市性质、规模差异大，城市用电量和城网与地区电力系统连接的电压等级（即城市最高一级电压）也不尽相同，城市规模大，用电需求量也大，城市与地区电力系统连接的电压也就高。我国一般大中城市网的最高一级电压多为220 kV，次级电压为110（66,35）kV，中压则为20,10 kV;近年来我国一些特大城市（如北京、上海、天津等）最高电压已为500 kV，次级电压为220 kV。

②用户的电压

用户的供电电压是根据用电容量、用电设备特性、供电距离、供电线路的回路数、当地公共电网现状及其发展规划等因素，经技术经济比较确定。

当供电电压为110（66,35）kV及以上时，用户的一级配电电压应采用20,10 kV;当6 kV用电设备的总容量较大，选用6 kV经济合理时，宜采用6 kV。低压配电电压应采用380/220 V。

当供电电压为35 kV，能减少配电电压级数，简化接线，技术经济合理时，配电电压宜采用35 kV。

1.1.3　电力线路

电力线路按结构可分为架空线路和电缆线路两大类。架空线路是将导线通过杆塔架设在户外地面上空。它由导线、避雷线、杆塔、绝缘子及金具等元件组成，如图1.14所示。

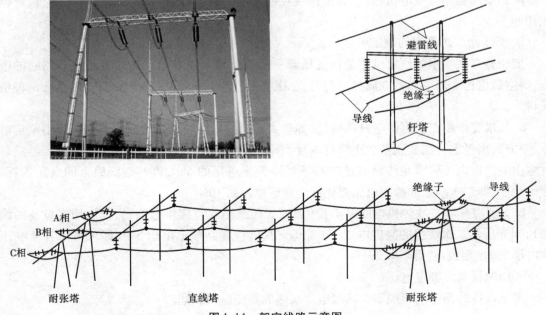

图1.14　架空线路示意图

电缆线路一般用在发电机、变压器配电线出线、水下线路、污染严重的地区和因建筑拥挤或要求美观的城市配电线路等处,一般埋在地底下的电缆沟或管道中,如图 1.15 所示。它由导线、绝缘层、保护层等组成。

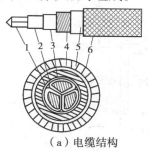

（a）电缆结构

（b）电缆线路

图 1.15　电力电缆

1—导线(体);2—相绝缘层;3—带绝缘层;

4—护套层;5—铠装层;6—外护套层

1.1.4　变电站

变电站是联系发电厂和用户的中间环节,变电站的主要设备是变压器和高压侧(如配电设备,见图 1.16),起着变换电压以输送电能和分配电能的作用。

图 1.16　终端变电站全景

变电站根据它在电力系统中的地位(见图 1.17),可分成以下 4 类:

（1）枢纽变电站

位于电力系统的枢纽点,连接电力系统高压和中压的几个部分,汇集多个电源,电压为 330～500 kV 的变电站,称为枢纽变电站。全部停电后,将引起系统解列,甚至瘫痪。

（2）中间变电站

高压侧以交换潮流为主,起系统交换功率的作用,或使长距离输电线路分段,一般汇集 2～3 个电源,电压为 220～330 kV,同时又降压供给当地用电。这样的变电站主要起中间环节的作用,故称为中间变电站。全所停电后,将引起区域电网解列。

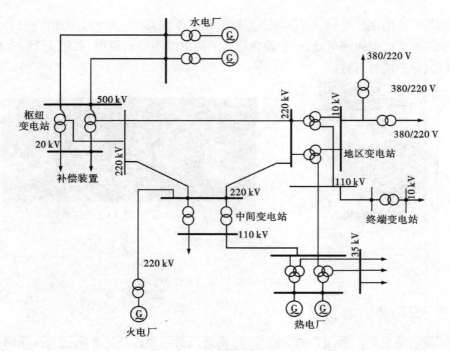

图 1.17　电力系统中的变电站

（3）地区变电站

高压侧电压一般为 110 ~ 220 kV,向地区用户供电为主的变电所,这是一个地区或城市的主要变电所。全部停电后,仅使该地区中断供电。

（4）终端变电站

在输电线路的终端,接近负荷点,高压侧电压多为 110 kV,经降压后直接向用户供电的变电站,即为终端变电站。全部停电后,只是用户受到损失。

1.1.5　供配电系统电气设备的分类及基本功能

为满足生产需要,发电厂、变电所中安装有电气设备。通常把生产、输送、分配、使用电能的设备称为一次设备。一次设备除主体设备发电机、变压器外,还有许多其他设备统称配电设备,配电设备可分为以下 5 类:

（1）开关电器

承担接通与切断电路的设备。它主要有高、低压断路器,高压隔离开关,低压闸刀开关,以及高、低压熔断器等。

（2）限流电器

限制电力系统中的短路电流,以便选择轻型开关电器,减小载流导体的截面的设备。它主要有限流电抗器及两电压的低压分裂绕组变压器。

（3）互感器

将一次接线系统的高电压、大电流变换成标准的低电压和小电流,向二次测量、控制及自动装置提供电流、电压信号的设备。它主要有电流互感器、电压互感器。

(4)导体与绝缘子(绝缘套管)

连接各种电气设备、输送电能的导体;支承、固定或悬挂裸载流导体使其相间绝缘和对地绝缘的绝缘子。它主要有母线、架空线、电缆、支持绝缘子、悬式绝缘子、穿墙套管、设备的引线套管等。

(5)防雷与接地设备

防止过电压损坏设备的绝缘的设备,主要有避雷针和避雷器。

无论是电力系统中性点的工作接地还是保护人身安全的保护接地,均同埋入地中的接地装置相连。

一次设备组成的电路,称为一次电路(或一次系统)。此外,对一次设备进行测量、控制、监视和保护的设备,称为二次设备。它们包括:

①仪用互感器如电压互感器和电流互感器,可将电路中的电压或电流降至较低值,供给仪表和保护装置使用。

②测量表计如电压表、电流表、功率因数表等,用于测量电路中的参量值。

③继电保护及自动装置这些装置能迅速反应不正常情况并进行监控和调节,如作用于断路器跳闸,将故障切除。

④直流电源设备,包括直流发电机组、蓄电池等,供给保护和事故照明的直流用电。

本课程主要讲述:配电变压器,中、低压开关电器,互感器,导体与绝缘子,以及防雷与接地装置。

1.2　供电关系及对供电的要求

1.2.1　供电部门与用户的关系

在电力系统中,供电部门和用户均应加强设备与技术管理,切实执行国家制订的有关保证电力系统安全、经济、合理运行的规程制度。供电部门应指导协助用户做好各项管理工作,并且努力提高服务质量,更好地为用户服务。作为用户,应该高度重视发电、输电、配电和用户之间存在的非常紧密的相互依赖和制约的关系,从整个电力系统全局着想,从本单位做起,加强用电技术管理,以促进整个电力系统的安全、经济运行。

1.2.2　对供电系统的基本要求

(1)供电可靠性

用户要求供电系统有足够的可靠性,特别是连续供电,用户要求供电系统能在任何供电时间内都能满足用户用电的需要,即使供电系统中局部出现故障,也不能对某些重要用户的供电有很大的影响,因此,为了满足供电系统的供电可靠,要求电力系统至少具备10%～15%

的备用容量。

（2）电能质量合格

电能质量的优劣直接关系到用电设备的安全经济运行和生产的正常运行,对国民经济的发展也有着重要的意义。供电的电压、频率,以及不间断地供电,哪一方面达不到标准都会对用户造成不良的后果。因此,要求供电系统应确保对用户供电的电能质量。

（3）安全、经济、合理性

供电系统要安全、经济、合理地供电,这也是供电、用电双方要求达到的目标。为了达到这一目标,就需要供电、用电双方共同加强运行管理,做好技术管理工作,同时还要求用户积极配合,密切协作,提供必要的方便条件。例如,负荷、电量的管理,电压、无功的管理工作等等。

（4）电力网运行调度的灵活性

一个庞大的电力系统和电力网,必须做到运行方式灵活,调度管理先进。只有如此,才能保障系统安全可靠运行,只有灵活的调度,才能做到系统局部故障时及时检修,从而达到系统安全、可靠、经济、合理运行。

1.2.3 电能质量标准

电能是一种特殊商品,衡量电能的质量标准主要是供电的可靠性、供电电压及波形、频率。

（1）可靠性

衡量供配电可靠性的指标是可靠率,这是一个重要指标,有的把它列在质量指标的首位。可靠率一般以全年平均供电时间占全年时间的百分数来表示。例如,全年时间为 8 760 h,用户全年平均停电时间 87.6 h,即停电时间占全年的 1%,则供电可靠率为 99%。

（2）频率

我国采用的工业频率(简称工频)为 50 Hz。当电网以低于 50 Hz 的频率运行时,所有电力用户的电动机转速都将相应降低,因而工厂的产量和质量都将不同程度受到影响。频率的变化还将影响到计算机、自控装置等设备的准确性。我国电力系统的频率允许偏差规定为:电网装机容量在 3 000 MW 及以上的,为 ±0.2 Hz;电网装机容量在 3 000 MW 以下的,为 ±0.5 Hz。

（3）电压及波形

供电电压应满足用电设备的正常工作电压标准的要求,允许有一定范围的偏差,过高或过低,都会损害用户的利益。交流电的电压质量包括电压的有效值与波形两个方面。电压质量对各类用电设备的工作性能、使用寿命、安全及经济运行都有直接的影响。

1）电压偏差

电压偏差是指电压测量值与系统额定电压之差对额定电压的百分数,即

$$电压偏差（\%）= \frac{电压测量值 - 系统额定电压}{系统额定电压}$$

若加在用电设备上的电压有效值在数值上偏移额定值后,对感应电动机,其最大转矩与端电压的平方成正比。当电压降低时,电动机转矩显著减小,以致转差增大,从而使定子、转子电流都显著增大,引起温升增加,绝缘老化加速,甚至烧毁电动机;而且因转矩减小,转速下降,导致生产效益降低,产量减少,产品质量下降;反之,当电压过高,激磁电流与铁损都大大增加,引起电机的过热,效率降低。对电热装置,这类设备的功率与电压平方成正比,因此,电压过高将损伤设备,电压过低又达不到所需温度。电压偏移对白炽灯影响显著,白炽灯的端电压降低10%,发光效率下降30%以上,灯光明显变暗;端电压升高10%时,发光效率将提高1/3,但使用寿命将只有原来的1/3。

电压偏差若是因供电系统改变运行方式或电力负荷缓慢变化等因素引起的,其变化相对缓慢。

在《电能质量　供电电压偏差》(GB/T 12325—2008)中规定,最大允许电压偏差应不超过以下值:

①35 kV及以上供电电压正、负偏差的绝对值之和不超过额定电压的10%。

注:如供电电压上下偏差同号(均为正或负)时,按较大的偏差绝对值作为衡量依据。

②20 kV及以下三相供电电压允许偏差为额定电压的±7%。

③220 V单相供电电压允许偏差为额定电压的+7%,-10%。

注:用电设备额定工况的电压允许偏差仍由各自标准规定,如旋转电机按《旋转电机　基本技术要求》(GB 755—2008)规定,对电压有特殊要求的用户,供电电压允许偏差由供用电协议确定。

2)电压波动和闪变

①电压波动

在某一时段内,电压急剧变化而偏离额定值的现象,称为电压波动。电压波动程度以电压在急剧变化过程中,相继出现的最大电压值均方根值 U_{max} 与最小电压 U_{min} 值之差与额定电压 U_N 之比的百分数来表示,即

$$d_u\% = \frac{U_{max} - U_{min}}{U_N} \times 100$$

例如,轧钢机,绞车等负荷电动机的频繁启动和焊机、电弧炉等功率波动性负荷是引起电压波动的原因。

②电压闪变

周期性电压急剧变化引起电光源光通量急剧波动而造成人眼视觉不舒适现象,称为闪变。电压闪变是指人眼对灯闪的主观感觉。引起灯光闪变的波动电压,称为闪变电压。

3)波形畸变

电力系统电压的波形应是频率50 Hz的正弦波,如果波形偏离正弦波形则称为畸变。

近年来,随着硅整流设备、晶闸管变流设备、微机及网络和各种非线性负荷的使用增加,致使大量谐波电流注入电网,造成电压正弦波波形畸变,使电能质量大大下降,给供电设备及用电设备带来严重危害,不仅使损耗增加,还使某些用电设备不能正常运行,甚至可能引起系统谐振,从而在线路上产生过电压,线路设备绝缘层击穿,还可能造成系统的继电保护和自动

装置发生误动作,并对附近的通信设备和线路产生干扰。

从前所述可知,电力系统中的所有电气设备都必须在一定的电压和频率下工作。电气设备的额定电压和额定频率是电气设备正常工作并获得最佳经济效益的条件。因此,电压、频率和供电的连续可靠是衡量电能质量的基本参数。

4) 谐波对电力系统的危害

谐波是由具有非线性阻抗特性或具有非正弦电流特性的电气设备产生的。装有功率电子元件的设备,如硅整流或可控硅整流、逆变、变频调速、调压装置;具有非线性阻抗特性的电气设备,如感应炉、电弧炉、气体放电灯、变压器以及电视机、微波炉等家电,上述设备都是谐波源。谐波源电气设备接入电网以后,向电网注入谐波电流,谐波电流在电网阻抗上产生谐波电压,谐波电压叠加在 50 Hz 的正弦波形电压上,并施加在接于该电网的电气设备端子上,对这些设备造成的影响如下:

①交流发电机、变压器、电动机、线路等损耗增加。

②电容器、电缆绝缘损坏。

③电子计算机失控,电子设备误触发,电子元件测试无法进行。

④继点电保护误动或拒动。

⑤感应型电度表计量不准确。

5) 谐波的治理措施

谐波是电力系统的公害,随着电力电子技术的发展,电网的谐波污染日益严重。目前,消除谐波的措施如下:

①受电变压器采用 Y,d 或 D,y 接线。

②增加整流相数,如六相整流改为 12 相整流,以减少注入电网的谐波电流。

③采用滤波装置。

④采用电容器吸收谐波电流。

⑤调整三相负荷使其保持三相平衡。

1.3 电力系统中性点运行方式

电力系统的中性点是指发电机或变压器的三相绕组"Y"连接绕组的中性点,如图 1.18 所示的 N 点。综合考虑电力系统运行的可靠性、安全性、经济性及人身安全等因素,电力系统中性点常采用不接地、经消弧线圈接地、直接接地及中性点经低电阻接地 4 种运行方式。

1.3.1 中性点不接地的运行方式

电力系统电源(发电机或变压器的星形联接绕组的中性点)与大地绝缘。如图 1.18 所示为等值电路。为讨论问题简化起见,假设三相系统的电源电压和电路参数都是对称的,而且将相与地之间存在的分布电容用一个集中电容 C 来表示,线间电容对该问题无影响,可不考虑。

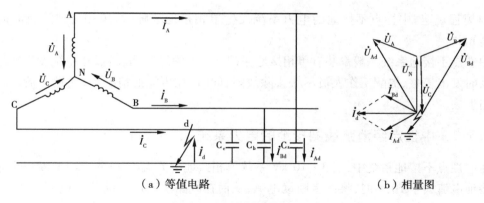

（a）等值电路　　　　　　　　　　　（b）相量图

图 1.18　中性点不接地系统

我国 3 ~ 66 kV 系统,特别是 3 ~ 10 kV 系统(终端或车间变电所变压器 10 kV 绕组的中性点),一般采用中性点不接地的运行方式。

（1）系统正常运行时

3 个相电压是对称的,3 个相的对地电容电流也是对称的,其相量和为零,故中性点没有电流流过,各相对地电压就等于相电压。

（2）当系统发生单相接地时

如图 1.18 所示,当某一相时接地时,以 C 相金属性接地(接地电阻为零)为例。

电路对地电压值的变化如下:

接地 C 相与大地短接,对地电压:$U_{cd} = 0$。

非接地两相 A,B 相对地电压:$U_{Ad} = U_{AC}$,$U_{Bd} = U_{BC}$,即对地电压均升高,变为线电压。

系统的接地电流(电容电流)为非接地两相对地电容电流之和。

由于线路对地电容的电容量 C 值不好确定,因此,I_d 和 I_C 也不好根据 C 值来精确计算。通常采用经验公式来确定中性点不接地系统的单相接地电容电流。

架空线

$$I_C = \frac{UL}{350}$$

电缆

$$I_C = \frac{UL}{10}$$

式中　U——线路额定电压,kV;

　　　L——与电压 U 只有电联系的线路长度,km。

接地电流与电压和线路长度成正比。电缆线路的单相接地电容电流比相同电压等级等线路长度的架空线大。

（3）故障处理

必须指出,这种单相接地状态不允许长时间运行,因为如果另一相又发生接地故障,则形成两相接地短路,产生很大的短路电流,从而损坏线路及其用电设备。较大的单相接地电容电流会在接地点引起电弧,形成间歇电弧过电压,威胁电力电网的安全运行。因此,我国电力规程规定,中性点不接地的电力系统发生单相接地故障时,单相接地运行时间不应超过2 h。

中性点不接地系统一般都装有单相接地保护装置或绝缘监测装置,在系统发生接地故障时会及时发出警报,提醒工作人员尽快排除故障;同时,在可能的情况下,应把负荷转移到备用线路上去。

1.3.2　中性点经消弧线圈接地的电力系统

在中性点不接地系统中,当3~10 kV系统单相接地电流大于30 A,20 kV及以上系统中单相接地电流大于10 A时,将产生断续电弧,从而在线路上引起危险的过电压。实际中,采用经消弧线圈接地的措施来减小这一接地电流,熄灭电弧,避免过电压的产生。如图1.19所示,"L"表示消弧线圈的等效电感,这种接地方式称为中性点经消弧线圈接地方式。

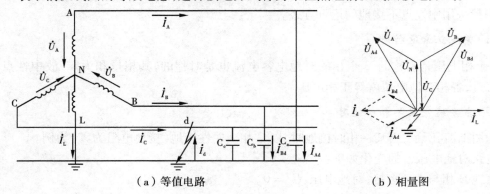

（a）等值电路　　　　　　　　　　（b）相量图

图1.19　中性点经消弧线圈接地系统

（1）正常情况下

三相系统是对称的,中性点电流为零,消弧线圈中没有电流通过。

（2）当系统发生单相接地时

流过接地点的电流是接地电容电流与流过消弧线圈的电感电流之和。由于接地电容电流超前接地相电压90°,而流过消弧线圈的电感电流滞后接地相电压90°,因此,两电流在接地点互相补偿。如果消弧线圈电感选用合适,会使接地电流减到小于发生电弧的最小生弧电流时,电弧就不会发生,从而也不会产生过电压。

（3）消弧线圈的补偿方式

根据消弧线圈的电感电流对接地电流的补偿程度,可分为全补偿、欠补偿和过补偿3种补偿方式。

补偿度（调谐度）:

$$\kappa = \frac{I_L - I_C}{I_C} = \frac{I_L - I_C}{I_C}$$

脱谐度:

$$\nu = 1 - \kappa$$

式中　I_L——消弧线圈电感电流;

　　　　I_C——电网对地电容电流;

　　　　$\kappa > 0$ 为过补偿;$\kappa < 0$ 为欠补偿。

全补偿当 $I_L = I_C$,$\dfrac{1}{\omega L} = 3\omega C$,即感抗与容抗相等,接地点电流为零时称为全补偿。但这种方式并不采用。因为在正常运行时,各相对地电压不可能完全对称,致使在未发生接地故障情况下,中性点对地之间出现了一定的电压(称为中性点的位移电压),此电压将引起串联谐振过电压,危及电网设备的绝缘。

欠补偿当 $I_L < I_C$,$\dfrac{1}{\omega L} < 3\omega C$,即感抗大于容抗,接地点尚有未补偿的电容电流时称为欠补偿。但这种方式也较少采用。这是因为在欠补偿运行情况下,若切除部分线路(检修或停电)或系统频率下降时等,将使网络对地电容电流减小,可能造成全补偿,以致出现串联谐振过电压。这种方式只有在消弧线圈容量不足,脱谐度不超过10%时,根据《电力工业技术管理法规》规定允许暂时可以欠补偿方式运行。

过补偿当 $I_L > I_C$,$\dfrac{1}{\omega L} > 3\omega C$,即感抗小于容抗,接地点的电容电流经补偿后有多余的电感电流时称为过补偿。这种方式可避免产生上述的谐振过电压。《电力工业技术管理法规》规定:消弧线圈一般采用过补偿方式,脱谐度不大于5% ~ 10%,接地补偿后的残余电流不超过5 ~ 10 A。经验证明,对各种电压等级的电网,只要残余电流不超过表1.3中的允许值,接地电弧就能可靠熄灭。

表 1.3　过补偿或欠补偿时残余,电流允许值

电网额定电压/kV	6	10	35	60	110
残余电流极限值/A	30	20	10	5	3

(4)故障处理

中性点经消弧线圈接地系统,与中性点不接地系统一样,当发生单相接地故障时,接地相电压为大于或等于零,小于相电压,3 个线电压不变,正常两相电压对地电压将升高,大于相电压而小于或等于线电压。因此,发生单相接地故障时的运行时间也同样不允许超过2 h。

1.3.3　中性点直接接地的电力系统

随着输电电压的增高和线路的增长,当采用中性点非直接接地运行方式,当发生单相接地时,接地点对地电容电流加大,同时,线路对地绝缘的投资显著加大。综合供电可靠性和经济性考虑,克服中性点不接地系统缺点的另一种方法,是将中性点直接接地,如图1.20所示。

在中性点直接接地的电力系统中,当某相单相接地时,接地点与电源接地的中性点形成单相短路,单相短路电流比线路的正常负荷电流大许多倍,单相短路保护装置应动作于跳闸,切除短路故障,使系统的其他部分恢复正常运行。

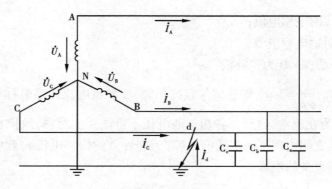

图 1.20　直接接地系统

　　中性点直接接地的系统发生单相接地时,非故障相的对地电压不会升高,这与上述中性点不直接接地的系统不同,因此,凡中性点直接接地的系统中的供电设备的绝缘只需按相电压考虑,而无须按线电压考虑。这对 110 kV 以上的超高压系统是很有经济技术价值的。高压电器的绝缘问题是影响电器设计和制造的关键问题。电器绝缘要求的降低,直接降低了电器的造价,同时改善了电器的性能。为了弥补供电可靠性降低的缺点,在线路上加装自动重合闸装置。

　　目前,我国 110 kV 以上电力网一般情况下均采用中性点直接接地方式。

1.3.4　中性点经低电阻接地的电力系统

　　近几年来,随着 10 ~ 20 kV 配电系统的应用不断扩大,特别是现代化大、中型城市在电网改造中大量采用电缆线路,致使接地电容电流增大。因此,即使采用中性点经消弧线圈接地的方式也无法完全使接地故障处的电弧熄灭,间歇性电弧及谐振引起的过电压会损坏供配电设备和线路,从而导致供电的中断。

　　为了解决上述问题,我国一些大城市的 10 ~ 20 kV 系统采用了中性点经低电阻接地的方式。例如,北京市四环路以内地区的变电站,10 ~ 20 kV 系统中性点均采用经低电阻接地方式。它接近于中性点直接接地的运行方式,在系统发生单相接地时,保护装置会迅速动作,切除故障线路,通过备用电源的自动投入,使系统快速恢复正常运行。

　　电力系统的中性点运行方式是一个涉及面很广的问题,它对供电可靠性、过电压、绝缘配合、短路电流、继电保护、系统稳定性以及对弱电系统的干扰等诸方面都有不同程度的影响,特别是在系统发生单相接地故障时,有明显的影响。因此,电力系统的中性点运行方式,应依据国家的有关规定,并根据实际情况而确定。

思考与练习题

1.什么叫电力系统和电力网? 什么是配电网? 配电网的电压等级有哪些?

2.表征电能质量的指标是什么? 各自允许的波动范围是多少?

3.变电站的类型有哪些? 其作用是什么?

4. 谐波对电力系统的危害有哪些？治理谐波的措施有哪些？

5. 电力系统中性点的运行方式有哪几种？各自的特点和适用范围是什么？

6. 中性点不接地系统在发生单相接地时为什么能继续运行？能否长期运行？

7. 说明电源、电网、变压器的额定电压间的关系。

8. 已知如图 1.21 所示系统中电网的额定电压，试确定发电机和变压器的额定电压。

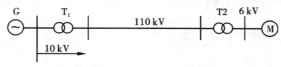

图 1.21　某电网系统

第**2**章
负荷计算

【学习描述】

　　由于用电负荷的运行特性不同,因此,用电负荷的大小不能简单地计算为用电设备的额定功率之和。用电负荷确定得过大,其结果将使电器和导线选择过大,造成投资增大和有色金属的浪费;但负荷又不能确定得过小,否则又将使电器和导线在运行时增加电能损耗,并产生过热,加速电气设备的绝缘老化,降低设备的使用寿命,影响供电系统的安全性、可靠性。为了正确地选择合适的供电设备,需对电力负荷作统计计算来确定。

　　例如,某机器厂各车间负荷情况见表2.1,金工车间设备明细见表2.2。机械厂用电总负荷是多少? 供电变压器的容量选多大?

表 2.1　各车间负荷表

车　间	P/kW	$Q/kvar$	最大电动机/kW
冷作	100	110	30
装配	80	90	22
仓库	20	20	7.5
户外照明	20	15	

表 2.2　金工车间设备明细表

序　号	设备名称	设备容量/kW	台数/台
1	车床	7 + 0.125	14
2	铣床	10 + 2.8	1
3	摇臂钻	4.5 + 1.7 + 0.6 + 0.125	3
4	铣床	7 + 2.8	4
5	铣床	7 + 1.7	2
6	砂轮机	3.2	1

序　号	设备名称	设备容量/kW	台数/台
7	砂轮机	1	2
8	磨床	7 + 1.7 + 0.5	2
9	磨床	10 + 2.8 + 1.5	1
10	磨床	10 + 2.8 + 0.5	2
11	车床	10 + 0.125	2
12	磨床	14 + 1 + 0.6 + 0.15	2
13	车床	20 + 0.15	1
14	摇臂钻	10 + 0.5	1
15	龙门刨	75 + 4.5 + 1.7 + 1.7 + 1 + 1 + 0.5	2
16	铣床	7 + 1.7	3
17	镗床	6.5 + 2.8	1
18	铣床	7 + 2.8	1
19	桥式起重机	11 + 5 + 5 + 2.2	1
20	桥式起重机	16 + 5 + 5 + 3.5	2
全厂照明密度为:12W/m²			

【教学目标】

　　使学生建立计算负荷的概念,理解负荷计算的目的;会用需要系数法及二项式法等计算方法进行负荷计算;清楚低功率因数对电网的影响,会确定无功补偿容量。

【学习任务】

　　理解计算负荷所代表的意义及作用;掌握需要系数法、二项式法这两种负荷计算方法,了解用电指标法;理解提高功率因数的意义,掌握无功补偿的方法及补偿容量的确定。

2.1　计算负荷

　　在介绍负荷计算方法之前,应先建立一些基本概念,以便对负荷及负荷计算有更深刻的理解。

2.1.1　电力负荷分类

电力负荷就是指某一时刻各类用电设备消费电功率的总和,单位用"kW"表示。

电力负荷可分如下:

（1）用电负荷

用户的用电设备在某一时刻实际取用的功率的总和。

（2）线路损失负荷

电能从发电厂输送到用户的过程中,在输电网络中损耗的功率。

（3）供电负荷

用电负荷加上同一时刻的线路损失负荷。

（4）厂用电负荷和发电负荷

发电厂维持生产的负荷及发电机发出的总功率。

用电负荷的用途、类型很多,容量相差悬殊,运行特性也各不相同。例如,工业负荷、农业负荷、交通运输业负荷和生活用电负荷等,因行业不同,其用途和变化特性也不同,但按用电设备的特性,可归类为拖动各型水泵、油泵、机械、电梯等的电动机;用于加热冶炼和对金属热处理的电炉;用于焊接工件的电焊机;整流设备、电子仪器和用于生活及照明的设备等。

2.1.2 负荷曲线

因用户用电的随机性,电力负荷是时刻在变化的,故了解这种变化,找出其随时间而变化的规律及工作特点,才能确定用电负荷的所需电量的大小。为了直观起见,通常以负荷曲线来表示。

常用的负荷曲线主要有以下3种:

（1）日负荷曲线

日负荷曲线表示某用电负荷的日负荷曲线,它可由运行记录日志或自动记录仪的有关数据给出。日负荷曲线表明电力负荷在一天24 h 的变化情况,因用户取用有功功率的同时也取用无功功率,图中实线为有功日负荷曲线,虚线为无功日负荷曲线,如图2.1（a）所示。

从图2.1（a）中看出,有功、无功负荷曲线形状基本相似,但由于变压器、电动机取用的励磁无功功率,只与网络电压有关而与负荷无关,因此有功负荷变化时,无功负荷并不成比例地变化。无功负荷曲线比有功负荷曲线平坦。

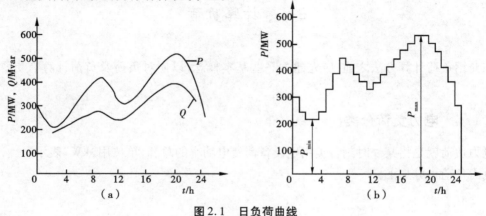

图2.1 日负荷曲线

为了简化计算和便于在运行中绘制负荷曲线,常把连续变化的负荷看成在测量的某一时段内是不变的,然后取那一时段的平均值,绘制成阶梯形曲线,时间间隔越小,越能表示出负荷变化的实际情况。一般时间间隔取为 30 min(0.5 h 平均负荷曲线:将每间隔 0.5 h 有功电能表的读数,除以 30 min,求得有功平均值,然后在以纵轴为有功、横轴为时间的直角坐标系中逐点描绘而成)。

负荷曲线下面的面积就表示该负荷消耗的电能,如图 2.1(b)所示。为了表示有功负荷变化的大小,常用负荷系数 K_β 来表示有功负荷的变动程度(K_β 也称负荷率),即

$$K_\beta = \frac{P_{av}}{P_{max}} \tag{2.1}$$

式中　P_{av}——日负荷平均值;

　　　P_{max}——日最大负荷。

K_β 值小于 1。值越大,表示有功负荷变化程度越小;反之,表示有功负荷变化程度越大。

(2)年最大负荷曲线

在电力系统的运行和设计中,不仅要根据以往运行规律及经验预测一天之内负荷的变化规律,而且还要预测一年之中负荷的变化规律。最常用的是电力系统年最大负荷曲线。它反映了从年初 1 月 1 日起至年终 12 月 31 日止,系统逐日(或逐月)综合最大负荷的变化规律。我国北方最大负荷曲线如图 2.2 所示,夏季负荷比较小些,但若季节性负荷如农业排灌、防暑降温等负荷较大时,也可能使夏季负荷反而增大。

年最大负荷曲线反映了负荷在一年中按时间顺序变化的规律。

(3)年持续负荷曲线

将一年(8 760 h)各个时间发生的不同负荷值按由大到小的顺序排列组成的负荷曲线,称为年持续负荷曲线。年持续负荷曲线反映了全年负荷变动与负荷持续时间的关系。

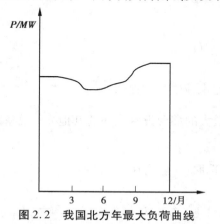

图 2.2　我国北方年最大负荷曲线

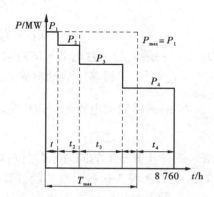

图 2.3　年持续负荷曲线

在网络规划设计中,经常用到年最大负荷利用小时数 T_{max}。其意义为:按最大负荷 P_{max} 持续运行,经过 T_{max} 时间所消耗的电能,恰好等于全年实际所消耗的电能 W。例如,在年持续负荷曲线图 2.3 中,虚线与实线所括面积相等,则虚线在时间轴上的持续时间,即为 T_{max}。年最大负荷利用小时数的大小,在一定程度上是反映了实际负荷在一年内变化的程度。

如果负荷曲线比较平坦,即负荷随时间的变化比较小,则 T_{max} 的值较大;如果负荷变化剧烈,则 T_{max} 的值较小。此外,T_{max} 从另一侧面反映了用电设备利用率的大小。其值可查手册或根据经验值来取。

例如,户内照明及生活用电 $T_{max} = 2\ 000 \sim 3\ 000\ h$;农业用电 $T_{max} = 2\ 500 \sim 3\ 000\ h$;单班制企业 $T_{max} = 1\ 800 \sim 2\ 500\ h$;两班制 $T_{max} = 3\ 000 \sim 4\ 500\ h$;三班制 $T_{max} = 5\ 000 \sim 7\ 000\ h$。

2.1.3 尖峰负荷

尖峰负荷是指日负荷曲线上持续 $1 \sim 2\ s$ 的最大负荷。尖峰负荷的产生主要是因为电动机的启动、冲击性负荷的投入等造成的。尖峰负荷对应的尖峰电流以 I_{pk} 表示。

实际中,尖峰电流主要用来选择熔断器和低压断路器,整定继电保护装置及检验电动机自启动条件等。

(1)单台用电设备尖峰电流的计算

单台用电设备的尖峰电流就是其启动电流,因此,尖峰电流为

$$I_{pk} = I_{st} = K_{st}I_N \tag{2.2}$$

式中　I_N——用电设备的额定电流

　　　I_{st}——用电设备的启动电流

　　　K_{st}——用电设备的启动电流的倍数;笼型电动机为 $5 \sim 7$ 倍;绕线式电动机为 $2 \sim 3$ 倍,直流电动机为 1.7 倍,电焊变压器为 3 或稍大。

(2)多台用电设备尖峰电流的计算

尖峰电流为

$$I_{pk} = K_{\sum} \sum_{i=1}^{n-1} I_{Ni} + I_{st.max} \tag{2.3}$$

或

$$I_{pk} = I_{30} + (I_{st} - I_N)_{max} \tag{2.4}$$

式中　$I_{st.max}$——最大的一台电动机的启动电流;

　　　$(I_{st} - I_N)_{max}$——设备中启动电流减去其额定电流之最大差值;

　　　$\sum\limits_{i=1}^{n-1} I_{Ni}$——将启动电流与额定电流之差为最大的那台设备除外的其他 n-1 设备的额定电流之和;

　　　$K_{\sum}$——上述 n-1 的同时系数,按台数多少选取,一般为 $0.7 \sim 1$;

　　　I_{30}——全部投入运行时线路的计算电流。

例 2.1　有一 380 V 配电干线给 3 台电动机供电,已知 $I_{N1} = 5\ A$,$I_{N2} = 4\ A$,$I_{N3} = 10\ A$,$I_{st1} = 35\ A$,$I_{st2} = 16\ A$,$K_{st3} = 3$,求该配电线路的尖峰电流。

解　　　　　$I_{st1} - I_{N1} = 35\ A - 5 = 30\ A$

　　　　　　　$I_{st2} - I_{N2} = 16\ A - 4\ A = 12\ A$

　　　　　　　$I_{st3} - I_{N3} = K_{st3}I_{N3} - I_{N3} = 3 \times 10\ A - 10\ A = 20\ A$

可见,$(I_{st}-I_N)_{max}=30$ A,则

$$I_{st.max}=35 \text{ A}$$

取 $K_\Sigma=0.9$,该线路的尖峰电流为

$$I_{jf}=K_\Sigma(I_{N2}+I_{N3})+I'_{jf}=0.9\times(4+10)\text{A}+35\text{ A}=47.6\text{ A}$$

2.1.4 用电设备(负荷)的工作制

因各种用电设备工作特点不同,其工作时间的长短也不相同,电气设备发热量的大小与载流导体通过的电流大小和时间的长短有关。载流导体通过持续电流 I_g 和通过断续电流 I_v 所导致的发热量是不同的,即用电设备的工作制(工作特性)直接影响电气设备的工作状态。用电设备的工作制有以下几种:

(1)连续运行工作制

这类用电设备的特点是长时间连续运行。其负荷有的比较稳定,有的波动较大。该类设备投入时间长,在工作时间内,电气设备载流导体温度可达稳定的工作温度,如图 2.4(a)所示。

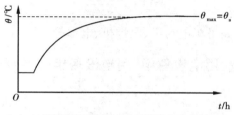

(a) 连续运行工作制设备载流导体的温升曲线

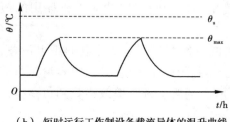

(b) 短时运行工作制设备载流导体的温升曲线

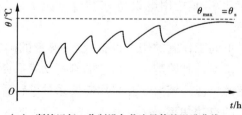

(c) 断续运行工作制设备载流导体的温升曲线

图 2.4 不同工作制设备载流导体的温升曲线

连续运行的设备很多,如通风机、水泵、起重机、空气压缩机、电动发电机、电炉和照明等。机床电动机的负荷,虽变动较大,但大多数也属于连续工作的。

(2)短时工作制

这类用电设备的特点是工作时间很短,而停歇时间相当长。因设备的工作时间短而停歇时间长,在工作时间内,电气设备来不及达到稳定温度 θ_s 就停止运行并开始冷却,故其发热所产生的温度可在停歇时间内冷却到周围介质的温度。由此可知,同样的电气设备在短时工作制下比连续工作制下能承受更大的负荷,如图 2.4(b)所示。

短时工作制的设备较少,常见的有机床上的某些辅助电动机(进给电动机、升降电动机

等）、水闸电动机等。

（3）反复短时工作制（断续运行工作制）

这类用电设备时而工作,时而停歇,如此反复运行,而工作周期一般不超过 10 min。在工作时间 t_w 内,电气设备来不及达到稳定温升就停止运行,并开始冷却,但其发热的温升不足以在停歇时间 t_0 内冷却到周围介质的温度,其温升曲线如图 2.4（c）所示。该类设备运行时承受的功率与其工作时间 t_w 的长短和停歇时间 t_0 的长短有关,一般用负荷持续率（暂载率）$\varepsilon\%$ 表示。

负荷持续率 $\varepsilon\%$ 的定义是一个周期内工作时间 t_w 占工作周期 T 的百分数,即

$$\varepsilon\% = \frac{t_w}{T} \times 100\% = \frac{t_w}{t_w + t_0} \times 100\% \tag{2.5}$$

注意:同一设备,在不同的负荷持续率工作时,其输出功率是不同的。例如,某设备在持续率 $\varepsilon_1\%$ 时,对应设备容量为 P_1,在持续率 $\varepsilon_N\%$ 时的设备容量为

$$P_N = P_1 \frac{\sqrt{\varepsilon_1\%}}{\sqrt{\varepsilon_N\%}}$$

断续工作制的设备较多,如吊车电动机、电焊机、电梯等。

2.1.5 用电设备容量、用电设备组、用电设备组的容量

（1）用电设备容量

用电设备容量即设备功率,一般指设备铭牌上所标示的额定功率。用电设备的铭牌上的额定功率,是指用电设备在额定电压下,在规定的使用寿命期间能连续输出或耗用的最大功率。

不同工作制的用电设备,设备容量的确定略有不同。长期和短时工作制的用电设备,设备容量就是其铭牌上所标注的额定功率。断续周期工作制的设备来说,其额定容量是对应于一定的负荷持续率。在采用需要系数法计算设备容量时,通常应统一等效换算到负荷持续率 $\varepsilon_N\%$ 的有功功率。

（2）用电设备组的容量

在对负荷进行计算时,应先对用电设备进行归类、统计。同类型的用电设备归为一组,称为用电设备组。

①用电设备组的容量不包括备用用量。

②照明设备（白炽灯）功率取灯泡上标出的额定功率。

白炽灯、碘钨灯:

$$P'_N = P_N$$

荧光灯:

$$P'_N = 1.2P_N（考虑镇流器的损耗）$$

高压水银荧光灯、金属卤化物灯：

$$P_N' = 1.1P_N$$

③季节性用电设备(如制冷设备和采暖设备)应选其大者计入总设备容量。

④一般长期连续工作制和短时工作制的三相用电设备组的设备容量就取设备额定容量之和。断续性工作制的用电设备应换算到持续率(暂载率)为 $\varepsilon_N\%$ 的设备容量。

例如，吊车电动机组。我国吊车电动机组的铭牌负荷持续率 $\varepsilon\%$ 有 15%，25%，40% 和 50% 这4种，要求设备容量算到 $\varepsilon_{25}\% = 25\%$ 时的容量。

又如，电焊机及电焊变压器的换算。我国电焊机及电焊变压器的铭牌负荷持续率 $\varepsilon\%$ 有 50%，60%，75% 和 100% 这4种，一般要求换算至 $\varepsilon_{100}\% = 100\%$。

⑤单相负荷应均匀分配到三相上，使各相的用电负荷尽量平衡。负荷计算时，应将单相负荷换算成等效三相负荷后，才能按照负荷计算的方法进行计算。

2.2　三相用电设备组计算负荷的确定

2.2.1　计算负荷 P_{30} 的概念

对负荷进行分析计算的目的是根据负荷的发热条件，选择供电系统中的各种元件。因设备用电的随机性，其负荷是随时变化的，而变动的负荷是不便于计算的，若假想一持续不变的负荷 P_{30}，其热效应与同时间内实际变动负荷所产生的热效应相等，那么，按该不变负荷 P_{30} 选择的电气设备和导线电缆，其发热温度也不会超出设备长期工作的允许发热温度，因而就不会影响其使用寿命，该等效负荷就称为计算负荷 P_{30}。一般中小截面导体的发热时间常数 τ 为 10 min 以上，而导体通过电流达到稳定温升的时间为 $3\tau \sim 4\tau$，即载流导体大约经 0.5 h (30 min) 后可达到稳定温升值，通常把 0.5 h 平均负荷曲线上的"最大负荷"称为计算负荷，并作为按发热条件选择电气设备的依据。实际用电设备组的计算负荷，是指用电设备组从供电系统中取的 0.5 h 最大负荷 P_{30}。

实际中确定计算负荷的方法有需要系数法、二项式法和利用系数法等。其中，需要系数法计算较为简便，应用范围广泛，尤其适用于变、配电所的负荷计算。

2.2.2　需要系数法

需要系数法：用电设备总容量乘以需要系数来求出计算负荷。

(1)**需要系数 K_d**

设备额定容量是设备在额定条件下的最大输出功率，但是：

①并非供投入使用的所有用电设备任何时候都会满载运行，引入负荷系数 K_1。

②电气设备的额定功率与输入功率不一定相等，引入电气设备的平均效率 η_a。

③因用电设备本身以及配电线路有功率损耗，故引入一个线路平均效率 η_1。

④同一用电设备组的所有设备不一定同时运行，故引入一个同时系数 K_t。

需要系数可表示为

$$K_d = \frac{K_1 K_t}{\eta_a \eta_l} \qquad (2.6)$$

实际中,很难通过4个系数来取得需要系数,而是通过实际运行系统的统计及经验得出需要系数,见表2.3、表2.4。

表2.3 工厂车间低压负荷需要系数

名　　称	K_d	$\cos\varphi$	名　　称	K_d	$\cos\varphi$
铸钢(不包括电炉)	0.3~0.4	0.65	废钢铁处理	0.45	0.68
铸铁	0.35~0.4	0.7	电镀	0.4~0.62	0.85
锻压(不包括高压水泵)	0.2~0.3	0.55~065	中央实验室	0.4~0.6	0.6~0.8
热处理	0.4~0.6	0.65~0.7	充电站	0.6~0.7	0.8
焊接	0.25~0.35	0.35~0.6	煤气站	0.5~0.7	0.65
金工	0.2~0.3	0.5~0.65	氧气站	0.75~0.85	0.8
木工	0.28~0.35	0.6	冷冻站	0.7	0.75
工具	0.3	0.65	水泵房	0.5~0.65	0.8
修理	0.2~0.25	0.65	锅炉房	0.65~0.75	0.8
落锤	0.2	0.6	压缩空气站	0.7~0.85	0.75
起重机、吊车、行车	0.15~0.25	0.5	通风站	0.8	0.8

注意:表2.3所列需要系数值是按车间范围内,设备台数较多的情况下确定的需要系数,因此需要系数一般都比较低,如冷加工机床组的需要系数平均只有0.2左右。因此,需要系数法比较适用于确定车间的计算负荷。如果采用需要系数来计算干线或分支线上的计算负荷,需要系数则适宜取大,$\cos\varphi$ 也应适当取大。当只有1~2台设备时,可取1。对电动机,由于它本身损耗较大,因此当只有一台电动机时,则

$$P_{30} = \frac{P_N}{\eta}$$

式中　P_N——电动机额定容量

　　η——电动机效率。

表2.4 农村用电需要系数与最大负荷利用时间

名称	最大负荷利用小时数 T_{max}	需用系数 K_d	
		变电所规模	区县范围
灌溉用电	750~1 000	0.6~0.75	0.5~0.6
水田	1 000~1 500	0.7~0.8	0.6~0.7
旱田及园艺作物	500~1 000	0.5~0.7	0.4~0.5
排涝用电	300~500	0.8~0.9	0.7~0.8

续表

名称	最大负荷利用小时数 T_{max}	需用系数 K_d	
		变电所规模	区县范围
农副产品加工	1 000 ~ 1 500	0.65 ~ 0.7	0.6 ~ 0.65
谷物脱粒	300 ~ 500	0.65 ~ 0.7	0.6 ~ 0.7
乡镇企业	1 000 ~ 3 000	0.6 ~ 0.8	0.5 ~ 0.7
农机修配	1 500 ~ 2 500	0.5 ~ 0.8	0.4 ~ 0.5
农村生活	1 800 ~ 2 000	0.8 ~ 0.9	0.75 ~ 0.85

（2）各用电设备组之间的同时系数 K_t

当有多组用电设备时，各用电设备组间的最大负荷也不可能在同一时刻出现，还需引入同时系数 K_t，这样总计算负荷 $P_{30\sum}$ 为

$$P_{30\sum} = K_d K_t \sum P_N \tag{2.7}$$

同时，系数见表 2.5、表 2.6。

表 2.5 工厂同时系数

应用范围	K_t	应用范围	K_t
冷加工车间	0.7 ~ 0.8	配电站 $P_{30} < 5\,000$ kW	0.9 ~ 1
热加工车间	0.7 ~ 0.9	配电站 $5\,000$ kW $< P_{30} < 10\,000$ kW	0.85
动力站	0.8 ~ 1	配电站 $P_{30} > 10\,000$ kW	0.80

表 2.6 农村用电同时系数

项 目	适用范围	K_t	项 目	适用范围	K_t
10 kV 配电主干线	乡范围	0.65 ~ 0.85	35 kV ~ 60 kV 电源干线	数座变电所	0.5 ~ 0.7
变电所	2 × 3 150 kVA	0.6 ~ 0.8	县、区综合	10 ~ 30 个乡	0.45 ~ 0.6

（3）需要系数法计算用电设备的计算负荷 P_{30}

需要系数法一般用来求多台，三相用电设备的计算负荷 P_{30}。

其步骤如下：

①在所计算的范围内（如一条干线负荷、一段母线或一台变压器负荷），将用电设备按其设备性质不同分成若干组，根据用电设备容量求出每组的最大负荷之和。

②对每一组选用合适的需要系数 K_d，算出每组用电设备的计算负荷 P_{30}。

③若有多组用电设备，则为各组计算负荷之和再乘以组间的最大负荷同时系数 K_t。

1)单台用电设备的计算负荷公式

有功计算负荷为

$$P_{30} = P_N \qquad (2.8)$$

无功计算负荷

$$Q_{30} = P_{30}\tan\varphi \qquad (2.9)$$

2)多组用电设备组的计算负荷公式

确定拥有多组用电设备组的干线上或车间变电所低压母线上的计算负荷时,应考虑各用电设备组的最大负荷不同时出现的因素。因此,在确定多组用电设备的计算负荷时,应结合具体情况对其有功负荷和无功负荷分别计入一个同时系数 K_{tp},K_{tq}。

对车间干线取

$$K_{tp} = 0.85 \sim 0.95 ; K_{tq} = 0.90 \sim 0.97$$

对低压母线:

①由用电设备组计算负荷直接相加计算时,取

$$K_{tp} = 0.80 \sim 0.90 ; K_{tq} = 0.85 \sim 0.95$$

②由车间干线计算负荷直接相加来计算时,取

$$K_{tp} = 0.90 \sim 0.95 ; K_{tq} = 0.93 \sim 0.97$$

总的计算负荷如下:

有功计算负荷为

$$P_{30} = K_{tp} \sum P_{30i} \qquad (2.10)$$

无功计算负荷为

$$Q_{30} = K_{tq} \sum Q_{30i} \qquad (2.11)$$

总视在功率为

$$S_{30} = \sqrt{P_{30} + Q_{30}} \qquad (2.12)$$

3)计算电流

总计算电流为

$$I_{30} = \frac{S_{30}}{\sqrt{3}U_N} \qquad (2.13)$$

(4)用电负荷的计算举例

需要系数法与用电设备的类别和工作状态关系极大,因此,计算时首先要正确判明用电设备的类别和工作状态。例如,机修车间的金属切削机床电动机,应该属于小批生产的冷加工机床电动机,因为金属切削就是冷加工,而机修不可能是大批生产;而压塑机、拉丝机和锻锤等,应该是属于热加工机床;起重机、行车、电葫芦、卷扬机,实际上都属于吊车类。

例2.2 某380 V 线路,供电给1 台 132 kW、Y 型三相电动机,其效率 $\eta = 91\%$,其功率因数 $\cos\varphi = 0.9$。试确定此线路的计算负荷。

解 因只有一台电动机,故取

$$K_{\mathrm{d}} = 1, \tan\varphi = \tan(\arccos 0.9) = 0.484$$

$$P_{30} = \frac{P_{\mathrm{N}}}{\eta} = \frac{132\ \mathrm{kW}}{0.91} = 145\ \mathrm{kW}$$

$$Q_{30} = 145\ \mathrm{kW} \times 0.484 = 70.2\ \mathrm{kvar}$$

$$I_{30} = \frac{145\ \mathrm{kW}}{\sqrt{3} \times 0.38 \times 0.9}\ \mathrm{A} = 245\ \mathrm{A}$$

例2.3 某机加工车间 380 V 线路上,接有流水作业的金属切削机床组电动机 30 台,共 85 kW,其中较大容量电动机 11 kW 1 台,7.5 kW 3 台,4 kW 6 台,其他为更小容量电动机;另有通风机 3 台,共 5 kW;电葫芦一个,3 kW($\varepsilon\% = 40\%$);试用需要系数法求出该车间的计算负荷。

解 以车间为范围,将工作性质、需用系数相近的用电设备合为 1 组,共分成以下 3 组:

1)机床组

设备容量 $P_{\mathrm{N}} = 85$ kW,取

$$K_{\mathrm{d}} = 0.25, \cos\varphi = 0.5, \tan\varphi = 1.73$$

则

$$P_{30} = 0.25 \times 85\ \mathrm{kW} = 21.3\ \mathrm{kW}$$
$$Q_{30} = 21.3\ \mathrm{kW} \times 1.73 = 36.8\ \mathrm{kvar}$$

2)通风机组

设备容量 $P_{\mathrm{N}} = 5$ kW,取

$$K_{\mathrm{d}} = 0.8, \cos\varphi = 0.8, \tan\varphi = 0.75$$

则

$$P_{30} = 0.8 \times 5\ \mathrm{kW} = 4\ \mathrm{kW}$$
$$Q_{30} = 4\ \mathrm{kW} \times 0.75 = 3\ \mathrm{kvar}$$

3)电葫芦

设备容量:$P_{\mathrm{N}}' = 3 \times \sqrt{\dfrac{40}{25}} = 3.79$ kW(归为吊车类,需要换算至 $\varepsilon\% = 25\%$),取

$$K_{\mathrm{d}} = 0.15(\varepsilon\% = 25\%), \cos\varphi = 0.5, \tan\varphi = 1.73$$

则

$$P_{30} = 0.15 \times 3.79\ \mathrm{kW} = 0.569\ \mathrm{kW}$$
$$Q_{30} = 0.569\ \mathrm{kW} \times 1.73 = 0.984\ \mathrm{kvar}$$

4)以车间为范围对用电设备分组

取同时系数,则 $K_{\mathrm{tp}} = 0.95, K_{\mathrm{tq}} = 0.95$

$$P_{30} = K_{\mathrm{tp}}\sum P_{30} = 0.95 \times (21.3 + 4 + 0.569)\ \mathrm{kW} = 24.6\ \mathrm{kW}$$

$$Q_{30} = K_{\mathrm{tp}}\sum Q_{30} = 0.95 \times (36.8 + 3 + 0.984)\ \mathrm{kvar} = 38.8\ \mathrm{kvar}$$

$$S_{30} = \sqrt{24.6^2 + 38.8^2}\ \mathrm{kVA} = 45.9\ \mathrm{kVA}$$

$$I_{30} = \frac{45.9\ \mathrm{kVA}}{\sqrt{3} \times 0.38\ \mathrm{kV}} = 69.7\ \mathrm{A}$$

在实际工程中,为了使人一目了然,便于审核,常采用计算表格的形式,见表2.7。

表2.7 常用计算表格形式

序号	用电设备名称	台数	设备容量/kW	需要系数	$\cos\varphi$	$\tan\varphi$	计算负荷			
							P_{30}/kW	Q_{30}/kvar	S_{30}/kVA	I_{30}/A
1	机床组	30	85	0.25	0.5	1.73	21.3	36.8	42.6	64.7
2	通风组	3	5	0.8	0.8	0.75	4	3	5	7.6
3	电葫芦	1	3.79 $\varepsilon\%=40\%$	0.15 $\varepsilon\%=25\%$	0.5	1.73	0.569	0.984	1.138	1.73
总 计			同时系数取0.95				25.9	40.8		
							24.6	38.8	45.9	69.7

2.2.3 二项式法

该方法认为计算负荷由两部分组成:一部分是由所有设备运行时产生的平均负荷 bP_N,另一部分是由大型设备(容量最大的 X 台)投入产生的附加负荷 cP_x。其中,b,c 称为二项式系数。考虑了用电设备中几台功率较大的设备工作时对负荷影响的附加功率,计算的结果比按需要系数法计算的结果偏大,故一般适用于低压配电支干线和配电箱的负荷计算。

(1)基本公式

基本公式为

$$P_{30} = bP_{N\sum} + cP_x \tag{2.14}$$

式中 b,c——二项式系数;

$P_{N\sum}$—— 该用电设备组的总容量;

P_x——x 台容量最大设备的总容量。

二项式系数 b,c 和最大容量设备台数 x 及 $\cos\varphi$、$\tan\varphi$ 等可查表。但是必须注意,按二项式系数法确定计算负荷时,如果设备总台数 $n < 2x$ 时,则 x 宜相应取小一些,建议取为 $x = \dfrac{n}{2}$,且按"四舍五入"的修约规则取为整数。例如,某机床电动机组只有 7 台,而表2.8规定 $x=5$,但是这里 $n = 7 < 2x = 10$,因此,可取 $x = \dfrac{7}{2} \approx 4$ 来计算。

如果用电设备组只有 1~2 台设备时,就可认为 $P_{30} = P_N$,即 $b=1,c=0$。对单台电动机,则 $P_{30} = \dfrac{P_N}{\eta}$。在设备台数较少时,$\cos\varphi$ 也宜相应地适当取大。

注意:二项式系数法较需要系数法更适于确定设备台数较少而容量差别较大的低干线和分支线的计算负荷。

为了简化和统一,按二项式系数法来计算多组设备总的计算负荷时,不论各组设备台数多少,各组的计算系数 b,c,x 和 $\cos\varphi$ 等均按表2.8所列数值。

表 2.8 　计算系数

用电设备组名称	二项式系数		最大容量设备台数 x	$\cos \varphi$	$\tan \varphi$
	b	c			
小批生产的金属冷加工机床	0.14	0.4	5	0.5	1.73
大批生产的金属冷加工机床	0.14	0.5	5	0.5	1.76
小批生产的金属热加工机床	0.24	0.4	5	0.6	1.33
大批生产的金属热加工机床	0.26	0.5	5	0.65	1.17
通风机、水泵、空压机及电动发电机组	0.65	0.25	5	0.8	0.75
非联锁的连续运输机械及铸造车间整砂机械	0.4	0.4	5	0.75	0.88
联锁的连续运输机械及铸造车间整砂机械	0.6	0.2	5	0.75	0.88
锅炉房和机加工、机修、装配等类车间的吊车 $\varepsilon\% = 25\%$	0.06	0.2	3	0.5	1.73
铸造车间的吊车 $\varepsilon\% = 25\%$	0.09	0.3	3	0.5	1.73
自动连续装料的电阻炉设备	0.7	0.3	2	0.95	0.33
非自动连续装料的电阻炉设备	0.7	0.3	2	0.95	0.33
实验室用的小型电热设备(电阻炉、干燥箱等)	0.7	0	—	1.0	0

例 2.4 　已知机修车间的金属切削机床组,拥有电压为 380 V 的三相电动机 7.5 kW 3 台;4 kW 8 台;3 kW 17 台;1.5 kW 10 台。试用需要系数法及二项式法求其计算负荷。

解 　1)用需要系数法计算

切削机床组电动机的总容量为

$P_N = 7.5\ kW \times 3 + 4\ kW \times 8 + 3\ kW \times 17 + 1.5\ kW \times 10 = 120.5\ kW$

查附录"小批生产的金属冷加工机床电动机"项,得 $K_d = 0.16 - 0.2$(取 0.2), $\cos \varphi = 0.5$, $\tan \varphi = 1.73$,因此可求得

有功计算负荷为

$$P_{30} = 0.2 \times 120.5\ kW = 24.1\ kW$$

无功计算负荷为

$$Q_{30} = 24.1\ kW \times 1.73 = 41.7\ kvar$$

视在计算功率为

$$S_{30} = \frac{24.1\ kW}{0.5} = 48.2\ kVA$$

计算电流为

$$I_{30} = \frac{48.2\ kVA}{\sqrt{3} \times 0.38\ kV} = 73.2\ A$$

2）用二项式法计算

设备总容量为

$$P_N = 120.5 \text{ kW}$$

由附表查得 $b = 0.14, c = 0.4, x = 5, \cos \varphi = 0.5, \tan \varphi = 1.73$。

x 台最大容量的设备容量为

$$P_x = P_5 = 7.5 \text{ kW} \times 3 + 4 \text{ kW} \times 2 = 30.5 \text{ kW}$$

因此，可求得其有功计算负荷为

$$P_{30} = 0.14 \times 120.5 \text{ kW} + 0.4 \times 30.5 \text{ kW} = 29.1 \text{ kW}$$

无功计算负荷为

$$Q_{30} = P_{30} \tan \varphi = 29.1 \times 1.73 = 50.3 \text{ kVar}$$

视在计算负荷为

$$S_{30} = P_{30} \cos \varphi = \frac{29.1 \text{ kW}}{0.5} = 58.2 \text{ kVA}$$

计算电流为

$$I_{30} = \frac{58.2 \text{ kVA}}{\sqrt{3} \times 0.38 \text{ kV}} = 88.5 \text{ A}$$

比较以上两种方法的结果可知，按二项式法计算的结果比按需要系数法计算的结果稍大，特别是在设备台数较少的情况下。供电设计的经验说明，选择低压分支干线或支线时，按需要系数法计算的结果往往偏小，以采用二项式法计算为宜。

（2）多组用电设备计算负荷的确定

采用二项式法确定多组用电设备总的计算负荷时，也应考虑各组用电设备的最大负荷不同时出现的因素。但不是计入一个同时系数，而是在各组用电设备中取其中最大的附加负荷 cP_{30}，再加上各组的平均负荷 bP_N，由此求得其总的有功计算负荷，即总的有功计算负荷为

$$P_{30} = \sum (bP_N)_i + (cP_x)_{max}$$

总的无功计算负荷为

$$Q_{30} = \sum (bP_N \tan \varphi)_i + (cP_x)_{max} \tan \varphi_{max}$$

$$S_{30} = \sqrt{P_{30} + Q_{30}}$$

$$I_{30} = \frac{S_{30}}{\sqrt{3} \times 0.38}$$

式中 $\tan \varphi_{max}$——最大附加负荷 $(cP_x)_{max}$ 的设备组的平均功率因数角的正切值。

2.3 单相用电设备组计算负荷的确定

当单相用电设备的总容量不超过三相用电设备总容量的 15% 时，其设备容量可直接按三相平衡负荷考虑；当超过 15% 时，应将其换算为等效的三相设备容量，再同三相用电设备一起进行三相负荷计算。

2.3.1　单相设备 P'_{Nph} 接于相电压

等效三相设备容量,应按最大负荷相所接的单相设备容量的 3 倍计算,即

$$P'_{\text{N}} = 3P'_{\text{Nph. max}}$$

2.3.2　单相设备 P'_{Nph} 接于同一线电压

等效三相容量为

$$P'_{\text{N}} = \sqrt{3}P'_{\text{Nph}}$$

2.3.3　单相设备接于不同线电压

当三单相设备容量分别是 $P_{\text{Nph. 1}}$,$P_{\text{Nph. 2}}$,$P_{\text{Nph. 3}}$ 且 $P_{\text{Nph. 1}} > P_{\text{Nph. 2}} > P_{\text{Nph. 3}}$,$\cos_{\varphi_1} \neq \cos_{\varphi_2} \neq \cos_{\varphi_3}$,接于不同线电压时,等效三相容量,则

$$P'_{\text{N}} = \sqrt{3}P_{\text{Nph. 1}} + (3 - \sqrt{3})P_{\text{Nph. 2}}$$
$$Q'_{\text{N}} = \sqrt{3}P_{\text{Nph. 1}}\tan\varphi_1 + (3 - \sqrt{3})P_{\text{Nph. 2}}\tan\varphi_2 \tag{2.15}$$

2.3.4　单相负荷既有相负荷又有线间负荷

先将线负荷换算为相负荷,各相分别相加,取最大相负荷的 3 倍。

将接于线电压的单相负荷换算为接于相电压上的单相负荷换算方法为

$$P_{\text{A}} = p_{\text{AB-A}} \cdot P_{\text{AB}} + p_{\text{CA-A}} \cdot P_{\text{CA}} \qquad Q_{\text{A}} = q_{\text{AB-A}} \cdot P_{\text{AB}} + q_{\text{CA-A}} \cdot P_{\text{CA}}$$
$$P_{\text{B}} = p_{\text{BC-A}} \cdot P_{\text{BC}} + p_{\text{AB-B}} \cdot P_{\text{AB}} \qquad Q_{\text{B}} = q_{\text{BC-A}} \cdot P_{\text{BC}} + q_{\text{AB-B}} \cdot P_{\text{AB}} \tag{2.16}$$
$$P_{\text{C}} = p_{\text{CA-A}} \cdot P_{\text{CA}} + p_{\text{BC-C}} \cdot P_{\text{BC}} \qquad Q_{\text{C}} = q_{\text{CA-A}} \cdot P_{\text{CA}} + q_{\text{BC-C}} \cdot P_{\text{BC}}$$

式中　P_{AB},P_{BA},P_{CA}——接于 AB,BA,CA 线电压的有功负荷;

P_{A},P_{B},P_{C}——换算为 A,B,C 相电压的有功负荷;

Q_{A},Q_{B},Q_{C}——换算为 A,B,C 相电压的无功负荷。

换算系数见表 2.9。

表 2.9　线电压负荷换算为相电压负荷的功率换算系数

功率换算系数	负荷功率因数								
	0.35	0.4	0.5	0.6	0.65	0.7	0.8	0.9	1.0
$p_{\text{AB-A}}$,$p_{\text{BC-B}}$,$p_{\text{CA-C}}$	1.27	1.17	1.0	0.89	0.84	0.8	0.72	0.64	0.5
$p_{\text{AB-B}}$,$p_{\text{BC-C}}$,$p_{\text{CA-A}}$	−0.27	−0.17	0	0.11	0.16	0.2	0.28	0.36	0.5
$q_{\text{AB-A}}$,$q_{\text{BC-B}}$,$q_{\text{CA-C}}$	1.05	0.86	0.58	0.38	0.3	0.22	0.09	−0.05	−0.29
$q_{\text{AB-B}}$,$q_{\text{BC-C}}$,$q_{\text{CA-A}}$	1.63	1.44	1.16	0.96	0.88	0.8	0.67	0.53	0.29

2.3.5　举例

例 2.5　某 220/380 V 三相四线制线路上,装有 220 V 单相电热干燥箱 6 台、单相电加热

器 2 台和 380 V 单相对焊机 6 台。电热干燥箱 20 kW 2 台接于 A 相,30 kW 1 台接于 B 相, 10 kW 3 台接于 C 相;电加热器 20 kW 2 台分别接于 B 相和 C 相;对焊机 14 kW($\varepsilon=100\%$)3 台接于 AB 相,20 kW($\varepsilon=100\%$)2 台接于 BC 相,46 kW($\varepsilon=60\%$)1 台接于 CA 相。试求该线路的计算负荷。

解 1)电热干燥箱及电加热器的各相计算负荷

查表得 $K_x=0.7$,$\cos\varphi=1$,$\tan\varphi=0$,因此只要计算有功计算负荷,则:

A 相

$$P_{cA1}=K_x P_{eA}=0.7\times20\ kW\times2=28\ kW$$

B 相

$$P_{cB1}=K_x P_{eB}=0.7\times(30\ kW\times1+20\ kW\times1)=35\ kW$$

C 相

$$P_{cC1}=K_x P_{eC}=0.7\times(10\ kW\times3+20\ kW\times1)=35\ kW$$

2)对焊机的各相计算负荷

查表得

$$K_x=0.35,\cos\varphi=0.7,\tan\varphi=1.02$$

查表得 $\cos\varphi=0.7$ 时,则

$$p_{AB\text{-}A}=p_{BC\text{-}B}=p_{CA\text{-}C}=0.8$$

$$p_{AB\text{-}B}=p_{BC\text{-}C}=p_{CA\text{-}A}=0.2$$

$$q_{AB\text{-}A}=q_{BC\text{-}B}=q_{CA\text{-}C}=0.22$$

$$q_{AB\text{-}B}=q_{BC\text{-}C}=q_{CA\text{-}A}=0.8$$

先将接于 CA 相的 46 kW($\varepsilon=60\%$)换算至 $\varepsilon=100\%$ 的设备容量,即

$$P_{CA}=P_N\sqrt{\varepsilon_N}=46\ kW\times\sqrt{0.6}=36.63\ kW$$

①各相的设备容量

A 相

$$P_{eA}=p_{AB\text{-}A}P_{AB}+p_{CA\text{-}A}P_{CA}=0.8\times14\ kW\times3+0.2\times35.63\ kW=40.73\ kW$$

$$Q_{eA}=q_{AB\text{-}A}P_{AB}+q_{CA\text{-}A}P_{CA}=0.22\times14\ kW\times3+0.8\times35.63\ kW=37.74\ kvar$$

B 相

$$P_{eB}=p_{BC\text{-}B}P_{BC}+p_{AB\text{-}B}P_{AB}=0.8\times20\ kW\times2+0.2\times14\ kW\times3=40.4\ kW$$

$$Q_{eB}=q_{BC\text{-}B}P_{BC}+q_{AB\text{-}B}P_{AB}=0.22\times20\ kW\times2+0.8\times14\ kW\times3=42.4\ kvar$$

C 相

$$P_{eC}=p_{CA\text{-}C}P_{CA}+p_{BC\text{-}C}P_{BC}=0.8\times35.63\ kW+0.2\times20\ kW\times2=36.5\ kW$$

$$Q_{eC}=q_{CA\text{-}C}P_{CA}+q_{BC\text{-}C}P_{BC}=0.22\times35.63\ kW+0.8\times20\ kW\times2=39.84\ kvar$$

②各相的计算负荷

A 相

$$P_{cA2}=K_x P_{eA}=0.35\times40.73\ kW=14.26\ kW$$

$$Q_{cA2}=K_x Q_{eA}=0.35\times37.74\ kvar=13.21\ kvar$$

B 相

$$P_{cB2} = K_x P_{eB} = 0.35 \times 40.4 \text{ kW} = 14.14 \text{ kW}$$

$$Q_{cB2} = K_x Q_{eB} = 0.35 \times 42.4 \text{ kvar} = 14.84 \text{ kvar}$$

C 相

$$P_{cC2} = K_x P_{eC} = 0.35 \times 36.5 \text{ kW} = 12.78 \text{ kW}$$

$$Q_{cC2} = K_x Q_{eC} = 0.35 \times 39.84 \text{ kvar} = 13.94 \text{ kvar}$$

③各相总的计算负荷(设同时系数为 0.95)

A 相

$$P_{cA} = K_{\sum}(P_{cA1} + P_{cA2}) = 0.95 \times (28 + 14.26) \text{ kW} = 40.15 \text{ kW}$$

$$Q_{cA} = K_{\sum}(Q_{cA1} + Q_{cA2}) = 0.95 \times (0 + 13.21) \text{ kvar} = 12.55 \text{ kvar}$$

B 相

$$P_{cB} = K_{\sum}(P_{cB1} + P_{cB2}) = 0.95 \times (35 + 14.14) \text{ kW} = 46.68 \text{ kW}$$

$$Q_{cB} = K_{\sum}(Q_{cB1} + Q_{cB2}) = 0.95 \times (0 + 14.84) \text{ kvar} = 14.10 \text{ kvar}$$

C 相

$$P_{cC} = K_{\sum}(P_{cC1} + P_{cC2}) = 0.95 \times (35 + 12.78) \text{ kW} = 45.39 \text{ kW}$$

$$Q_{cC} = K_{\sum}(Q_{cC1} + Q_{cC2}) = 0.95 \times (0 + 13.94) \text{ kvar} = 13.24 \text{ kvar}$$

④总的等效三相计算负荷

因为 B 相的有功计算负荷最大,故

$$P_{cm\varphi} = P_{cB} = 46.68 \text{ kW}$$

$$Q_{cm\varphi} = Q_{cB} = 14.10 \text{ kvar}$$

$$P_c = 3P_{cm\varphi} = 3 \times 46.68 \text{ kW} = 140.04 \text{ kW}$$

$$Q_c = 3Q_{cm\varphi} = 3 \times 14.10 \text{ kvar} = 42.3 \text{ kvar}$$

2.4　用电指标法

当某供配电系统处于规划阶段,主要的大容量的用电设备已经清楚,但某些分散的小容量用电设备(如照明设备等)并未确定。这时,均需借助用电指标进行负荷计算。此外,有的电能住宅用户,对其设计供配电系统时,始终无法得知每个住户的实际用电容量,也只能借助用电指标进行负荷计算。

常见的方法有负荷密度法、单位指标法和住宅用电指标法。它们主要用于供电初步设计阶段的负荷计算。

2.4.1　负荷密度法

计算公式为

$$P_{30} = \rho s \qquad\qquad (2.17)$$

式中 P_{30}——计算负荷,kW;

ρ——负荷密度指标,kW/m^2;

s——计算范围的使用面积,m^2。

表 2.10 常见的工业与民用电能用户的负荷密度指标

用途	负荷密度指标 /(kW·m^{-2})	用途	负荷密度指标 /(kW·m^{-2})
铸钢车间①	0.06	旅游宾馆②	0.07 ~ 0.08
焊接车间	0.04	商场②	0.12 ~ 0.15
铸铁车间	0.06	科研实验楼②	0.08 ~ 0.10
金工车间	0.10	办公楼②	0.07 ~ 0.08
木工车间	0.66	中学、小学(有空调)	0.07 ~ 0.08
煤气站	0.09 ~ 0.13	中学、小学(无空调)	0.03 ~ 0.04
锅炉房	0.15 ~ 0.20	医院②	0.08 ~ 0.1
压缩空气站	0.15 ~ 0.20	博展馆	0.06 ~ 0.07

注:①为不含中央空调。

②为有中央空调。

2.4.2 单位指标法

计算公式为

$$P_{30} = \alpha N \qquad (2.18)$$

式中 α——单位用电指标,kW/人、kW/床,kW/产品;

N——单位数量,人数,床数,产品数量等。

2.4.3 住宅用电指标法

对住宅,因无法知道具体用电设备,故一般都采用住宅用电指标进行负荷计算。

计算公式为

$$P_{30} = K_t \beta N \qquad (2.19)$$

式中 β——住宅用电量指标,kW/户;

N——供电范围内的住宅户数;

K_t——住宅用电同时系数。

住宅用电指标 β 相当于一住宅的计算负荷,其值的大小与住宅的建筑面积、档次、所处地区有很大的关系,并随着经济的发展,住宅用电量指标增长相当迅速。

K_t 住宅用电同时系数表示不同住户的计算负荷的出现在时间上的不一致性。因此,随着供电范围的增加(住户数量的增加),K_t 应呈减少趋势。

中国与美国的住宅用电量指标标准比较,其中我国标准为现行标准,现正在修订中。我国许多地区已采用比国家标准高的住宅用电量指标,见表 2.10—表 2.14。

表 2.11　中国与美国的住宅用电指标比较

	中国		美国	
	内地	香港	基本配置	标准配置
住宅用电指标/kW	2.5 ~ 4	13.2	18.6	25

表 2.12　住宅用电指标推荐值(重庆地区)

套型	使用面积/m²	用电负荷指标/kW	
		普通住宅	全电气化
二室户	34	3 ~ 4	7 ~ 8
三室户	45	4 ~ 5	8 ~ 9
三室户	56	5 ~ 6	9 ~ 10
四室户	68	6 ~ 7	10 ~ 11

表 2.13　住宅用电量同时系数(重庆地区)

户数	同时系数	
	普通住宅	全电气化住宅
1 ~ 10	1 ~ 0.8	1 ~ 0.93
10 ~ 20	0.7 ~ 0.63	0.93 ~ 0.91
21 ~ 100	0.63 ~ 0.54	0.85 ~ 0.45
100 ~ 200	0.54 ~ 0.46	0.38 ~ 0.32
200 以上	0.46 ~ 0.42	0.32 ~ 0.3

表 2.14　规划供电指标推荐值(重庆地区)

	普通住宅区	全电气化住宅区
户均人口/人	2.9	2.9
近期户均人口/kW	1.3	2.3
远期户均指标/kW	1.8	2.8

2.4.4　各种负荷计算方法的特点

各种负荷计算方法的特点如下:

①指标法中除了住宅用电量指标法外,其他方法一般只用作供配电系统的前期负荷估算。

②需要系数法计算简单,是最为常用的一种计算方法,适合用电设备数量较多,且容量相

差不大的情况。

③二项式法考虑问题的出发点就是大容量设备的作用,用电设备中容量相差悬殊时,用二项式法计算结果较为准确。

2.5 工业企业供电系统功率因数的提高

2.5.1 提高功率因数的意义

电路的功率因数就等于电压与电流之间的相位差的余弦,其大小取决于所接负载的性质。在供用电系统中,除了白炽灯、电阻电热器等设备负荷功率因数接近于1外,其他如三相交流异步电动机、三相变压器、电焊机、电抗器、架空线等的功率因数均小于1,特别是在轻载或空载情况下,其功率因数将更低。

用电设备功率因数降低后,在有功功率需要量保持不变的情况下,无功功率需要量便增加,这样将带来许多不良后果。

①增加电力网中输电线路上的功率损耗。

②使电力系统内的设备容量不能充分利用。

③功率因数过低还将使线路的电压损耗增大。

综上所述,可知电力系统功率因数的高低是十分重要的问题。因此,必须设法提高电力网中各有关部分功率因数,以充分利用电力系统内各发电设备和变电设备的容量,增加其输送电能力,减少供电线路导线的截面,节约有色金属,减少电力网中的功率损耗和电能损耗,并降低线路中的电压损失与电压波动,以达到节约电能和提高供电质量的目的。

2.5.2 功率因数

(1)瞬时功率因数

根据电工相关知识,则

$$\cos \varphi = \frac{P}{\sqrt{3}IU}$$

式中　P——功率表测出的三相功率读数,kW;

　　　I——电流表测出的线电流读数,A;

　　　U——电压表测出的线电压读数,kV。

随着负荷的变化,功率因数将是变化的,这种功率因数为瞬时功率因数。瞬时功率因数可由功率因数表(相位表)直接测量。

瞬时功率因数主要用来分析工厂或设备在生产过程中无功功率的变化情况,以便采取适当的补偿措施。

（2）平均功率因数

平均功率因数也称均权功率因数,可计算为

$$\cos \varphi = \frac{W_p}{\sqrt{W_p^2 + W_q^2}} = \frac{1}{\sqrt{1 + \left(\dfrac{W_q}{W_p}\right)^2}} \tag{2.20}$$

式中　W_p——某一个月内从有功电能表所记录的有功电能,kW·h;

　　　W_q——某一个月内从无功电能表所记录的无功电能,kvar·h。

上式计算所得的均权功率因数,就是供电部门用来调整电费的"月平均功率因数",用以计算已投入生产的工业企业的功率因数。

（3）最大负荷时的功率因数

最大负荷功率因数指在年最大负荷（计算负荷）时的功率因数,可计算为

$$\cos \varphi = \frac{P_{30}}{S_{30}} \tag{2.21}$$

《供电营业规则》（电力工业部令第 8 号）第 41 条规定:除电网有特殊要求的用户外,用户在当地供电企业规定的电网高峰负荷时的功率因数,应达到下列规定:100 kVA 及以上高压供电的用户功率因数为 0.90 以上。其他电力用户和大中型电力排灌站、趸购转售电企业,功率因数为 0.85 以上。农业用电,功率因数为 0.80 以上。这里所指的功率因数,即为最大负荷时功率因数。

2.5.3　提高工业企业功率因数的方法

针对工业电力用户,提高功率因数的方法可分为两大类:一类是提高自然功率因数;另一类为采用无功补偿装置。

（1）提高自然功率因数

提高自然功率因数的方法,即采用降低各种用电设备所需的无功功率以改善其功率因数的措施。

1）合理选用异步电动机的型号和容量

$\cos \varphi$ 在负载率为 70% 及以上时较高,如额定负载时为 0.85~0.89,而空载时只有 0.2~0.3,因此,正确选用异步电动机使其额定容量与它拖动的负荷匹配,避免不合理运行方式,对改善功率因数是十分重要的。

2）配电变压器不宜轻载运行

变压器一次侧功率因数与二次侧负荷的负荷率有关,见表 2.15。

表 2.15　功率因数与负荷率的关系

功率因数　　　　　　负荷率	空载	25%	50%	75%	满载
$\cos \varphi$	0.15 以下	0.67	0.73	0.73	0.76

变压器在负载率 >0.6 以上运行时才较经济,一般75%到80%较合适。

3)合理安排和调整工艺流程

改善电气设备的运行状况,限制电焊机、机床电动机等设备空转。

(2)采用无功补偿来提高功率因数

我国有关电力设计规程规定:高压供电的工厂,最大负荷时的功率因数不得低于0.9;其他工厂,不得低于0.85。

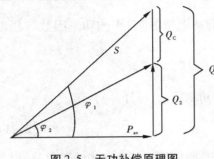

图2.5 无功补偿原理图

1)补偿容量计算

由图2.5可知,要使功率因数由 $\cos\varphi_1$ 提高到 $\cos\varphi_2$,则必须装设无功补偿装置容量为

$$Q_c = P_{30}(\Delta q_c) \qquad (2.22)$$

式中,$\Delta q_c = \tan\varphi_1 - \tan\varphi_2$,$\Delta q_c$ 称为无功补偿率。表示的是要使 1 kW 的有功功率由 $\cos\varphi_1$ 提高到 $\cos\varphi_2$ 所需要的无功补偿容量 kvar 值。Δq_c 也可由相关手册查出。

2)补偿电容器个数

补偿电容器个数为

$$n = \frac{总量\ Q_c}{单台容量} \qquad (2.23)$$

注意:对于单相电容器来说,个数应取 3 的倍数,以便三相平衡。

例 2.6 某厂拟建一降压变电所,装设一台主变压器。已知变电所低压侧有功计算负荷为 650 kW,无功计算负荷为 800 kvar。为了使工厂(变电所高压侧)的功率因数不低于 0.9,如在低压侧装设并联电容进行无功补偿时,需要装设多少补偿容量?并问补偿前后工厂变电所所选变压器的容量有何变化?

解 1)补偿前的变压器容量和功率因数

变电所低压侧的视在计算负荷为

$$S_{30(2)} = \sqrt{650^2 + 800^2}\ \text{kVA} = 1\ 031\ \text{kVA}$$

主变压器容量选择条件为 $S_{NT} \geq S_{30(2)}$,因此未进行无功补偿时,主变压器容量为 1 250 kVA。

这时变电所低压侧的功率因数为

$$\cos\varphi_{(2)} = \frac{650}{1\ 031} = 0.63$$

2)无功补偿容量

按规定,变电所高压侧的 $\cos\varphi \geq 0.90$。考虑到变压器的无功功率损耗 ΔQ_T 远大于有功功率损耗 ΔP_T,一般 $\Delta Q_T = (4\sim5)\Delta P_T$,因此在变压器低压侧补偿时,低压侧补偿后的功率因数应略高于 0.90,这里取 $\cos\varphi' = 0.92$。

要使低压侧功率因数由 0.63 提高到 0.92,低压侧需装设的并联电容器容量为

$$Q_\text{C} = 650 \times (\tan \arccos 0.63 - \tan \arccos 0.92) = 525 \text{ kvar}$$

因此,取 $Q_\text{C} = 530$ kvar。

3)补偿后的变压器容量和功率因数

变电所低压侧的视在计算负荷为

$$S'_{30(2)} = \sqrt{650^2 + (800 - 530)^2} \text{ kVA} = 704 \text{ kVA}$$

因此,无功补偿后的变压器容量可选为 800 kVA。

变压器的功率损耗为

$$\Delta P_\text{T} \approx 0.015\, S'_{30(2)} = 0.015 \times 704 \text{ kVA} = 10.6 \text{ kW}$$

$$\Delta Q_\text{T} \approx 0.06\, S'_{30(2)} = 0.06 \times 704 \text{ kVA} = 42.2 \text{ kvar}$$

变压器高压侧的计算负荷为

$$P'_{30(1)} = 650 \text{ kW} + 10.6 \text{ kW} = 661 \text{ kW}$$

$$Q'_{30(1)} = (800 - 530) \text{ kvar} + 42.2 \text{ kvar} = 312 \text{ kvar}$$

$$S'_{30(1)} = \sqrt{661^2 + 312^2} \text{ kVA} = 731 \text{ kVA}$$

无功补偿后,工厂的功率因数为

$$\cos \varphi' = \frac{P'_{30(1)}}{S'_{30(1)}} = \frac{661}{731} = 0.904$$

这一功率因数满足规定要求。

4)补偿前后比较

主变压器容量在补偿后减少,则

$$S_\text{N.T} - S'_\text{N.T} = 1\,250 \text{ kVA} - 800 \text{ kVA} = 450 \text{ kVA}$$

如以基本电费每月 22 元/kVA 计算,则每月工厂可节约基本电费为

$$450 \times 22 = 9\,900 \text{ 元/月}$$

由此例可知,采用无功补偿来提高功率因数能使工厂取得可观经济效果(尚未计算其他方面的经济效果)。

(3)补偿方式

1)用静电电容器(移相电容器、电力电容器)作无功补偿,以提高功率因数

①个别补偿

直接安装在用电设备附近。

优点是可减少车间线路的导线截面和车间变压器的容量,降低线路和变压器中的功率损耗。

缺点是利用率低,投资大。

适用于运行时间长的大容量设备,所需无功较多且由长线路供电的情况。

②分组(分散)补偿

将电容器组分散安装在各车间配电母线上。

③集中补偿

将电容器组集中安装在总降压变电所二次侧(6~10 kV)或变配电所的一次侧(6~10 kV)或

二次侧 380 V 侧。

一般对补偿容量相当大的工厂,宜采用高压侧集中补偿和低压侧分散补偿相结合的方法;对用电负荷分散及补偿容量小的工厂,一般仅用低压补偿。

2)采用同步电动机(过励运行)

若工业用户的部分电动机采用同步机,当同步电动机在过励运行方式,功率因数为 0.8 ~ 0.9 超前时,可向电力系统提供无功功率,但同步电动机结构复杂,附有启动控制设备,维护工作量大,用"同步电动机作无功补偿"方案的价格明显高于"用异步电动机加电力电容器补偿"的价格。一般用户在满足工艺条件的情况下,是否采用同步电动机来提高企业的功率因数,可通过技术经济比较决定。通常对低速、恒速且长期连续工作的容量较大的电动机,如轧钢机的电动发电机组、球磨机、空压机、鼓风机等设备可采用同步电动机拖动。这些设备容量一般在 250 kW 以上,环境和启动条件均可满足同步电动机的要求,而且停歇时间小,因而对功率因数改善起很大作用。小容量的高速同步电动机不经济,不宜采用。

2.6　年电能消耗量的计算

企业年电能消耗量可用工厂的年产量及单位产品耗电量进行估算。企业年电能消耗量的较精确的计算,可用企业的有功和无功计算负荷 P_{30} 和 Q_{30},即年有功电能消耗量为

$$W_{\text{p·a}} = \alpha P_{30} T_{\text{a}} \tag{2.24}$$

年无功电能损耗为

$$W_{\text{q·a}} = \beta Q_{30} T_{\text{a}} \tag{2.25}$$

式中　α——年平均有功负荷系数,一般取 0.7 ~ 0.75;

β——年平均无功计算负荷系数,一般取 0.76 ~ 0.82;

T_{a}——年实际工作小时数,一班制可取 2 300 h,两班制可取 4 600 h,三班制可取 6 900 h。

例 2.7　假设例 2.6 所示工厂为两班制生产,试计算其年电能消耗量。

解　按式(2.24)、式(2.25)计算。

取 $\alpha = 0.7, \beta = 0.8, T_{\text{a}} = 4\,600$ h,则工厂年有功电能消耗量为

$$W_{\text{p·a}} = 0.7 \times 661 \text{ kW} \times 4\,600 \text{ h} = 2.128 \times 10^6 \text{ kW} \cdot \text{h}$$

工厂年无功电能消耗量为

$$W_{\text{q·a}} = 0.8 \times 312 \text{ kvar} \times 4\,600 \text{ h} = 1.148 \times 10^6 \text{ kvar}$$

2.7　确定供(配)电系统计算负荷

如图 2.6 所示为一工业企业和一建筑大楼供电系统的简单接线图,其负荷的计算步骤应从负荷端开始,逐级上推。对负荷端的负荷计算在前一节已作了详细的介绍,这里我们将在前节知识的基础上对电源端的计算负荷进行分析求解。

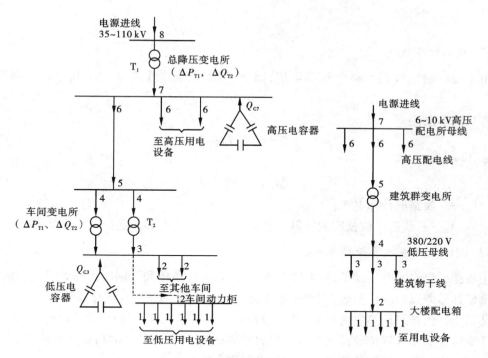

图2.6 工厂和建筑楼的供电系统计算负荷系统图

供配电系统的功率损耗主要包括线路和变压器的功率损耗两部分。

(1)变压器功率损耗

变压器的损耗包括有功和无功损耗两部分。由变压器空载实验测定铁损 ΔP_0 及空载电流占额定电流的百分数 $I_0\%$,由变压器短路实验确定铜损 ΔP_k 和短路电压占额定电压的百分数 $U_k\%$ 。

1)变压器的有功损耗

变压器的有功损耗为

$$\Delta P_T = \Delta P_0 + \Delta P_k \left(\frac{S_{30}}{S_N}\right)^2 S_{30} \tag{2.26}$$

变压器有功损耗由铁损 ΔP_0 和铜损 ΔP_K 两部分。

2)变压器的无功损耗

变压器的无功损耗为

$$\Delta Q_T \approx S_N \left[\frac{I_0\%}{100} + U_k\% \left(\frac{S_{30}}{S_N}\right)^2\right] \tag{2.27}$$

在负荷计算中,SL_7,S_7,S_9 型低损耗电力变压器的功率损耗可按下列简化公式近似计算。

有功损耗为

$$\Delta P_T = 0.015 S_{30} \tag{2.28}$$

无功损耗为

$$Q_{30} = 0.06 S_{30} \tag{2.29}$$

（2）**线路功率损耗**

由于供（配）电线路存在电阻和电抗，因此，线路上会产生有功功率和无功功率两部分损耗。

有功功率损耗为

$$\Delta P_{wl} = 3I_{30}^2 R_0 L \qquad (2.30)$$

无功功率损耗为

$$\Delta Q_{wl} = 3I_{30}^2 X_0 L \qquad (2.31)$$

式中　I_{30}——线路的计算电流；

　　　R_0、X_0——线路单位长度的电阻和电抗，可查相关手册和产品样本。

（3）**供（配）电系统负荷计算步骤**

①根据所提供的电气设备，将电气设备分类，除去各备用和不同时工作的设备，其余设备的容量相加后乘以相应的系数（需要系数 K_d 或二项式系数 b、c），得到计算负荷。

②低压侧的各组计算负荷相加，乘以同时系数 K_t，得到变压器的总计算负荷。

③变压器的总计算负荷再加上变压器的功率损耗，得到变压器的高压侧负荷。

④各台变压器高压侧负荷之和就是从电网取得的总负荷。

思考与练习题

1. 电力负荷的含义？什么叫负荷持续率？什么叫计算负荷？
2. 确定计算负荷的需要系数法和二项式法各有什么特点？各适用哪些场合？
3. 什么叫平均功率因数和最大负荷时功率因数？各如何计算？各有何用途？
4. 试推导确定无功补偿电容器电容量的计算公式。
5. 有两台电焊机，每台额定容量 22 kVA，$\cos\varphi = 0.5$，$\varepsilon\% = 65\%$，计算其设备容量。
6. 有一 380 V 三相线路，供电为表 2.16 的 4 台电动机。试计算该线路的尖峰电流。

表 2.16　供电参数

参　　数	电动机			
	M_1	M_2	M_3	M_4
额定电流 I_N/A	5.8	5	35.8	27.6
启动电流 I_{st}/A	40.6	35	197	193.2

7. 已知某机修车间的金属切削机床组，电压为 380 V 的三相电动机 15 kW 1 台，1 kW 3 台，7.5 kW 8 台，4 kW 15 台；其他更小容量的电动机功率为 35 kW。试用需要系数法确定其计算负荷 P_{30}，Q_{30}，S_{30} 和 I_{30}。

8. 有一 380 V 的三相线路，供电给 35 台小批量生产的冷加工机床电动机，总容量为

85 kW。其中,称为大容量的电动机有:1 台 7.5 kW,3 台 4 kW,12 台 3 kW。试分别用需要系数法和二项式法确定其计算负荷 P_{30},Q_{30},S_{30} 和 I_{30}。

9. 某厂机械加工车间,有金属切削机床容量共 920 kW,通风机容量共 56 kW。起重机容量共 76 kW($J_C = 15\%$),线路额定电压 380 V,求车间 P_{30},Q_{30},S_{30} 和 I_{30}。若该厂另一车间全年用电量为:有功电能 500 万 kW·h,无功电能 320 kvar·h(三班制生产)。试计算该厂总降压变电站高压侧的有功计算负荷、无功计算负荷、视在功率、计算电流及平均功率因数 $\cos \varphi_{av}$(同时系数取 0.75,有功负荷系数取 0.75,无功负荷系数取 0.8)。若平均功率因数要求提高到 0.90(采用固定补偿),补偿容量为多少?此时变压器容量为多少?

第 **3** 章
电力变压器及运行

【学习描述】
　　电力变压器(文字符号为 T 或 TM)外形如图 3.1 所示。根据国际电工委员会(IEC)的界定,凡是三相变压器额定容量在 5 kVA 及以上,单相在 1kVA 及以上的输变电用变压器均称为电力变压器。它是电网中最关键的一次设备,将某一给定电压值的电能转变为所要求的另一电压值的电能,以利于电能的合理输送、分配和使用。

图 3.1　电力变压器外形

【教学目标】
　　了解变压器的结构;理解连接组别的意义;理解变压器运行特点;了解各型配电变压器的特点。

【学习任务】
　　学习组成变压器的基本结构及各附件的作用。清楚变压器的高低绕组的联接方式及联接组别的意义。理解变压器并列运行的条件及变压器过负荷运行方式。了解干式与油浸式配电变压器的特点。

3.1　变压器结构

电力变压器的基本工作原理为电磁感应原理。其最基本的结构组成是电路和磁路部分。在电力线路中,可采用 3 台单相变压器连接成三相组式变压器或用一台三相芯式变压器来完成电压的变换。一般情况下,采用三相变压器,只有出现变压器运输困难时,才考虑采用单相变压器组。

3.1.1　单相变压器的基本结构

如图 3.2 所示为单相变压器的基本结构示意图。它主要由铁芯、绕组组成。

铁芯为一闭合磁路,在两铁芯柱上套装绕组,与系统电路和电源连接绕组的称为原(一次)绕组,与负载连接的绕组为副(二次)绕组。

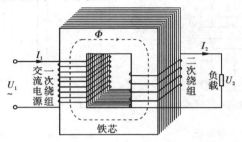

图 3.2　单相变压器的基本结构

3.1.2　三相变压器的结构

(1)铁芯

对三相组式变压器,根据电力网的线电压和各个原绕组额定电压的大小,可把 3 个单相变压器的原、副绕组接成星形或三角形。如图 3.3 所示,为组式变压器。

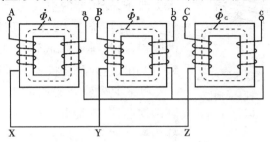

图 3.3　Y/Y 接线三相组式变压器

对三相芯式变压器,其铁芯的演变过程是:如图 3.4(a)所示为 3 个单相铁芯的合并,当原边加上对称的三相交流电源电压,三相铁芯中感应的磁通也是对称的,合并铁芯柱中的三相铁芯的合成磁通为零,因此中间合并铁芯柱中无磁通,故可取去中间铁芯柱,如图 3.4(b)所示。将3个铁芯柱做成一个平面,如图3.4(c)所示,即为三相变压器的磁路。由此可知,三相变压器的每一铁芯柱就相当于一个单相变压器。通过改变三相变压器原、副绕组的匝数,便可达到升高或降低电压并传送电能的作用。

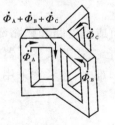 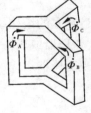 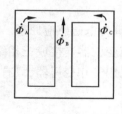 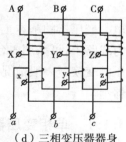

（a）3个单相铁芯的合并 （b）取去中间铁柱 （c）三相变压器平面铁芯　　（d）三相变压器器身

图3.4　三相芯式变压器磁路演变过程

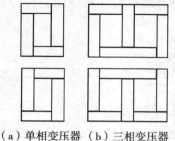 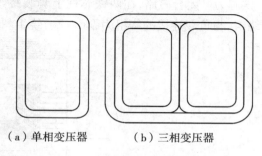

（a）单相变压器 （b）三相变压器　　　　（a）单相变压器 （b）三相变压器

图3.5　变压器铁芯的交叠装配　　　　　图3.6　变压器铁芯的卷绕装配

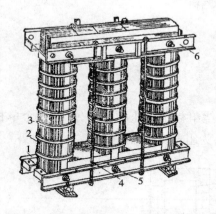

图3.7　内铁型三相三柱式变压器铁芯

1—下夹件;2—铁芯柱;3—铁柱绑扎;
4—拉螺杆;5—铁轭螺杆;6—上夹件

传统叠装式铁芯一般由厚度0.35~0.5 mm厚的冷扎硅钢片叠成,片间涂以0.01~0.03 mm厚绝缘漆膜,以避免片间短路、减少磁滞损耗。如图3.5所示为叠装式铁芯。卷铁芯与叠装式铁芯结构的主要不同是:采用专门的铁芯卷绕机将硅钢带连续绕制成的不间断连续封闭型整体铁芯,因没有接缝,导磁性能大大改善,变压器的空载电流、空载损耗相对降低;另外,不会像传统叠片式铁芯那样因磁路不连贯而发出的噪声,可使噪声降低到最低限度,噪声一般可降低5~10 dB,达到静音状态,如图3.6所示。

铁芯是磁路及磁路的支承骨架,如图3.7所示。它由铁芯柱、铁轭和夹件组成。其中,套绕组的部分称为铁芯柱,不套绕组的部分,即只起闭合磁路作用

的部分称为铁轭。变压器铁芯是框形闭合的。

叠装成型后的铁芯柱、铁轭用非磁性带箍将其绑扎、固定后再用装配式钢框将其夹紧。每根铁芯柱都套在一只合成黏结的纸筒内,在筒壁和铁芯柱梯级之间用木撑条垫实。铁芯的夹紧装置分芯柱绑扎、铁轭夹紧、整体夹紧等,主要为固定变压器铁芯,并承受起吊器身的重

力和变压器短路时的机械力,同时夹紧结构尽可能地压紧绕组、支撑引线。

（2）绕组

绕组是变压器的电路部分;由电解铜线或铝线绕制,导线外面包几层经绝缘油浸渍的高强度绝缘纸,也有用漆包、纱包或丝包线绕制的。因变压器容量和电压不同,绕组形式有所不同,如图 3.8 所示。

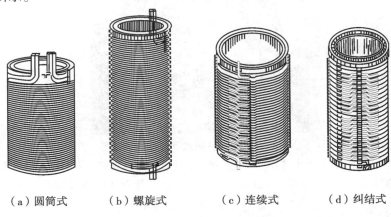

（a）圆筒式　　　（b）螺旋式　　　（c）连续式　　　（d）纠结式

图 3.8　变压器绕组形式

（3）器身

变压器中最主要的部件是铁芯和绕组,铁芯和绕组装配在一起称为器身,如图 3.9 所示。

三相芯式变压器的 3 个芯柱上分别套有 A 相、B 相和 C 相的高压和低压绕组,三相共 6 个绕组。为绝缘方便,常把低压绕组套在里面、靠近芯柱,高压绕组套装在低压绕组外面。

图 3.9　变压器器身外形图

（4）油箱及其他附件

油浸式变压器的器身放在油箱里,油箱中注满了变压器油即油浸式变压器。油是冷却介质,又是绝缘介质。油箱侧壁有冷却用的管子(散热器或冷却器)。油箱的上部如图 3.10 所示。

图 3.10　三相油浸式电力变压器外形

1—储油柜;2—瓦斯继电器;3—呼吸器;4—放油取样阀门;5—有载调压开关的控制箱;
6—有载调压开关的油枕;7—油渣塞;8—高压套管;9—风扇;10—有载调压开关的呼吸器;
11—散热器;12—油箱

1)油枕(或称储油柜)

主油枕用连通管与油箱接通。主油枕能容纳油箱中因温度升高而受热膨胀的变压器油,并限制变压器油与空气的直接接触面积,减少油受潮和氧化的程度。如图 3.11 所示为横向波纹管内油式储油柜结构简图。变压器油通过瓦斯继电器直接流入金属波纹体内,波纹体内壁与变压器油接触,波纹体用不锈钢材料制成,全封闭,内部无进入异物的可能,不受空气和水分的污染,有效地保护了变压器油质。

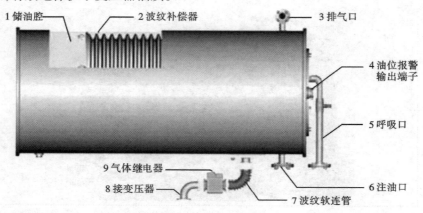

图 3.11　横向波纹管内油式储油柜

油枕上有油位计及呼吸器(吸湿器),以便观察油位和变压器在呼吸空气的过程中的潮气。吸湿器中采用硅胶为吸附剂,硅胶经处理后为蓝色,吸湿后颜色逐渐变浅至浅粉红色,吸湿饱和后硅胶为粉红色。变色硅胶中的蓝色全部消失后,就有必要将硅胶重新处理。

2)压力释放阀

当变压器内部突发过热、短路等故障或其他原因引起油箱本体内部压力升高后,高压将冲破压力释放阀,为油箱内部压力提供释放通道,起到保护油箱本体,防止过大的压力使油箱开裂或爆炸。如图 3.12 所示。

3)气体继电器

气体继电器是变压器内部故障的保护装置,装设在主油枕和变压器油箱之间的连通管道内,如图 3.10 所示。

4)引线套管及连接

主变高、低压绕组是通过引线套管接出变压器油箱后再与其他设备相连。引线套管由绝缘套筒和导电杆组成,引线套管穿过油箱盖后,其导电杆下端与绕组引线相连接,上端与线路相连接,使得绕组引线与油箱绝缘,如图 3.13 所示。

图 3.12　压力释放阀

图 3.13　高压引线套管

5)油处理装置

油处理装置由加油孔、放油活门、油样活门、油渣塞、蝶形阀门、油位计、吸湿器及净油器组成。

加油孔通常位于储油柜顶部。放油活门(阀门)可以取油样与放油两用,位于箱壁下部。油渣塞位于油箱箱底,用以彻底消除聚在变压器油箱和储油柜底部的油泥及杂质,以便清洗油箱和储油柜。净油器是用于 3 150 kVA 以上的大型变压器,使变压器油连续净化再生的装置。

（5）**分接开关**

电网中各点电压有高有低,为了使处于不同地点的变压器输出电压符合电压质量要求,常采用变压器低压绕组匝数不变,高压绕组改变匝数的方法进行调压。

为了保证二次端电压在允许范围之内,通常在变压器的高压侧设置抽头,并装设分接开关,调节变压器高压绕组的工作匝数,来调节变压器的二次电压。

中小型电力变压器一般有 3 个分接头,记作 $U_N \pm 5\%$。大型电力变压器采用 5 个或多个分接头,如 $U_N \pm 2 \times 2.5\%$ 或 $U_N \pm 8 \times 1.5\%$。

分接开关有两种形式:一种只能在断电情况下进行调节,称为无励磁分接开关——这种调压方式称为无励磁调压;另一种可在带负荷的情况下进行调节,称为有载分接开关——这种调压方式称为有载调压。

如图 3.14 所示为无励磁调压分接开关的原理及结构图。若需调整电压,首先应将变压器高低压侧停电后,并布置好安全措施后,才能操动分接开关螺母 3,即从一个分接头切换到另一个分接头,以改变线圈的匝数达到变比的变换,起到调压的目的。

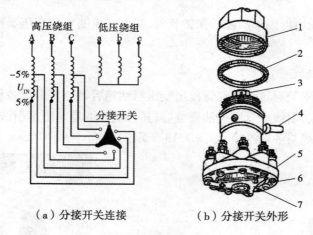

（a）分接开关连接　　　（b）分接开关外形

图 3.14　电力变压器的分接开关

1—端帽;2—密封垫圈;3—操动螺母;4—定位钉;5—绝缘盘;6—静触头;7—动触头

有载开关的基本工作原理是:通过电抗器或电阻器限流,把负载电流从一个分接头转移到另一个分接头上去,以实现有载调压。其动作过程如图 3.15 所示。有载分接开关外形如图 3.16 所示。

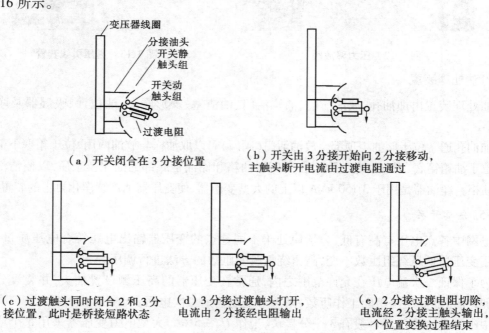

（a）开关闭合在 3 分接位置

（b）开关由 3 分接开始向 2 分接移动,主触头断开电流由过渡电阻通过

（c）过渡触头同时闭合 2 和 3 分接位置,此时是桥接短路状态

（d）3 分接过渡触头打开,电流由 2 分接经电阻输出

（e）2 分接过渡电阻切除,电流经 2 分接主触头输出,一个位置变换过程结束

图 3.15　复合式有载分接开关动作过程

注意动触触头的接触关系

（6）冷却装置

电力变压器在运行中,绕组和铁芯的损耗热量先传给油,然后通过油传给冷却介质。根据变压器的容量不同,油浸变压器的冷却方式有以下 3 种:

1）油浸自冷

油浸自冷式采用管式油箱,在变压器油箱上焊接扇形油管,增加散热面积,依靠与油箱表面接触的空气对流把热量带走。目前,它适用于各种电压等级及容量的变压

图 3.16　有载调压变压器器身图

器。当变压器容量超过 2 000 kVA 时,需要油管多,箱壁布置不下,故制作成可拆卸的散热器,这种油箱称为散热式油箱。

2）油浸风冷式

油浸风冷式变压器是在散热器空挡内装上电风扇,增加散热效果。

采用这种冷却方式的变压器一般容量在 1 000 kVA 以上。

3）强迫油循环

当变压器容量达 100 000 kVA 时,常用油泵迫使热油经过专门的冷却器冷却,然后再回送到变压器油箱里,称为强迫油循环冷却式。冷却器的冷却方式可以是风冷（也可以是水冷）如图 3.17 所示。

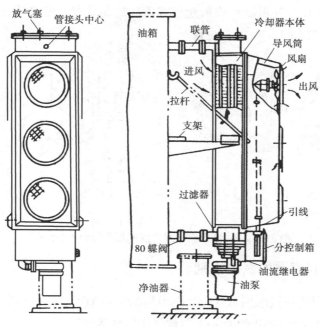

图 3.17　强迫油循环风冷冷却器

变压器的器身放在油箱里,油箱中注满了变压器油即油浸式变压器。变压器的器身、变压器油箱及油箱上部的储油柜、安全阀门、套管、油量处理装置等附件构成变压器整体。

3.2 三相变压器的联接

三相电力变压器的三绕组常见的联接方式有星形联接和三角形联接两种。

3.2.1 变压器联接组别

(1)三相绕组联接

1)星形联接

高压绕组为"Y";低压为"y"。

2)三角形联接

高压绕组为"D";低压为"d"。

(2)高、低压绕组线电压的相位关系表达

三相绕组采用不同的联接时,高压侧的线电压与低压侧对应的线电压之间可以形成不同的相位。为了表明高、低压线电压之间的相位关系,通常采用"时钟表示法"(见图3.18),把高压侧线电压作为时钟的长针,指向钟面的12,再把低压侧线电压作为短针。短针所指的钟点就是该联接组的组号。根据组号可以推出长短针间的夹角,其意义表示了高压侧的线电压与低压侧对应的线电压之间可以形成的超前或滞后的相位差。定义为低压侧线电压滞后高压侧线电压时钟整点数乘以30°的相位角。

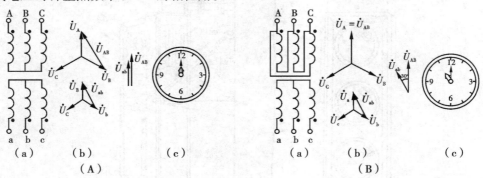

图 3.18 高、低压绕组线电压的相位"时钟表示法"

3.2.2 电力变压器的联接组别

电力变压器常用的联接组别有 Yyn0;Dyn11;Yzn11;Yd11;YNd11 等。在供用电系统中,电力变压器多采用 Yyn0;YNy0 和 Dyn11 两种常用的联接组别。

（1）Yyn0；YNy0 *联接组别的意义*

其意义为

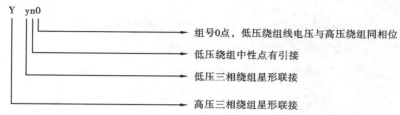

6～10 kV 的配电变压器常采用 Yyn0 联接组别，一次绕组采用星形联接，二次绕组为带中性线的星形联接，其线路中可能有的 $3n(n=1、2、3\cdots)$ 次谐波电流会注入公共的高压电网中；而且，其中性线的电流规定不能超过线电流的 25％。因此，负荷严重不平衡或 $3n$ 次谐波比较突出的场合不宜采用这种联接，但该联接组别的变压器一次绕组的绝缘强度要求较低（与 Dyn11 比较），因而造价比 Dyn11 型的稍低。在 TN 和 TT 系统中当单相不平衡电流引起的中性线电流不超过二次绕组额定电流的 25％，且任一相的电流在满载都不超过额定电流时，可选用 Yyn0 联接组别的变压器。

（2）Dyn11 *联接组别的意义*

其意义为

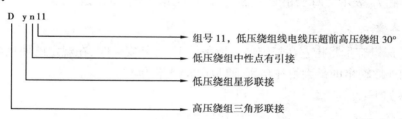

6～10 kV 的配电变压器常采用 Dyn11 联接组别。

其一次绕组为三角形联接，$3n$ 次谐波电流在其三角形的一次绕组中形成环流，不致注入公共电网，有抑制高次谐波的作用；其二次绕组为带中性线的星形联接，按规定，中性线电流允许达到相电流的 75％，因此，其承受单相不平衡电流的能力远远大于 Yyn0 联接组别的变压器。对于现代供电系统中单相负荷急剧增加的情况，尤其在 TN 和 TT 系统中，Dyn11 联接的变压器得到大力的推广和应用。

3.3　变压器的基本技术特性

3.3.1　型号

型号表示一台变压器的结构、额定容量、电压等级、冷却方式等内容。其表示方法为

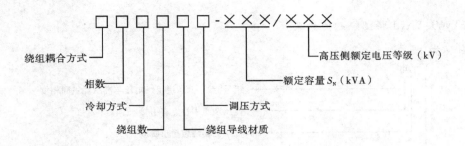

例如,OSFPSZ-250000/220 表示自耦三相强迫油循环风冷三绕组铜线有载调压,额定容量为250 000 kVA,高压绕组额定电压为 220 kV 的电力变压器。

3.3.2 基本参数

(1)额定电压

一次侧的额定电压为 U_{1N},二次侧的额定电压为 U_{2N}。对三相变压器,U_{1N} 和 U_{2N} 为线电压,一般用 kV 表示,低压也可用 V 表示。

(2)额定电流

变压器的额定电流指变压器在允许温升下一、二次绕组长期工作所允许通过的最大电流,分别用 I_{1N} 和 I_{2N} 表示。对三相变压器,I_{1N} 和 I_{2N} 为线电流,单位是 A。

(3)额定容量

变压器的额定容量是指它在规定的环境条件下,室外安装时,在规定的使用年限(一般以 20 年计)内能连续输出的最大视在功率,通常用 kVA 作单位。

三者关系如下:

单相为

$$S_N = U_{1N}I_{1N} = U_{2N}I_{2N}$$

三相为

$$S_N = \sqrt{3}U_{1N}I_{1N} = \sqrt{3}U_{2N}I_{2N}$$

3.3.3 油浸式电力变压器的冷却方式

为了加强绝缘和冷却条件,变压器的铁芯和绕组都一起浸入灌满了变压器油的油箱中。油浸式电力变压器在运行中,绕组和铁芯的热量先传给油,然后通过油传给冷却介质。根据变压器的容量不同,油浸变压器的冷却方式有以下 4 种:

(1)自然油循环自然冷却(油浸自冷式)。

(2)自然油循环风冷(油浸风冷式)。

(3)强迫油循环水冷却。

(4)强迫油循环风冷却。

3.4 配电变压器

配电变压器通常装在电杆上或配电所中,一般能将电压从 6 ~ 10 kV 降至 400 V 左右输入用户。

3.4.1 S9 型低能耗配电变压器

S9 型是在总结以往 10 kV 级配电变压器设计制造经验的基础上进行的,通过对各组件、工艺,局部结构的完善,提高了电气强度、机械强度及散热能力,降低了变压器的空载损耗、空载电流和噪声。因产品质量可靠、价格便宜,目前在城、农网改造工程中普遍采用。其外形如图 3.19 所示。目前配电变压器已发到,配电变压器的选择最低限为 S11 系列。

图 3.19 S9 配电变压器　　　　　图 3.20 S11-MR 卷铁芯密封变压器

3.4.2 S11-MR、S11-M 型三相卷铁芯全密封配电变压器

S11-MR 型采用特殊卷铁芯材料(见图 3.20),S11-M 铁芯采用叠铁芯。其空载损耗比传统铁芯材料的变压器降低 30%,空载电流降低 50% ~ 80%。其中,卷铁芯材料,噪声降低 6 ~ 10 dB(A)。经计算,其年综合损耗比新 S9 型降低 13% ~ 17%,具有良好的节能效果。在该产品的 315 kVA 及以下小容量配电变压器中,应优先选用。

全密封变压器因温度和负载变化引起油体积的变化完全由波纹油箱的弹性予以调节,油和周围空气不接触,防止了空气和潮气的侵入,避免了绝缘材料的老化,增加了运行的可靠性。全密封变压器油与空气不接触,给环境不带来污染,给人体健康不带来危害。全密封变压器保养维护工作量大大减少,它与传统变压器相比,不用对变压器油进行补充、过滤和更换,不用更换吸湿器硅胶,不用监视储油柜油面。

3.4.3 SBH11-M 型非晶合金铁芯密封式配电变压器

SBH11-M 型变压器铁芯采用非晶合金带材卷制而成,具有超低损耗特性,其空载损耗比 S9 变压器降低 80%,是目前节能效果最佳变压器。目前,在城镇电网建设中推广使用。

3.4.4 干式变压器

干式变压器与油浸式变压器相比的特点是:其铁芯和绕组都不浸在任何绝缘液体中。干式变压器因没有油,也就没有火灾、爆炸、污染等问题,故电气规范、规程等均不要求干式变压器置于单独房间内。

干式变压器适用于 35 kV 及以下电压等级。因干式变压器具有阻燃、防尘和防潮等良好的电气机械性能,故现在已作为普通油浸式变压器的更新换代产品,被越来越多地应用于配电系统和工矿企业的变电所,以及高层建筑、商业中心、石油、化工及采矿等对防火与安全有更高要求的部门。

(1)干式变压器的分类

干式变压器分类有多种方法,按型号分类,有 SC(环氧树脂浇注包封式)、SCR(非环氧树脂浇注绝缘包封式)和 SG(敞开式);按绝缘等级分类,有 B 级、E 级、H 级及 C 级;按变压器所选用的绝缘材料分类见表 3.1。

表 3.1　干式变压器按绝缘材料分类

分类	SF$_6$ 气体	环氧树脂			NOMEX 纸		其他类
		真空浇注工艺		缠绕工艺	敞开式 OVDT 浸渍工艺	包封式 VDT 涂层工艺	
		厚绝缘有填料	薄绝缘				

(2)SG 非包封变压器功能特点

图 3.21　SG9 非包封变压器

如图 3.21 所示为最早得到应用的干式变压器。其制造工艺比较简单,导线采用玻璃丝包,垫块用相应的绝缘等级材料热压成型。将绕制完工的线圈浸渍耐高温绝缘漆(绝缘等级为 H 级),并进行加热干燥处理即成。

它以空气为绝缘介质,故外形尺寸比树脂型产品大,质量也较重。

因散热条件好,浸渍式干式变压器绕组的最热点温度比平均温升高出不多,温度比较均匀,故热寿命长。

(3)SC(B)环氧树脂浇注包封式

环氧树脂干式变压器以环氧树脂为绝缘材料(见图 3.22)。用树脂混合料将一次线圈、二次线圈及铁芯全部浇注在一起,树脂作为主绝缘。高、低压绕组采用铜带(箔)绕成,在真空中浇注环氧树脂并固化,构成高强度玻璃钢体结构。绝缘等级有 F,H 级。环氧树脂干式变压器具有机械强度高、电气性能好、耐雷电冲击能力强、抗短路能力强、体积小、质量轻、防潮及耐腐蚀性能特别好,尤其适合极端恶劣的环境条件下工作等特点。散热比敞开式变压器要差些。

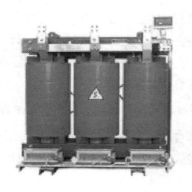

图 3.22　SC(B)9 变压器

3.5　变压器的运行

做好变压器的运行、维护工作是保证电力系统安全运行的重要任务。

3.5.1　变压器的允许运行方式

(1)允许温度和温升

1)允许温度

运行中的变压器会产生各种损耗,将全部转变为热量使变压器绕组和铁芯发热并向外部散热,当单位时间内变压器内部产生的热量等于单位时间内散发的热量时,变压器的温度就不再升高,达到热稳定状态。

影响变压器绝缘材料老化(变脆易损坏、绝缘强度已很低)的因素:时间、温度(温度越高绝缘老化越快),很容易被高电压击穿造成变压器故障。因此,变压器在正常运行中,不允许超过绝缘材料所允许的温度。

油浸式变压器在运行中各部分的温度是不同的,绕组的温度最高,其次是铁芯,再后是变压器油,而变压器上部油温又高于下部油温。

油浸式变压器绕组采用 A 级绝缘,当最高环境温度为 40 ℃时,绝缘材料最高允许温度规定为 105 ℃。正常运行中,运行人员一般是通过监视变压器的上层油温来控制绕组的最高温度。变压器绕组的平均温度通常比油温高 10 ℃左右,所以只要监视上层油温不超过 95 ℃,绕组绝缘材料的温度就不会超过 105 ℃。考虑油质过速劣化,上层油温不宜超过 85 ℃。

2)允许温升

变压器温度与周围介质温度之差称为变压器的温升。因此,需要对变压器额定负荷时各部分的温升作出规定(即变压器的允许温升。对 A 级绝缘的变压器,当最高环境度为 40 ℃时,绕组的温升为 65 ℃,上层油的允许温升为 55 ℃)。在运行中,不仅要监视上层油的温度,而且要监视的温升。因为变压器上层油的传热能力与周围空气温度的变化成正比,当周围空气温度下降很多时,变压器外壳的散热能力将大大增加,上层油温也随之下降很多,而变压器内部散热能力却提高很少(内部温度比空气高)。当变压器带大负荷或过负荷运行时,尽管变压器的上层油温未超过规定值,但温升却可能超过,这是不允许的。因此,在实际运行中,要监视变压器的温度和温升均不超过允许值,才能保证变压器不过热。

(2)电压变化的允许范围(变压外加一次电压,一般不超过所在分接头额定电压的105%)

变压器并联接入电力系统中运行时,会因为负荷变化或系统事故等情况使电压波动。

当变压器承受的电压过低时,对变压器本身不会有不良后果,仅影响向负荷供电的电能质量。

当变压器承受的电压高于额定值时,将使变压器的励磁电流增加,磁通密度增大,使变压器的铁芯因损耗增加而过热。同时,外加电压升高使铁芯的饱和程度增加,变压器的磁通和感应电动势波形产生严重的畸变,出现高次谐波分量,可能造成以下危害:

①在电力系统中造成谐波共振现象,导致过电压,损坏电气设备的绝缘。

②变压器二次侧电流波形畸变,增加电气设备的附加损耗。

③线路中的高次谐波会影响平行架设的通信线路,干扰通信的正常工作。

3.5.2 变压器并列运行的条件

两台及以上的变压器一、二次绕组的接线端分别并联投入运行,即为变压器的并列运行。并列运行时必须符合以下条件才能保证供配电系统的安全、可靠和经济性:

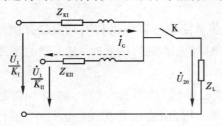

图 3.23 变比不等的变压器空载时并联运行

①并列变压器的电压比必须相同。即额定一次电压和额定二次电压必须对应相等,允许差值不得超过 ±5%。否则将在并列变压器的二次绕组内产生环流,即二次电压较高的绕组将向二次电压较低的绕组供给电流,引起电能损耗,导致绕组过热甚至烧毁,如图 3.23 所示。

②并列变压器的联接组别必须相同。也就是一次电压和二次电压的相序和相位应分别对应相同,否则,如一台 Yyn0 联接和一台 Dyn11 联接,它们的二次电压出现 30° 的相位差,这一相位差实质将是在两台变压器的二次侧产生电压差,从而产生很大的环流,可能导致变压器绕组烧坏。

③并列变压器的短路电压(阻抗电压)须相等或接近相等,允许差值不得超过 ±10%。因为并列运行的变压器的实际负载分配和它们的阻抗电压值成反比,如果阻抗电压相差过大,可能导致阻抗电压小的变压器发生过负荷现象。

④并列变压器的容量应尽量相同或相近,其最大容量和最小容量之比不宜超过3:1。如果容量相差悬殊,不仅可能造成运行的不方便,而且当并列变压器的性能不同时,可能导致变压器间的环流增加,还很容易造成小容量的变压器发生过负荷情况。

3.5.3　变压器的负荷能力

(1)变压器的额定容量与负荷能力

变压器的负荷能力和额定容量,具有不同的意义。变压器的额定容量,是一个定值。在规定的环境温度下,按额定容量运行时,变压器具有经济合理的效率和正常的使用期限(约20 年)。

变压器的负荷能力,则是指较短时间内所能输出的功率,在一定的条件下,它可能大于变压器的额定容量。负荷能力的大小是根据一定的运行情况(负荷大小和周围环境温度的变化等)以及绝缘老化等条件来决定。

(2)变压器的正常过负荷能力

变压器的正常过负荷能力是根据日负荷曲线,冷却介质温度及过负荷前变压器所带负荷情况等来确定。

变压器在运行中的负荷是经常变化的,负荷曲线有高峰和低谷,在高峰时可能过负荷。变压器在过负荷运行时,绝缘寿命损失将增加,而低负荷运行时绝缘寿命损失将减小,因此可以相互补偿。不增加变压器寿命损失的过负荷,称为正常过负荷。

工程上采用正常过负荷曲线来计算变压器的正常过负荷能力。如图 3.24 所示的负荷曲线分别示出我国规程中列出的自然油循环和强迫油循环变压器在日等值空气温度为

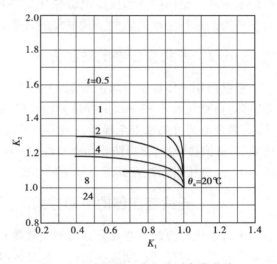

图 3.24　变压器正常允许过负荷曲线

+20 ℃时的过负荷曲线。图 3.24 中,横纵坐标轴 K_1,K_2 分别表示两段负荷曲线中的欠负荷系数和过负荷倍数(都是实际负荷对额定容量的比值),t 为过负荷的允许持续时间。

运用变压器正常允许过负荷曲线时,先求出等值欠负荷系数 K_1,最后从规定的正常过负荷曲线上查出允许过负荷倍数 K_2 或允许过负荷时间 t。

(3)变压器的事故过负荷

当系统发生事故时,保证不间断供电是首要任务,防止变压器绝缘老化加速是次要的。因此,事故过负荷和正常过负荷不同,它是以牺牲变压器寿命为代价的。事故过负荷时,绝缘老化率允许比正常高,但绕组最热点温度仍不得超过正常温度值和报警值。

实际中主变过负荷运行的规定如下:变压器在正常运行时,原则上不允许过负荷运行。变压器在事故过负荷运行时,上层油温和温升、线圈温度均不得超过正常温度值和报警值。变压器过负荷倍数和时间超过规定时,应投入备用变压器运行或转移负荷。根据运行方式变化,在无备用变压器或负荷不能转移时,变压器过负荷按部颁规程规定执行。过负荷变压器冷却器风扇、油泵应全部投入。变压器若存在冷却系统不正常,严重漏油,色谱分析异常等较

大缺陷时不准过负荷运行。各类型的变压器事故过负荷的允许值应按照不同的冷却方式和环境温度来确定,可参照相关规定运行。干式变压器严禁过负荷运行。变压器过负荷时,应每0.5 h检查一次并将过负荷参数(倍数)、持续时间及油温、线圈温度记录准确。

3.6　干式变压器的运行

3.6.1　干式变压器的温度控制系统

干式变压器的安全运行和使用寿命在很大程度上取决于变压器绕组绝缘的安全可靠。绕组温度超过绝缘耐受温度使绝缘破坏是导致变压器不能正常工作的主要原因之一,因此,对变压器的运行温度的监测及其报警控制是十分重要的。

3.6.2　干式变压器的防护方式

根据使用环境特征及防护要求,干式变压器可选择不同的外壳。通常选用 IP23 防护外壳,可防止直径大于 12 mm 的固体异物及鼠、蛇、猫、雀等小动物进入而造成短路停电等恶性故障,为带电部分提供安全屏障。若需将变压器安装在户外,则可选用 IP23 防护外壳。除上述 IP20 防护功能外,更可防止与垂直线成60°角以内的水滴入。但 IP23 外壳会使变压器冷却能力下降,选用时要注意其运行容量的降低。

3.6.3　干式变压器的冷却方式

干式变压器冷却方式可分为自然空气冷却(AN)和强迫空气冷却(AF)。自然空冷时,变压器可在额定容量下长期连续运行。强迫风冷时,变压器输出容量可提高50%。对大容量的各种树脂变压器在底部加装轴流风机,在应急负载情况下,其输出容量最大可提高50%(过负载)。

干式变压器适用于断续过负荷运行,或应急事故过负荷运行;由于过负荷时负载损耗和阻抗电压增幅较大,处于非经济运行状态,故不应使其处于长时间连续过负荷运行。

3.6.4　干式变压器的过载能力

干式变压器的过载能力与环境温度、过载前的负载情况(起始负载)、变压器的绝缘散热情况和发热时间常数等有关。

目前,我国树脂绝缘干式变压器年产量已达 10 000 MVA,成为世界上干式变压器产销量最大的国家之一。随着低噪(2 500 kVA 以下配电变压器噪声已控制在50 dB 以内)、节能(空载损耗降低达25%)的 SC(B)9 系列的推广应用,使得我国干式变压器的性能指标及其制造技术已达到世界先进水平。

思考与练习题

1. 油浸式变压器的结构主要由哪几部分组成？它们各起什么作用？

2. 变压器有哪几种冷却方式？

3. 与油浸式变压器相比,干式变压器有哪些特点？

4. SC 系列变压器的技术特点有哪些？

5. 油浸式变压器的允许温度、允许温升有何意义？

6. 变压器并列运行的条件是什么？ 必须满足什么条件？

7. 变压器的额定容量、负荷能力各表示什么含义？ 什么是变压器的正常过负荷、事故过负荷？

8. 按绕组绝缘和冷却方式分类,我国 6～10 kV 配电变压器有哪些类型？ 各适用于什么场合？

9. 变压器联接组别 Yyn0;YNy0 的含义？

第4章
高、低压开关电器

【学习描述】

　　电力系统中发电机、变压器以及线路等元件,因改变运行方式或发生故障,需将它们接入或退出时,要求可靠而灵活地进行切换操作。例如,在电路发生故障情况下,须能迅速切断故障电流,把事故限制在局部地区并使未发生故障部分继续运行,以提高供电的可靠性;在检修设备时,隔离带电部分保证工作人员的安全,等等。为了完成上述操作,在电力系统中装设有大量的开关电器(见图4.1)。

图4.1　高压配电装置现场图片

【教学目标】

　　使学生了解电弧的形成与危害、熄灭电弧的方法;掌握各型高低压开关电器的基本结构及功能;熟悉成套配电装置的特点。

【学习任务】

　　建立对开关的感性认识,掌握各种开关在电路中的功能及结构特点,理解主要技术参数的含义,为开关设备运行、操作与维护打下基础。

4.1　开关电器中的电弧及灭弧

图4.2　隔离开关动静触头

开关电器是利用导电的动、静触头接触或分开来接通或阻断电流的。因此,触头作为中高压开关设备中的核心部件,起着开断、导通的作用,广泛应用于各种开关电器中。如图4.2 所示为开关电器触头中的一种。

在开关电器触头接通或分离时,若触头间的电压大于 10 ~ 20 V、电流大于 80 ~ 100 mA,在断开的触头之间就伴随有电弧产生。

4.1.1　电弧特征及对电力系统的危害

电弧是一种气体游离放电现象。弧柱能量集中、温度很高,呈亮度很强的白色光束状,如图4.3所示。其温度一般可达 3 000 ~ 5 000 ℃,这样高的温度会造成周围附近区域的介质强烈的物理、化学变化。

电弧是导电体。断口间产生的电弧使得电路并没断开。

电弧的质量很轻,容易变形,在外力作用下(如气体、液体的流动或电动力的作用)会移动、伸长或弯曲。

如果电弧长久不熄灭,就会烧坏触头和触头附近的绝缘,并延长短路时间,危害电力系统的安全运行。因此,切断电路时,应尽快熄灭电弧。

图4.3　电弧现象

4.1.2　电弧的产生过程

(1)自由电子的产生

在断路器触头分离时,一方面因触头间接触压力不断下降,动、静触头间的接触面积不断减小,使接触电阻迅速增大,接触处的温度将急剧升高,阴极触头表面就可能向外发射出电子,这种现象称为热电子发射;另一方面,触头开始分离时,因触头间的距离很小,即使触头间的电压很低,只有几百伏甚至只有几十伏,但电场强度却很大。如间隙距离为 10^{-5} cm 时,电场强度可达 10^5 ~ 10^6 V/cm。因上述两个原因,阴极触头表面就可能向外发射出电子,这种现象称强电场发射,即热电子发射和强电场发射提供自由电子。

（2）电弧的形成

由热电子发射和强电场发射从阴极触头表面逸出来的自由电子,在电场力的作用下向阳极触头作加速运动,并不断与断口间的中性质点碰撞。如果电场足够强,电子所受的电场力足够大,电子积累的能量足够多,则发生碰撞时就可能使中性质点发生游离,产生新的自由电子和正离子。新产生的电子又和原来的电子一起以极高的速度向阳极运行,当它们和其他中性质点碰撞时,又会产生碰撞游离(见图4.4)。碰撞游离连续不断地发生,使触头间充满了电子和正离子,介质中带电质点大量增加,使触头间形成很大的电导。在外加电压下,大量电子向阳极运行形成电流,这就是所说的介质被击穿而产生的电弧,即碰撞游离形成电弧。

（3）电弧的维持

触头间形成电弧后,随着断口的增大,断口的强电场不再存在,随之碰撞游离也不存在,电弧应熄灭,但电弧仍然存在,其原因是电弧形成后产生很大的热量,使介质温度急剧升高,在高温作用下中性质点因高温而产生强烈的热运动。它们之间不断碰撞的结果又发生游离,即热游离,使电弧维持和发展。

4.1.3　电弧的游离与去游离

（1）电弧的游离

中性质点变为带电粒子的过程。电弧的形成过程即游离的过程。

（2）电弧的去游离

介质因游离而产生大量的带电粒子而形成电弧的同时,同时也会发生带电粒子消失的相反过程,称为去游离。如果带电粒子消失的速度比产生的速度快,电弧电流将减小而使电弧熄灭。去游离的方式有复合和扩散两种物理现象。

1）复合

异性带电质点的电荷彼此中和成为中性质点的现象,称为复合。电子与正离子的速度相差太大,故电子与正离子直接复合的概率小;通常是电子先附在原子上形成负离子,正、负离子电荷中和而复合,如图4.5所示。

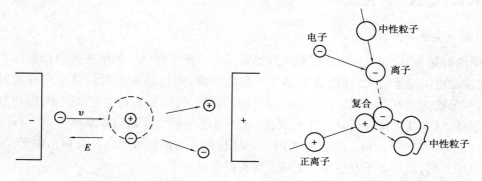

图4.4　电场碰撞游离　　　　　图4.5　间接的空间复合过程

2）扩散

弧柱中的带电质点因热运动而从弧柱内部逸出,进入周围介质的现象,如图 4.6 所示。

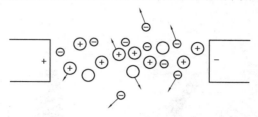

图 4.6　扩散现象

4.1.4　交流电弧的特性与熄灭

（1）交流电流与交流电弧的自然熄灭与重燃

在交流电路中,电流的瞬时值不断地随时间变化,并且从前半周到后半周过程中,电流要过零一次。在电流过零前的几百微秒,因电流减小,输入弧隙的能量也减小,弧隙温度剧烈下降,弧隙的游离程度下降,介质绝缘能力恢复,弧隙电阻增大。当电流过零时,电源停止向弧隙输入能量,电弧即熄灭。此时,因弧隙不断散出热量,温度继续下降,去游离作用进一步加强,使弧隙介质强度逐渐恢复(介质绝缘能力恢复,用 U_{ds} 表示)。同时,电源加在断口上的恢复电压(用 U_{rec} 表示)也在逐渐增加,当弧隙的介质强度的恢复速度 $U_{ds}(t)$ 大于电源恢复电压的速度 $U_{rec}(t)$,电弧就会熄灭;反之,电弧会重燃,如图 4.7 所示。

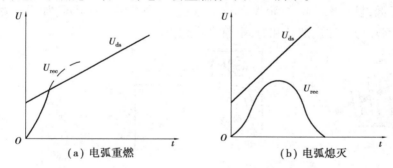

（a）电弧重燃　　　　　　（b）电弧熄灭

图 4.7　交流电弧电压曲线

（2）交流电弧熄灭

在电流过零后,人为地采取有效措施加强弧隙的冷却,使弧隙介质强度恢复到不会被弧隙外施电压击穿的程度,则在过零后的下半周,电弧就不会重燃而最终熄灭。开关电器中的灭弧装置就是基于这一理论而产生的。加强弧隙的去游离使介质强度恢复速度加大或减小弧隙上的电压恢复速率,都可从使电弧完全熄灭。

（3）现代开关电器中广泛采用的灭弧方法

现代开关电器中广泛采用的灭弧方法,归纳起来有以下 4 种:

①利用油或气体吹动电弧,如图 4.8 所示。

②断口上加装并联电阻,降低了恢复电压的上升速度,同时分流有利于熄弧。

③采用多断口灭弧:由于加在每个断口上的电压降低,使弧隙的恢复电压降低,因此,灭弧性能更好,如图4.9所示。

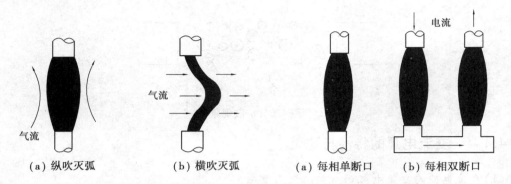

（a）纵吹灭弧　　　　（b）横吹灭弧　　　　（a）每相单断口　　　（b）每相双断口

图4.8　气体吹动电弧　　　　　　　　图4.9　多断口灭弧

④金属栅片灭弧装置:这种灭弧装置的构造原理图如图4.10所示。灭弧室内装有很多由钢板冲成的金属灭弧栅片,栅片为磁性材料。当触头间发生电弧后,因电弧电流产生的磁场与铁磁物质间产生的相互作用力,把电弧吸引到栅片内,将长弧分割成一串短弧,当电流过零时,每个短弧的阴极附近立即出现 150~250 V 的介质强度(这种现象称为近阴极效应:因为在电弧过零之前,弧隙间充满着电子和正离子,当电流过零后,弧隙的电极性发生改变,电子立即向新阳极运动,而比电子质量大 1 000 多倍的正离子基本未动,在新阴极附近呈现正离子层,其导电很低,显示出 150~250 V 的介质强度)。如图 4.11 所示,如果作用于触头间的电压小于各个间隙介质强度的总和时,电弧必将熄灭。

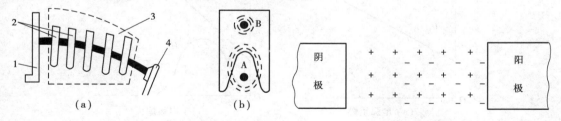

图4.10　金属灭弧栅熄弧　　　　　　图4.11　电压过零值后电荷分布

1—静触头;2—金属栅片;3—灭弧罩;4—动触头

4.2　高压断路器

4.2.1　高压断路器概述

(1)高压断路器功能

电路中,每条回路都安装有断路器;高压断路器是高压电器中最重要的设备,是一次电力系统中控制和保护电路的关键设备。

高压断路器具有完善的灭弧装置和高速的传动机构,能接通和断开正常运行高压电路中的负荷电流;能在保护的作用下自动切除短路电流。因此,它是发电厂和变电所中最重要的电气设备之一。

（2）**断路器的分类**

以灭弧介质和绝缘介质分类如下:

1）多油断路器

利用绝缘油作为断口间绝缘及灭弧介质。载流部分相间及相对地绝缘介质,如图4.12（a）所示。

2）少油断路器

绝缘油只作断口间绝缘及灭弧介质。载流部分相间及相对地间是借空气和陶器绝缘材料或有机绝缘材料来绝缘,灭弧方式多为横向吹动电弧,如图4.12（b）所示。

3）空气断路器

空气断路器是利用压缩空气的吹动来熄灭电弧的。

4）SF_6断路器

用SF_6气体作断口之间绝缘和灭弧介质。载流部分相间及相对地间仍借助空气和陶瓷材料或有机绝缘材料来绝缘。如图4.12（c）所示,国产户外SF_6断路器型号常用 LW 表示,户内用 LN 表示。

5）真空断路器

利用真空灭弧和绝缘介质,灭弧时间一般只有半个周波,如图4.12（d）所示。国产户外真空断路器其型号常用 ZW,户内用 ZN 表示。

压缩空气断路器我国已不生产,多油式断路器早年被少油断路器替代。目前,我国110 kV及以上电力系统广泛采用SF_6断路器,10～35 kV中压配电系统多采用真空断路器。

（a）35 kV 多油断路器　　（b）220 kV 少油断路器　　（c）220 kV SF_6 断路器　　（d）10 kV 真空断路器

图 4.12　断路器外形

（3）**高压断路器的基本技术参数**

技术参数表示高压断路器的基本工作性能。

1)额定电压最高工作电压

额定电压是表征断路器绝缘强度的参数。指断路器长期工作的标准电压(对三相系统指线电压)。

电网在运行中允许电压有 ±5% 的波动,断路器必须适应电网电压变化,为此断路器出厂时都以最高工作电压进行鉴定。例如,对 3~220 kV,断路器最高工作电压较额定电压高 15% 左右;对 330 kV 以上的电器设备,规定最高工作电压较额定电压高 10%。

2)额定电流

表征开关的导电系统长期通过电流的能力的参数,由开关导体及绝缘材料的长期允许发热决定,即断路器允许连续长期通过的最大电流。

我国规定额定电流为 200,400,630,(1 000),1 250,1 600,(1 500),2 000,3 150,4 000,5 000,6 300,8 000,10 000,12 500,16 000,20 000 A。

3)额定开断电流

表征断路器开断能力的参数。在额定电压下,断路器能保证可靠开断的最大短路电流,称为额定开断电流,其单位用 kA。

我国规定额定开断电流为 1.6,3.15,6.3,8,10,12.5,16,20,25,31.5,40,50,63,80,100 kA等。

4)动稳定电流

表征断路器通过短时电流能力的参数,它反映断路器承受短路电流电动力效应的能力。

5)关合电流

关合电流是表征断路器关合电流能力的参数。当断路器关合有预伏故障线路时,在触头尚未接触前几毫米就会发生预击穿,随之出现短路电流,给断路器关合造成阻力,影响合闸速度,甚至出现触头弹跳、熔焊以致断路器爆炸等事故,这种情况比断路器开断短路电流更严重。关合电流在数值上与动稳定电流相等。

6)热稳定电流和热稳定电流的持续时间

热稳定电流也是表征断路器通过短时电流能力的参数,但它反映断路器承受短路电流热效应的能力。热稳定电流是指断路器处于合闸状态下,在一定的持续时间内,允许通过电流的最大周期分量有效值,此时断路器不应因电流短时发热而损坏。国家标准规定,断路器的额定热稳定电流等于额定开断电流。一般额定热稳定电流的持续时间为 2 s,需要大于 2 s 时推荐 3 s,经用户和制造厂协商,也可选用 1 s 和 4 s。

7)合闸时间与分闸时间

分、合闸时间是表征断路器操作性能的参数。各种不同类型的断路器的分、合闸时间不同,但要求动作迅速。

①合闸时间

合闸时间是指从断路器合闸线圈接通电流到主触头刚接触这段时间。

②断路器的分闸时间

它包括固有分闸时间和熄弧时间两部分。

③固有分闸时间

它是指断路器分闸线圈接通到触头分离这段时间。

④熄弧时间

它是指从触头分离到各相电弧熄灭为止这段时间,也称全分闸时间。

8)自动重合闸性能

表征断路器操作性能的参数。架空输电线路的短路故障,大多是临时性故障,当短路电流切断后,故障随之消失。为了提高供电的可靠性,故多装有自动重合闸装置。为了与自动重合闸装置配合,断路器的操作循环为

$$分—\theta—合分—t—合分$$

式中 θ——断路器开断故障电路从电弧熄灭起到电路重新接通的时间,称为无电流间隔时间,一般为0.3 s和0.5 s;

t——强送电时间,一般为180 s。

(4)高压断路器的基本结构

高压断路器的基本组成如图4.13和图4.14所示。

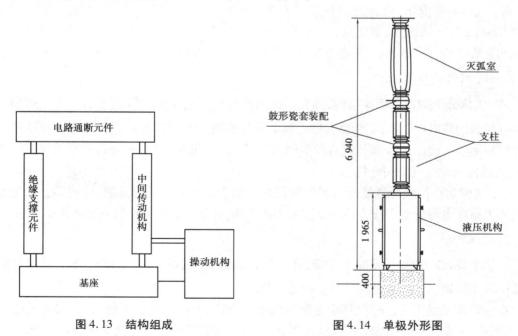

图4.13 结构组成   图4.14 单极外形图

1)电路通断元件

它是导电、熄弧系统。它由接线端子、导电杆、触头、灭弧室等组成。

2)操动机构

它为通断元件提供操作能量。它有电磁、弹簧、液压、气动等类型。

3）传动机构

它是给通断元件传递操作命令和操作力,由连杆、齿轮、拐臂、液压系统等元件组成。

4）绝缘支撑元件

它是支承和固定通断元件,并确保其对地绝缘。

5）基座

它是整台开关的支承和安装基础。

4.2.2 SF_6 断路器

SF_6 气体电气性能好,断路器断口介质强度恢复电压较高。设备的操作维护和检修都很方便,检修周期长而且它的开断性能好,占地面积小。SF_6 断路器广泛应用于 20 世纪 90 年代,目前我国已成功生产和研制了 220,330,500 kV 的 SF_6 断路器。

（1）SF_6 气体的性质

1）物理性质

常态下,纯净的 SF_6 气体是无色、无味、无毒、不助燃的惰性气体。

SF_6 气体容易液化,液化温度与压力有关,它在一个大气压下(0.1 MPa),液化温度为 -62 ℃;1.2 MPa 压力下,液化温度为 0 ℃。单压式 SF_6 断路器灭弧室气体压力为 0.3 ~ 0.6 MPa,SF_6 断路器装有加热器,根据温度和压力确定投入时间,防止气体液化。

2）SF_6 气体的电气性质

SF_6 气体分子呈正八面体结构,具有很强的捕捉自由电子成为负离子的能力。即 SF_6 气体具有很强的负电性,当 SF_6 断路器的电弧电流处于接近零值状态时,正、负离子容易复合而成为中性质点。因此,SF_6 气体具有较强的灭弧能力。在相同气压下,绝缘耐压是空气的 2 ~ 3 倍,灭弧能力是空气的 100 倍。

SF_6 气体优良的绝缘性能与灭弧性能使其应用于断路器并得到发展,目前 SF_6 气体已被广泛用于高压电器设备中作为绝缘介质和灭弧介质,并且使这些电器的重量和体积减小。

3）化学物质

一般来说,SF_6 化学性质非常稳定,在电气设备的允许运行温度范围内,SF_6 气体对电气设备中常用的铜、钢、铝等金属材料不起化学作用。

在电弧高温作用下,SF_6 气体会分解为低氟化合物,但在电弧过零值后,很快又再结合为 SF_6。因此,长期密封使用 SF_6 气体做灭弧介质的断路器,虽经多次开断灭弧,SF_6 气体也不会减少或变质。运行使用后的 SF_6 气体会有少量残留分解物,电弧的分解物的多少与 SF_6 气体中所含水分有关,试验证明,SOF_2,SO_2F_2,SF_4,SF_2,HF 等具有一定的毒性,对人的呼吸器官有刺激及臭味。

因此,断路器中常用活性氧化物或活性炭,合成沸石等吸附剂,以清除水分和电弧分解产物。

（2）SF₆断路器的结构

国产户外SF₆断路器的型号常用LW表示。SF₆断路器按总体结构,可分为落地罐式和支柱瓷套式两种。

1）落地罐式

如图4.15所示为LW8-35户外落地罐式SF₆断路器外形结构。

①优点

落地罐式断路器重心低,抗振性能好,特别容易与隔离开关、接地开关和电流互感器等组合成封闭式组合电器。

②缺点

罐体耗用材料较多,用气量大,系列化较差,因此价格较高。

图4.15　LW8-35 kV
落地罐式户外SF₆断路器

2）支柱瓷套式

如图4.16所示为户外支柱式SF₆断路器的外形及灭弧室结图,断路器单极整体结构呈"I"形布置。瓷柱式SF₆断路器结构简单,运动部件少,系列性好,因它的重心高,抗振能力较差,使用场所受到一定限制。因瓷柱式断路器中SF₆气体的容积比罐式断路器小得多,用气量少,从而降低了费用,瓷柱式断路器还是得到普遍使用。

SF₆断路器外形

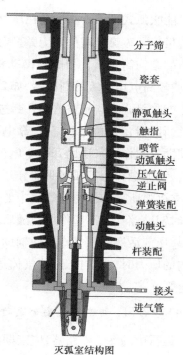

分子筛
瓷套
静弧触头
触指
喷管
动弧触头
压气缸
逆止阀
弹簧装配
动触头
杆装配
接头
进气管

灭弧室结构图

图4.16　220 kV支柱式SF₆断路器外形图

（3）SF₆ 断路器的灭弧过程

1）压气式 SF₆ 断路器开断过程

断路器的灭弧室为单压力压气式结构，即断路器内充有 0.3～0.6 MPa 的 SF₆ 气体，它是依靠压气作用实现气吹来灭弧的。开断过程示意图如图 4.17 所示。

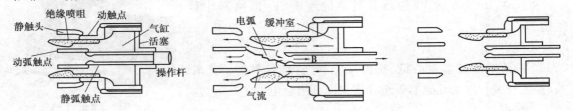

图 4.17　压气式 SF₆ 断路器的开断过程

当断路器合闸时，操作拉杆带动动触头系统向上移动，运动到一定位置时，静弧触头首先插入动弧触头中，即弧触头首先合闸，紧接着动触头的前端即主触头插入主触指中，直到完成合闸动作。因静止的活塞上装有逆止阀，故在压气缸快速向上移动的同时阀片打开，使灭弧室内 SF₆ 气体迅速进入气缸内，合闸时的压力差非常小。

2）自能吹弧式 SF₆ 断路器的开断过程

自能吹弧式 SF₆ 断路器是在压气式基础上发展起来的，又称第三代 SF₆ 断路器。它利用电弧能量建立灭弧所需的压力差，因此固定活塞的截面积比压气式小得多。它的出现不仅使断路器的结构简化而且相应的操动机构的操作功也可减小，有的甚至只有压气式断路器的 20%，使较高电压等级的断路器，如 220 kV 的断路器，可用弹簧操动机构。

自能吹弧式 SF₆ 断路器的开断过程如图 4.18 所示。

该断路器在开断大电流时，靠电弧本身能量熄弧。在开断小电流时，通过小的压气活塞形成辅助气吹作用来协助开断小电流，以弥补储气室压力的不足。当开断大电流时，主触头分开后，动弧触头与静弧触头随分开并产生电弧。电弧能量加热储气量中的气体使其压力升高，建立灭弧所需的压力储气室中的高压气体经绝缘喷口吹向电弧，使电弧在电流过量时熄灭，此时辅助储气室不起作用。随后阀门 11 打开，排出多余气体。当开断感性和容性小电流时，依靠压气活塞的压气作用使辅助储气室中的气体压力升高，当储气室的压力低于辅助储气室内的压力时，阀 8 打开，让气体通过储气室经绝缘喷口吹向电弧，进行辅助气吹，以辅助熄灭电弧。

（4）影响 SF₆ 断路器的安全运行的因素

对运行中的 SF₆ 断路器，应定期测量 SF₆ 气体的含水量。当温度低于 0 ℃ 时，SF₆ 气体的沿面放电电压几乎与干燥状态相同，这说明水分在绝缘子表面结霜不影响其沿面放电特性。当温度超过 0 ℃ 时，霜转化为水，其沿面放电电压则下降，下降程度与 SF₆ 气体中水分含量多少有关。当温度上升超过露点之后，因凝结水开始蒸发，SF₆ 气体中的沿面放电电压又升高，严格控制 SF₆ 断路器内部的水分含量对运行安全至关重要，水分与酸性杂质在一起，还会使

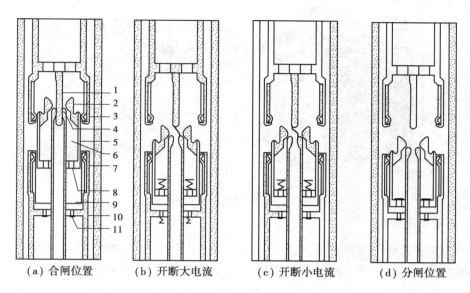

（a）合闸位置   （b）开断大电流   （c）开断小电流   （d）分闸位置

图4.18 自能吹弧式 SF_6 断路器的开断示意图

1—弧静触头；2—绝缘喷口；3—主静触头；4—弧动触头；5—主动触头；

6—储气室；7—滑动触头；8—阀门；9—辅助储气室；10—固定活塞；11—阀门

金属材料腐蚀，导致机械操作失灵。

运行中，为保证 SF_6 断路器的安全运行，要求采用专用微水检测仪器定期监测断路器 SF_6 气体的水分含量。采用专用检漏仪器，检测 SF_6 气体泄漏，年漏气率小于1%。

为保证 SF_6 断路器可靠工作，还应装设绝缘气体的经常性检漏监测装置。这种经常性装置，在规定的温度之下，当 SF_6 气体压力或密度的变化值超过允许变化范围时，自动发出报警信号，并装有闭锁装置，使断路器不能操作。

（5） SF_6 *断路器的特点*

①使用安全可靠，无火灾和爆炸的危险，不必担心材料的氧化和腐蚀。

②减小了电器的体积和质量，便于在工厂中装配，运输方便。

③设备的操作、维护和检修都很方便，全封闭电器只需监视 SF_6 气压，电气触头检修周期长，载流部分不受大气的影响，可减少维护工作量。

④无噪声和无线电干扰。

⑤冷却特性好。

⑥有利于电气设备的紧凑布置。

总之，由于 SF_6 气体的电气性能好， SF_6 断路器的断口电压较高，因此，在电压等级相同且开断电流和其他性能接近的情况下， SF_6 断路器串联断口数较少。例如，220 V 空气和少油断路器断口为 $2\sim4$ 个， SF_6 断路器只有一个断口，开断能力超过 40 kA。

4.2.3 真空断路器

真空断路器是以真空作为灭弧和绝缘介质，如图4.19所示。

图 4.19　真空断路器的外形图

(1)真空中的电弧

所谓的真空是相对而言的,指的是绝对压力低于 1 个大气压的气体稀薄的空间。由于真空中几乎没有什么气体分子可供游离导电,且弧隙中少量导电粒子很容易向周围真空扩散,因此,真空的绝缘强度比变压器油及在 1 个大气压下的 SF_6 或空气等绝缘强度高得多。在中压配电中,相同间隙下,真空介质比 7 个大气压的 SF_6 气体介质的承受的击穿电压更高。目前,我国 6~35 kV 中压配电系统中真空断路器得到广泛应用。如图 4.20 所示为不同介质的绝缘间隙击穿电压比较。真空断路器的技术性能也在不断提高,国外 10 kV 真空断路器的开断电流已达 100 kA,单断口电压已达到 110 kV。

在真空中,由于气体的分子数量非常少,发生碰撞的机会很小,因此,碰撞游离不是真空间隙被击穿而产生电弧的主要因素。真空中的电弧是在触头分离时,触头电极蒸发出来的金属蒸气中形成的。当触头分离时,电极表面即使有微小的突起部分,也将会引起电场能量集中而发射电子,在极小的面积上,电流密度可达 $10^5 ~ 10^6$ A/mm^2,使金属发热、熔融,蒸发出来的金属蒸气发生电离而形成电弧。因此,真空中金属蒸气电弧的特性,主要决定于触头材料的性质及其表面情况。

电弧中的离子和粒子,与周围高真空比较起来,形成局部的高压力和高密度,因而电弧中的离子和粒子迅速向周围扩散。当电弧电流到达零值时,因电流减少,故向电弧供给的能量减少,电极的温度随之降低。当触头间的粒子因扩散而消失的数量超过产生的数量时,电弧即不能维持而熄灭,燃弧时间一般在 0.01 s 左右。

真空断路器弧隙绝缘恢复极快,它取决于粒子的扩散速度,但是它受到开断电流、磁场、触头面积及触头材料等的影响极大。

(2)真空灭弧室和断路器的结构

真空灭弧室是真空断路器的核心部分,外壳大多采用玻璃和陶瓷两种。如图 4.21 所示为陶瓷外壳。在被密封抽成真空的玻璃或陶瓷容器内,装有静触头、动触头、电弧屏蔽罩、波纹管,构成了真空灭弧室。动、静触头连接导电杆,与大气连接,在不破坏真空的情况下,完成触头部分的开、合动作。

真空灭弧室的外壳作灭弧室的固定件并兼有绝缘作用。动触杆和动触头的密封靠金属波纹管实现,波纹管一般由不锈钢制成。在触头外面四周装有金属屏蔽罩,可防止因燃弧产生的金属蒸汽附着在绝缘外壳的内壁而使绝缘强度降低,同时,它又是金属蒸汽的有效凝聚面,能够提高开断性能。屏蔽罩使用的材料有 Ni、Cu、Fe、不锈钢等。

真空灭弧室的真空处理是通过专门的抽气方式进行的,真空度一般达到 $1.33 \times 10^{-3} \sim 1.33 \times 10^{-7} \mathrm{Pa}$。

真空开关电器的应用主要决定于真空灭弧室的技术性能,目前世界上在中压等级的设备中,随着真空灭弧室技术的不断完善和改进,电极的形状、触头的材料、支承的方式都有了很大的提高,真空开关在使用中占有相当大的优势。从整体形式看,对陶瓷式真空灭弧室应用较多,尤其是开断电流在 20 kA 及以上的真空开关电器,具有更多的优势。

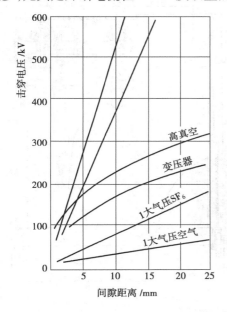

图 4.20　不同介质的绝缘间隙击穿电压

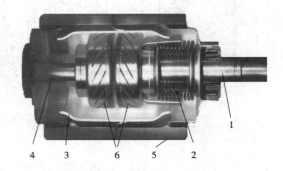

图 4.21　真空灭弧室的结构
1—动触杆;2—波纹管;3—屏蔽罩;
4—静触杆;5—陶瓷壳;6—平面触头

真空断路器触头的开距较小,当电压为 10 kV 时,只有 12 ± 1 mm。触头材料大体有两类:一类是铜基合金,如铜铋合金、铜碲硒合金等;另一类是粉末烧结的铜烙合金。触头结构形式目前多是螺旋式叶片触头和枕状触头,两者均属磁吹触头,即利用电弧电流本身产生的磁场驱使电弧运动,以熄灭电弧。螺旋式叶片触头如图 4.22 所示。弧头中部是一圆环状的接触面,接触面周围是由螺旋叶片构成的吹弧面,触头闭合时,只有接触面接触。

目前,这种螺旋式叶片触头的开断能力已达 60 kA 以上。这种触头的缺点是当进一步增加开断电流时,触头直径和真空灭弧室直径将很大,造价很高。

如图 4.23 所示为 ZN28-10C 型真空断路器的外形图,断路器为手车式。可配用于 JYN,KYN 型开关柜。它适用于发电厂、变电厂等输配电系统的控制与保护,尤其适用于频繁操作的场所。操动机构选用电磁操动机构或弹簧操动机构。

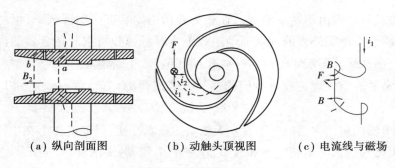

（a）纵向剖面图　　　　（b）动触头顶视图　　　　（c）电流线与磁场

图 4.22　螺旋式叶片触头

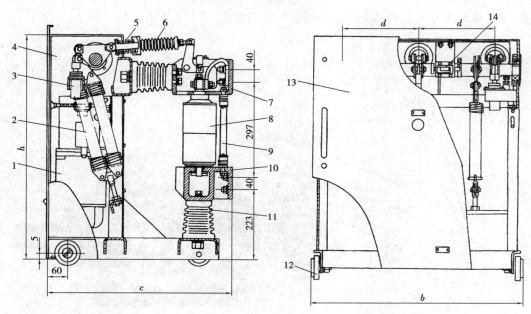

图 4.23　ZN28-10C 断路器结构图

1—操动机构;2—分闸弹簧;3—油缓冲器;4—框架;5—触头弹簧;6—操作绝缘子;

7—上支架;8—真空灭弧室;9—绝缘杆;10—下支架;11—绝缘子;12—轮;13—面板;14—计数器

　　如图 4.24 所示为 ZN12-12 型真空断路器外形图。该系列真空断路器为额定电压 12 kV,三相交流 50 Hz 的户内高压开关设备,是引进德国西门子公司 3A 技术制造的产品。该断路器的操动机构为弹簧储能式,可用交流或直流操作,也可用手动操作。

　　(3)真空断路器的特点

　　真空断路器具有体积小、无噪声、无污染、寿命长,可以频繁操作,以及不需要经常检修等优点,因此特别适合配电系统使用。此外,真空断路器灭弧介质或绝缘介质不用油,没有火灾和爆炸的危险。触头部分为完全密封结构,不会因潮气、灰尘、有害气体等影响而降低其性能,工作可靠,通断性能稳定。灭弧室作为独立的元件,安装调试简单方便。因它开断能力强、开断时间短,故还可用作其他特殊用途的断路器。

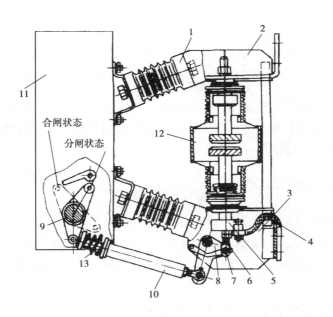

图 4.24　ZN12-12 型真空断路器总体结构图

1—绝缘子;2—上出线端;3—下出线端;4—软连接;5—导电夹;6—万向杆端轴承;
7—轴销;8—杠杆;9—主轴;10—绝缘拉杆;11—机构箱;12—真空灭弧室;13—触头弹簧

4.2.4　操动机构

断路器在工作过程中的合、分闸动作是由操动系统来完成的。操动系统由相互联系的操动机构和传动机构组成。

根据正常操动合闸所直接利用的动能形式的不同,操动机构可分为电磁型、弹簧型、液压型、电动型、气动型等多种类型。它们均为自动操动机构。其中,电磁型和电动型需直接依靠合闸电源提供操动功率,液压型、弹簧型、气动型则只需间接利用电能,并经转换设备和储能装置用非电能形式操动合闸,故短时失去电源后可由储能装置提供操动功率,因而减少了对电源的依赖程度。

弹簧操动机构利用已储能的弹簧为动力使断路器动作。弹簧储能通常由电动机通过减速装置来完成。对某些操作功不大的弹簧操动机构,为了简化结构、降低成本,也可用于手力来储能。弹簧操动机构的优点是不需要大功率的直流电源;电动机功率小(几百瓦到几千瓦);交直流两用;机械寿命可达数万次。其缺点是结构比较复杂;零件数量多;加工要求高;随着机构操作功的增大,质量显著增加。弹簧操动机构一般只用于操作 126 kV 及以下的断路器,弹簧储能为几百焦到几千焦。

液压操动机构的工作压力高,一般为 20 ~ 30 MPa。因此,在不大的结构尺寸下就可获得几吨或几十吨的操作力,而且控制比较方便。特别适宜用于 126 kV 以上的高压和超高压断路器。

4.3　隔离开关

隔离开关在结构上是一种没有灭弧装置的开关设备。它一般只用来关合和开断有电压无负荷的线路,而不能用于开断负荷电流和短路电流,需要与断路器配合使用,由断路器来完成带负荷线路的关合、开断任务。

4.3.1　隔离开关的用途与要求

(1)隔离开关用途

作为电力系统中使用得最多的一种电器,隔离开关的主要用途如下:

①将停电的电气设备与带电电网隔离,以形成安全的电气设备检修断口,建立可靠的绝缘回路;

②配合断络器进行倒闸操作,例如倒母线操作。

③根据运行需要换接线路以及开断和关合一定长度线路的交流电流和一定容量的空载变压器的励磁电流。

④分、合电压互感器、避雷器,以及正常运行时变压器中性点与接地装置的连接。

(2)对隔离开关的特殊要求

为了确保检修工作的安全以及倒闸操作的简单易行,隔离开关在结构上应满足以下要求:

①隔离开关在分闸状态时应有明显可见的断口,使运行人员能明确区分电器是否与电网断开,但在全封闭式配电装置中除外。

②隔离开关断点之间应有足够的绝缘距离。

③具有足够的短路稳定性,包括动稳定和热稳定。

④隔离开关应结构简单,动作可靠。

⑤带有接地闸刀的隔离开关应有保证操作顺序的闭锁装置,以供安全检修和检修完成后恢复正常运行。

4.3.2　隔离开关的典型结构

按安装地点的不同,隔离开关可划分为户内、户外两种。户内隔离开关的型号常用 GN 表示,一般用于 35 kV 电压等级及以下的配电装置中。户外隔离开关则可用 GW 代号表示,对这类隔离开关考虑到它的触头直接暴露于大气中,因此要适应各种恶劣的气候条件。

按绝缘支柱的数目不同,隔离开关可分为单柱式、双柱式和三柱式 3 种;按刀闸的运行方式不同,隔离开关可分为水平旋转式、垂直旋转式、摆动式及插入式 4 种;按有无接地闸刀,它又可分为带接地刀闸和不带接地刀闸两种。

隔离开关的结构形式很多,这里仅介绍其中有代表性的典型结构。

（1）户内隔离开关

户内隔离开关有三极式和单极式两种，一般为刀闸隔离开关。如图 4.25 所示为户内型高压隔离开关。它用于有电压无负载时切断或闭合 6～10kV 电压等级的电气线路。它一般由框架、绝缘子和闸刀 3 部分组成，单相或三相联动操作。

图 4.25 GN19-10/400,600 型隔离开关

（2）户外隔离开关

户外隔离开关有单柱式、双柱式和三柱式 3 种。由于其工作条件比户内隔离开关差，受到外界气象变化的影响，因此，其绝缘强度和机械强度要求较高。

如图 4.26 所示为 GW5 系列户外隔离开关。每极两个绝缘柱带着导电闸刀反向回转 90°，形成一个水平断口。两个支柱 V 形交角 50°，安装在一个底座上，安装灵活方便。按接地方式可分为不接地、单刀接地和双刀接地。隔离开关与接地开关之间设有机械联锁。接线端通过软连接过渡，导电可靠，维修方便，触头元件用久后可更换新件，保养容易。

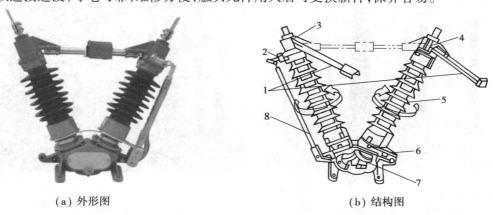

（a）外形图 （b）结构图

图 4.26 GW5-110D 型 V 形双柱式隔离开关

1—主闸刀底座；2—接地静触头；3—出线座；4—导电带；

5—绝缘子；6—轴承座；7—伞齿轮；8—接地刀闸

如图 4.27 所示为 GW4 系列隔离开关是双柱水平回转式结构。每极两个绝缘支柱带着导电闸刀反向回转 90°，形成一个水平断口。按接地方式可分为不接地、单刀接地和双刀接地。隔离开关与接地开关之间设有机械联锁。

如图 4.28 所示为 GW7 系列户外交流高压隔离开关。它是三柱水平转动式三相交流 50 Hz 户外高压电器，用于额定电压 126～550 kV 的电力系统中，供有电压无负荷时分合电路之用。

每极由 3 个支柱绝缘子构成。两边的支柱是固定的，中间支柱是转动的；动闸刀装在中间支柱绝缘子上部，静触头分别装在两边支柱绝缘子上部，由操动机构带动中间支柱绝缘子转动进行分合闸操作。

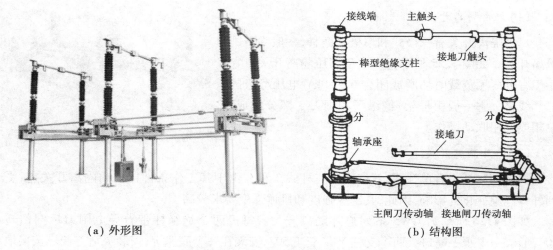

（a）外形图 （b）结构图

图4.27 GW4-220 kV 隔离开关

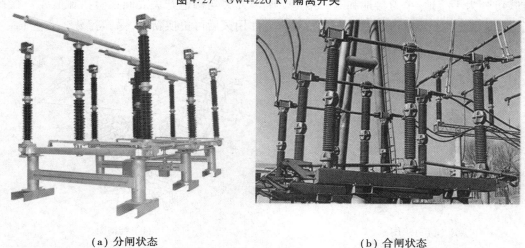

（a）分闸状态 （b）合闸状态

图4.28 GW7-220D(W)隔离开关图片

如图4.29所示为GW17系列户外隔离开关为结构。静触头悬挂在母线上,产品分闸后形成垂直的绝缘断口。在变电站中作母线隔离开关,具有占地面积小的优点,而且断口清晰可见,便于运行监视。隔离开关与接地开关之间设有机械联锁。

4.3.3 防止隔离开关错误操作

防止隔离开关错误操作的要求如下:

①在隔离开关和断路器之间应装设机械联锁,通常采用连杆机构来保证在断路器处于合闸位置时,使隔离开关无法分闸。

②利用断路器操作机构上的辅助触点来控制电磁锁,使电磁锁能锁住隔离开关的操作把手,保证断路器未断开之前,隔离开关的操作把手不能操作。

③在隔离开关与断路器距离较远而采用机械联锁有困难时,可将隔离开关的锁用钥匙,存放在断路器处或在该断路器的控制开关操作把手上,只能在断路器分闸后,才能将钥匙取

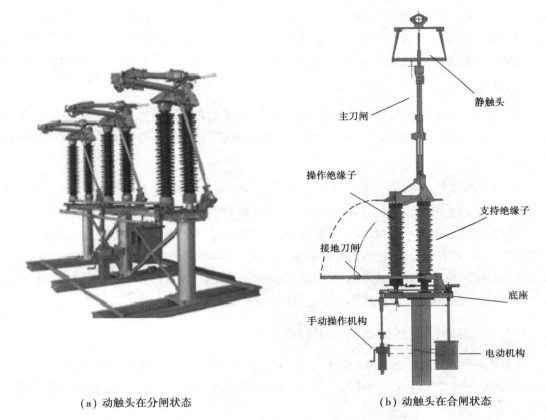

（a）动触头在分闸状态　　　　　　　　（b）动触头在合闸状态

图 4.29　GW17 户外单柱式隔离开关

出打开与之相应的隔离开关,避免带负荷拉刀闸。

④在隔离开关操作机构处加装接地线的机械联锁装置,在接地线末拆除前,隔离开关无法进行合闸操作。

4.4　熔断器

熔断器(俗称保险)是最早被采用的,也是最简单的一种保护电器。它串联在电路中使用。当电路中通过短路电流或过负荷电流时,利用熔体产生的热量使它自身熔断,切断电路,以达到保护的目的。熔体对过载反应是很不灵敏的,当电器设备发生轻度过载时,熔体将持续很长时间才熔断,有时甚至不熔断。因此,除在照明电路中外,熔断器一般不宜作为过载保护,主要用作短路保护。

熔断器因结构简单、质量轻、价格便宜、维护方便、使用灵活等特点,被广泛使用在 60 kV及以下电压等级中小容量设备及对保护要求不高的线路中,作短路和过负荷保护。

4.4.1　熔体的材料和特性

熔断器主要由金属熔体、连接熔体的触头装置和外壳组成。金属熔体是熔断器的主要元件,熔体的材料一般有铜(1 080 ℃)、银(960 ℃)、锌(420 ℃)、铅(327 ℃)及铅锡合金(200 ℃)等。熔体在正常工作时,仅通过不大于熔体额定电流值的负载电流,其正常发热温度不会使熔体熔断。当过载电流或短路电流通过熔体时,熔体因电阻发热而熔化断开。

(1)低压熔断器熔体

铅锡合金及锌熔体的熔化温度较低,导电率小,熔体的截面积较大,熔断时产生的金属蒸气多,不易灭弧,因此,主要用于1 000 V以下的低压熔断器中,且锌熔体不易氧化,保护特性较稳定。

(2)高压熔断器熔体

高压熔断器要求有较大的分断电流能力。由于铜和银的电阻率小,热传导率较大,因此,铜或银熔体的截面积较小,熔断时产生的金属蒸气也少,易于灭弧,但因铜、银熔点较高,熔体不易熔断,为了克服这个缺点,最简单的办法是在铜、银熔体的表面焊接小锡球或小铅球,当熔体发热到锡或铅的熔点时,锡或铅的小球先熔化后渗入铜、银内部,形成合金,电阻加大,发热加剧,同时熔点降低,这种方法称为冶金效应法。

4.4.2 熔断器的典型结构和工作原理

熔断器的种类很多。按电压,可分为高压和低压熔断器;按装设地点,可分为户内式和户外式;按结构,可分为螺旋式、插片式和管式;按是否有限流作用,可分为限流式和无限流式熔断器,等等。

当电路发生短路故障后,短路电流达最大值需要一定时间,若熔断器在短路电流达最大值前就将电路切断,使被保护电气设备的损害大为减轻,这种熔断器称为限流熔断器。受这种熔断器保护的电气设备可不用校验动稳定和热稳定,但限流式高压熔断器不宜使用在电网工作电压低于熔断器额定电压的电网中。由于35 kV和10 kV用的熔断件的电阻和长度都有很大的差异,当把35 kV限流熔断器用于10 kV时,在熔断过程中会产生较大的过电压,甚至会击穿电压互感器。因此,10 kV电压互感器保护熔断器用RW10-35型限流熔断器代替是不合适的。

(1)典型高压熔断器

目前,在电力系统中使用最为广泛的高压熔断器如下:

1)户内高压熔断器(RN1,RN2)

RN1型适用于3~35 kV的电力线路和电气设备的保护;RN2专用于保护3~35 kV的电压互感器。

RN1和RN2型系列熔断器的结构相同。如图4.30(a)、(b)所示为RN1,RN2其外形图。内部结构如图4.30(c)、(d)所示。熔断器的熔体5上焊有小锡球6,几根并联后装在充满石英砂7的密封陶瓷熔丝管1内或绕于陶瓷芯上,熔丝两端焊接固定在黄铜端盖3上。在熔体内还有细拉丝8,拉丝一端接指熔断指示装置。熔管整体通过黄铜端帽2卡在静触头座两端,静触头座及引线端,固定在支持绝缘座上。

  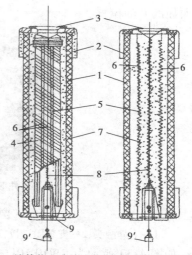

（a）RN1 外形图　　　　（b）RN2 外形图　　　（c）熔体绕于陶瓷芯　（d）具有螺旋形熔体

图 4.30　户内型高压熔断器

当过负荷或短路电流通过熔体,熔体首先在小锡球处熔断,产生电弧,电弧使熔体 8 沿全线熔断,随后指示器细丝熔断,熔断指示器 9 被弹簧弹出。

2）典型户外高压熔断器

①10 kV 跌落式熔断器

跌落式熔断器及拉负荷跌落式熔断器是户外高压保护电器。它装置在配电变压器高压侧或配电线支干线路上,用作变压器和线路的短路、过载保护,如图 4.31 所示。拉负荷跌落式熔断器还具有分、合负荷电流的功能。跌落式熔断器由绝缘支架和熔丝管两部分组成,静触头安装在绝缘支架两端,动触头安装在熔丝管两端,熔丝管由内层的消弧管和外层的酚醛纸管或环氧玻璃布管组成。拉负荷跌落式熔断器增加弹性辅助触头及灭弧罩,以分、合负荷电流。

图 4.31　电杆上的跌落式熔断器

如图 4.32 所示为 RW4 型户外跌落式熔断器外形图。熔断器在正常运行时,熔丝管借熔丝张紧后形成闭合位置。当系统发生故障时,故障电流使熔丝迅速熔断,并形成电弧,消弧管受电弧灼热,分解出大量的气体,使管内形成很高压力,并沿管道形成纵吹,电弧被迅速拉长而熄灭。熔丝熔断后,下部动触头失去张力而下翻,使锁紧机构释放熔线管,熔丝管跌落,形成明显的开断位置。

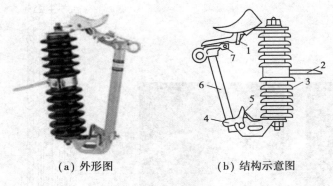

(a) 外形图　　　　　　(b) 结构示意图

图 4.32　RW4-10 跌落式熔断器

1—上静触头;2—安装固定板;3—瓷瓶;4—下动触头;5—下静触头;6—熔管;7—上动触头

如图 4.33 所示为 RW10-10F 拉负荷跌落式熔断器。该类熔断器具有分、合负荷的功能,在需要拉负荷的时候,用绝缘杆拉开动触头,此时,主动、静触头分离,辅助触头仍然接触,继续用绝缘杆拉动触头,辅助触头也分离,在辅助触头之间产生电弧,电弧在灭弧罩狭缝中被拉长,同时灭弧罩产生气体,在电流过零时将电弧熄灭。

②35 kV 限流熔断器

常见的型号有 RW9-35、RW10-35、RXWO-35 系列户外高压限流熔断器。熔断器由熔体管、瓷套、紧固法兰、棒形支柱绝缘子及接线端帽等组成。其结构如图 4.34 所示。熔体管采用含氧化硅较高的原料作灭弧介质,应用小直径的金属线作熔丝。当过载电流或短路电流通过熔体管时,熔丝立即熔断,电弧发生在几条并联的窄缝中,电弧中的金属蒸气渗入石英砂中,被强烈去游离,迅速把电弧熄灭。因此,这种熔断器性能好,开断容量大,常用作电压互感器的保护。

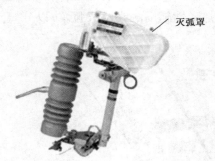

图 4.33　RW10-10F 拉负荷跌落式熔断器

图 4.34　RW10-35 型高压限流熔断器

1—熔体管;2—瓷套;3—棒式支柱绝缘子;

4—紧固法兰;5—接线端帽

(2)低压熔断器

低压熔断器可分为密封式(RM 型)及填料式(RTO 型、RSO 型)、快速型(RS)、螺旋式(RL 型)、瓷插式(RC 型)。

1）RM 型

RM 型常用有 RM1、RM3、RM10 型（见图 4.35）。它们均为无填料封闭管式熔断器，在纤维管 1 的两端装着外壁有螺纹的金属管夹 2，上面旋有黄铜帽盖 3，熔体 5 多数采用铅锡、铅、锌和铝金属材料，熔体采用宽窄相间的形状，短路电流会先使窄部同时熔化，形成数段电弧，同时残留的宽部受重力作用而下落，将电弧拉长变细，易于熄灭。当熔体规格有 15 ~ 600 A 这 6 个等级，各级都可以配入多种容量规范的熔体（但不能大于熔管的额定值）。RM1，RM10 型结构相似，都属于限流类。

2）RT 型

RT 型常用为 RTO 型。它是有填料封闭管式熔断器，熔管由绝缘瓷制成，内填石英砂，以加速灭弧。熔体采用紫铜片，冲压成网状多根并联形式，上面焊锡桥，并有熔断信号装置，便于检查。熔断器规格有 100 ~ 1 000 A 这 5 个等级，各级熔断器均可配多种容量的熔体（不能超过它的额定值），属于快速型熔断器。RTO 型有填料封闭管式熔断器的结构如图 4.36 所示。

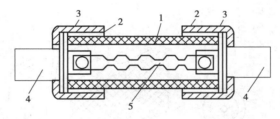

图 4.35　RM10 型熔断器的结构
1—纤维管；2—金属管夹；3—帽盖；4—插刀；5—熔体

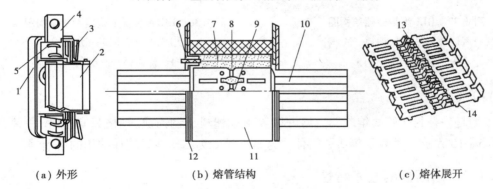

（a）外形　　　　　　　　　　（b）熔管结构　　　　　　　　（c）熔体展开

图 4.36　RTO 型熔断器外形及结构图
1—底座；2—熔管；3—静触头；4—接线板；5—弹簧；6—指示器；7—指示熔丝；
8—石英砂；9—熔体；10—插刀；11—管体；12—端盖板；13—小锡桥；14—引燃栅

3）RS 型

RS 型常用 RS0，RS3 型。它也是快速型熔断器，结构和 RTO 型类似。熔断器规格有 10 ~ 350 A 这 10 种，等级较多，不便于选择。

4) RL 型

RL 型常用 RL1,RL2,RLS 型。它们是一种螺旋管式熔断器。熔断管由瓷质制成,内填石英砂,并有熔断信号装置,便于检查。RL1 型有 15～200 A 这 4 种规格;RL2 型有 25～100 A 这 3 种规格,各级均可配用多种容量级的熔体管芯,它属于快速型熔断器,体积小,装拆方便,操作安全。RL1 型螺旋管式熔断器的结构如图 4.37 所示。

5) RC 型

RC 型常用 RC1 型。它是插入式熔断器,用瓷质制成,插座与熔管合为一体,结构简单,拆装方便,熔体配用材料同 RM 型。10～200 A 这 6 种规格可供选用。RC1A(1A 表示设计序号)型瓷插式熔断器的结构如图 4.38 所示。

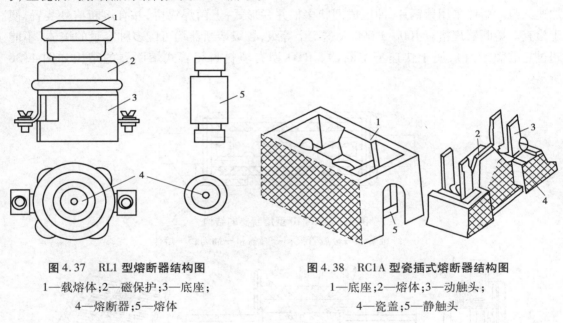

图 4.37　RL1 型熔断器结构图　　　　图 4.38　RC1A 型瓷插式熔断器结构图
1—载熔体;2—磁保护;3—底座;　　　　1—底座;2—熔体;3—动触头;
4—熔断器;5—熔体　　　　　　　　4—瓷盖;5—静触头

6) R1 型

R1 型是一种封闭管式熔断器。熔管以胶木或塑料压制而成,规格只有 10 A 一种,内可装配 0.5～10 A 这 9 种容量等级的熔体。这是一种专为二次线系统保护用的熔断器。

4.4.3　熔断器的技术特性

熔断器的工作性能,可用以下参数和特性表征:

(1)熔断器的额定参数

1) 额定电压

额定电压是指熔断器长期能够承受的正常工作电压。熔断器额定电压与电网电压相符,限流熔断器一般不宜降低电压使用,以避免熔断体截断电流时,产生的过电压超过电网允许的 2.5 倍工作电压。

2）额定电流

额定电流是指熔断器壳体部分和载流部分允许通过的长期最大工作电流。熔断件熔断管的额定电流应大于或等于熔体的额定电流；熔断件的额定电流应为负载长期工作电流的1.25倍。

3）熔体的额定电流

熔体的额定电流是指熔体允许长期通过而不熔化的最大电流。熔体的额定电流可与熔断器的额定电流不同。同一熔断器可装入不同额定电流的熔体，但熔体的最大额定电流不应超过熔断器的额定电流。

4）极限分断能力

低压熔断器所能断开的最大电流表示。若熔断器断开的电流大于极限分断电流值，熔断器将被烧坏，或引起相间短路。高压熔断器则用额定开断电流表示。熔断器的额定开断电流主要取决于熔断器的灭弧装置。

（2）**电流-时间特性**

熔断器的电流-时间特性又称熔体的安-秒特性，用来表明熔体的熔化时间与流过熔体的电流之间的关系。如图 4.39 所示，通过熔体的电流越大，熔化时间越短。电流减小至最小熔化电流（I_{min}）时熔化时间为无限长。

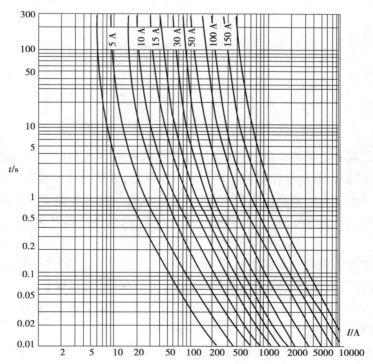

图 4.39　6～35 kV 熔断器的安-秒特性

每一种规格的熔体都有一条安-秒特性曲线,由制造厂给出。安-秒特性是熔断器的重要特性,在采用选择性保护时,必须考虑安-秒特性。

（3）**短路保护的选择性**

熔断器主要用在配电线路中,作为线路或电气设备的短路保护。由于熔体安-秒特性分散性较大,因此,在串联使用的熔断器中必须保证一定的熔化时间差。如图 4.40 所示,主回路用 20 A 熔体,分支回路用 5 A 熔体。当 A 点发生短路时,其短路电流为 200 A,此时熔体 1 的熔化时间为 0.35 s,熔体 2 的熔化时间为 0.025 s,显然熔体 2 先断,保证了有选择性地切除故障。如果熔体 1 的额定电流为 30 A,熔体 2 的额定电流为 20 A,若 A 点短路电流为 800 A,则熔体 1 的熔化时间为 0.04 s,熔体 2 为 0.026 s,两者相差 0.014 s,若再考虑安-秒特性的分散性以及燃弧时间的影响,在 A 点出现故障时,有可能出现熔体 1 与熔体 2 同时熔断,这一情况通常称为保护选择性不好。因此,当熔断器串联使用时,熔体的额定电流等级不能相差太近。一般情况下,如果熔体为同一材料时,上一级熔体的额定电流应为下一级熔体额定电流的 2~4 倍。

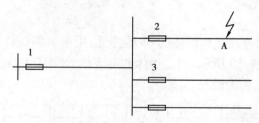

图 4.40　配电线路中熔断器的配置

4.5　高压负荷开关

高压负荷开关具有简单的灭弧装置,能通断一定的负荷电流和过负荷电流;但是不能用它来断开短路电流,因此必须借助熔断器来切断短路电流,故负荷开关常与熔断器一起使用。高压负荷开关大多还具有隔离高压电源,保证其后的电气设备和线路安全检修的功能,因为它断开后通常有明显的断开间隙,与高压隔离开关一样,故这种负荷开关有"功率隔离开关"之称。

高压负荷开关按灭弧介质及作用原理,可分为压气式、油浸式、固体产气式、真空式、压缩空气式及 SF₆ 式;按用途,可分为通用负荷开关和专用负荷开关;按安装地点,可分为户内型 FN 和户外型 FW,其中 F 表示负荷开关,W 表示户外式,N 表示户内式,数字为设计序号。有些负荷开关具有隔离间隙,当它断开后可视为隔离开关。

如图 4.41 所示为 FN3-10(R)型压气式户内负荷开关的外形,其额定电压为 10 kV,若型号中有 R,表示带有高压熔断器。FN3-10 型负荷开关,在框架上装有 3 只绝缘子,3 个是绝缘气缸,开关合闸时,灭弧动触头通过气缸的喷口插入气缸内,弧触头接通电路后,闸刀才和静触头接触,成为通过电流的主电路,主电路与灭弧电路并联。开关分闸时,主电路先断开,主触头不会产生电弧。

在绝缘气缸内有压气活塞,它与闸刀(动触头)联动。操动机构使闸刀开断的同时,活塞也被驱动压气。在弧触头离开喷嘴时产生足量的压缩空气;电弧与喷口接触,喷口也产生一定的气体。这两种气流强烈吹弧,使电弧迅速熄灭。

FN3-10R 型负荷开关所带的高压熔断器可装在下部或上部,型号为 FN3-10RS。高压熔断器可装在负荷开关的电源侧或在负荷侧。若高压熔断器装在电源侧,高压熔断器能对负荷开关本身起到保护作用,但是更换熔断体要带电操作。高压熔断器装在负荷侧时,不能保护负荷开关,但更换熔断体可在负荷开关断开后无电时进行。

FN3-10R 型负荷开关一般配用 CS2 型手力操动机构。

如图 4.42 所示为 FZW32-12 型户外高压真空负荷开关,其额定电压为 12 kV,型号中 Z 表示真空灭弧式。基本组件有真空灭弧室、分闸弹簧、隔离刀组件、绝缘拉杆、框架及过中弹簧机构。

图 4.41　FN3-10 型负荷开关外形图　　　图 4.42　FZW32-12 型负荷开关外形图
绝缘子;2—绝缘拉杆;3—闸刀;4—弧动触头;
5—绝缘气缸;6—接线端子;7—接线端子

4.6　自动重合器与自动分断器

4.6.1　自动重合器

(1)自动重合器

自动重合器是一种具有保护、检测、控制功能的自动化设备,具有不同时限的安-秒曲线和多次重合闸功能,是一种集断路器、继电保护、操动机构于一体的机电一体化新型开关电器。

(2)自动重合器控制装置

重合器控制装置是集保护、测量、控制、监测、通信、远动等功能于一体,具有集成度高、配置灵活、界面友好等特点。它广泛应用于城网和农网中,对高压架空线路上的柱上开关、分段开关、联络开关等一次设备进行控制操作,实现配电网故障定位,故障隔离和自动快速恢复非故障区域供电,如图 4.43、图 4.44 所示。

图 4.43　自动重合器外形图

图 4.44　重合器控制装置外形图

(3)自动重合器的特性及应用

1)特性

自动重合器是一种能够检测故障电流,在给定时间内断开故障电流并能进行给定次数重合的一种有"自具"能力的控制开关。"自具"即本身具有故障电流检测和操作顺序控制与执行的能力,无须附加继电保护装置和另外的操作电源,也不需要与外界通信。

①瞬时性故障

现有的自动重合器通常可进行 3 次或 4 次重合。如果重合成功,自动重合器则自动中止后续动作,并经一段延时后恢复到预先的整定状态,为下一次故障作好准备。

②永久性故障

如果故障是永久性的,则自动重合器经过预先的重合次数后,就不再进行重合,即闭锁于开断状态,从而将故障线段与供电电源隔开来。

③特性

自动重合器在开断性能上与普通断路器相似,但比普通断路器有多次重合闸的功能。在保护控制特性方面,则比断路器的"智能"高得多,能自主完成故障检测、判断电流性质、执行开合功能;并能记忆动作次数、恢复初始状态、完成合闸闭锁等。

2)应用

如图 4.45 所示,自动重合器适合于户外柱上安装,既可在变电所内安装,也可在配电线路上安装。一般断路器因操作电源和控制装置限制,故只能在变电站使用。

自动重合器用于中压配电网的以下场合:

①变电所内,配电线路的出口;主变压器的出口。

②配电线路的中部,将长线路分段,避免因线路末端故障造成全线停电。

③配电线路的重要分支线入口,避免因分线故障造成主线路停电。

(4)自动重合器的分类

按目前国内外生产自动重合器的类型,可分以下分类:

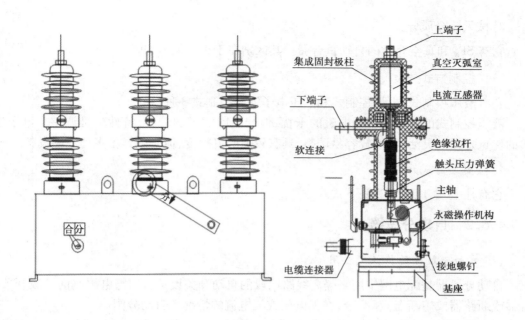

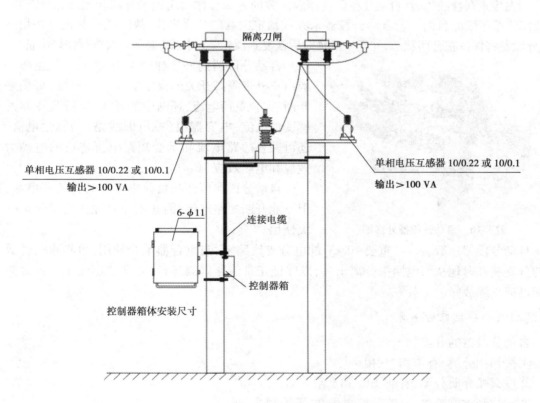

图 4.45　CHZ32-12 重合器及工作现场示意图

1) 按相别分类

它有作用于单相电路或三相电路的自动重合器。

2）按灭弧介质分类

它有 SF_6 和真空介质的自动重合器。其区别在于灭弧能力的强弱。

3）按控制方式分类

它有液压控制式、电子控制式和液压电子混合控制式 3 种。

液压控制式的优点是不受电磁的干扰，但受温度的影响较大，特性较难调整。电子控制式的优点是控制灵活，特性较容易调整，具有较高的灵敏度，但必须具备多套硬件设备。

4）按安装方式分类

它有柱上式、地面式和底下式。

4.6.2 自动分段器

（1）自动分段器的特性及应用

自动分段器是配电网中用来隔离线路区段的自动开关设备。它与电源侧前一级开关（重合器或断路器或熔断器）相配合，在无电压或无电流的情况下自动分闸。

当发生永久性故障时，自动分段器在预定次数的分合操作后闭锁于分闸状态，从而达到隔离故障线路区段的目的。若自动分段器未完成预定次数的分合操作，故障就被其他设备切除了，分段器将保持在合闭状态，并经一段延时后恢复到预先整定状态，为下一次故障作好准备。

图 4.46　自动分段器外形图

自动分段器的外形如图 4.46 所示。其主体一般由户外带隔离开关的真空负荷开关组成，可用来开断、关合负荷电流、环网中的环流、空载变压器的感受性电流，电容器组（或电缆线路）的容性电流，还可关合短路电流和承受短路电流造成的电动力效应和电热效应。

自动分段器可开断负荷电流和关合短路电流，但不能开断短路电流，因此不能单独作为主保护开关使用。

自动分段器一般装设在重要 10 kV 配电分支线路上，与重合器配合使用，可将永久性故障的分支线及时地从配电网中分离出去，以保证正常线路继续运行，方便了巡线工查找故障点和迅速排除故障。

（2）自动分段器的分类

自动分段器的分类如下：

①按相别分类，有单相、三相。

②按灭弧介质分类，有油、SF_6 和真空介质。

③按控制方式分类，有液压控制式、电子控制式。

④按动作原理分类，有跌落式分段器、重合分段器、组合式分段器。

⑤按判断故障方式分类，有电压-时间式分段器（又称自动配电开关）、过电流脉冲计数式分段器。

4.6.3 电压-时间型"重合器 + 分段器"举例

电压法是检测开关两侧的电压,根据电压信号来决定开关是否投入或闭锁。

如图4.47所示为利用分段器和重合器实现的环网供电方案。各开关的功能要求如下:

QB1,QB2 变电站出线断路器或重合器,要求至少有两次重合闸功能。

QS0—QS4 柱上分段器,能关合故障电流。操作电源取自电压互感器,合闸动作由故障诊断器控制,线路失电时分段。QS1—QS4 为分段模式,QS0 为联络模式,其功能设置如下:

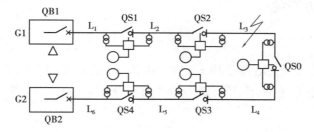

图4.47 电压-时间型"重合器 + 分段器"方案

G1,G2—电源;QB1,QB2—出线断路器或重合器;QS0—QS4—分段器;
○—三遥终端;□—故障诊断终端;△—故障段位指示器;⊸⊙⊷—电压互感器

(1)QS1—QS4

①分段开关得电后延时 X(7 s)合闸。若 X 时间内重新失电压,则分段开关闭锁于分闸;若 X 时间内检测到故障电压,则分段开关闭锁于分闸。

②分段开关合闸后 Y 时间内(5 s)检测故障,若 Y 时间内分段开关再次失电压,则分断开关分闸闭锁。

(2)QS0

①任意一侧失压后,延时 XL(25 s)关合,分段开关合闸后 Y 时间内(5 s)检测故障,若 Y 时间内分段开关再次失去电压,则分段开关分闸闭锁。若 XL 时间内检测到故障电压,则闭锁于分断状态;若 XL 时间内检测到两侧有电,则终止 XL 延时,开关不关合,直接启动 Y 延时。

②Y 延时为故障检测时间。若 Y 时间内再次失电压,则开关分断闭锁。

时间配合要求如下:XL 时间 >(继电保护时间 + QB 固有分闸时间 + X 时间 × 每回线路分段器个数),且 X 时间 > Y 时间 >(继电保护时间 + QB 固有分闸时间)。

以情况较为复杂的 L₃ 段永久故障为例,开关动作序列如下:QB1 跳闸→QS1,QS2 失压分闸,QS0 开始 XL 延时合闸→QB1 重合→7 s 后 QS1 合闸并完成5 s 的故障检测时间→QS2 得电7 s 后合闸到故障段,并启动 Y 延时,检测故障;QS0 在 XL 时间内重新得电,终止 XL 延时,启动 Y 延时→QB1 保护跳闸,QS1,QS2 失电分断→QS2 在 Y 时间内检测到二次失电电压或故障电压,闭锁;QS0 在 XL 时间内检测到故障电压或在 Y 时间内检测二次失电电压,闭锁→QB1再次重合闸,7 s 后 QS1 投入,恢复 L₁ 和 L₂ 段的供电。

同样,若 L₂ 段发生故障,则 QB1 第一次重合后,因故障仍然存在而再次跳闸,QS1 因检测到二次失电而分断闭锁,QS2 因检测到故障电压而闭锁。QB1 再次重合之后恢复对 L₁ 的供电;QS0 在 XL 时间之后合闸,恢复 L₃ 的供电。

4.7　低压开关

供配电系统中的低压开关设备种类繁多,本节重点介绍常用的刀开关、刀熔开关、负荷开关及低压断路器等的基本结构、用途和特性。

4.7.1　低压刀开关

(1)功能

一种最普通的低压开关电器适用于交流 50 Hz、额定电压 380 V,直流 440 V,额定电流 1 500 A及以下的配电系统中,作不频繁手动接通和分断电路或作隔离电源以保证安全检修之用。

(2)分类

刀开关的种类很多:按其灭弧结构,可分为不带灭弧罩和带灭弧罩两种。不带灭弧罩的刀开关只能无负荷操作,起"隔离开关"的作用,如图 4.48 所示;带灭弧罩的刀开关能通断一定的负荷电流,如图 4.49 所示。按极数,可分为单极、双极和三极。按操作方式,可分为手柄直接操作和杠杆传动操作。按用途,可分为单头刀开关和双头刀开关。单头刀开关的刀闸是单向通断;而双头刀开关的刀闸为双向通断,可用于切换操作,即用于两种以上电源或负载的转换和通断。

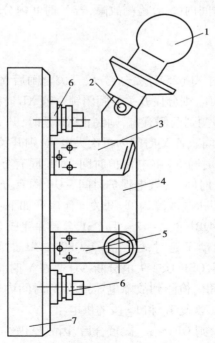

图 4.48　HD11 型闸刀开关

1—手柄;2—绝缘杆;3—静插座;4—闸刀;5—支架;6—接线端;7—底板

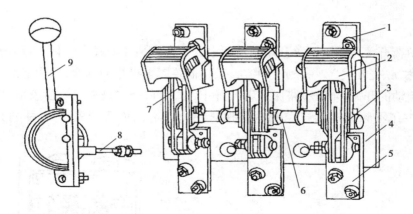

图4.49　HD13 型低压刀开关

1—上接线端子;2—钢栅片灭弧罩;3—闸刀;4—底座;5—下接线端子;6—主轴;

7—静触头;8—连杆;9—操作手柄(中央杠杆操作)

（3）**刀熔开关**

刀熔开关(熔断器式刀开关)是一种由低压刀开关和低压熔断器组合而成的低压电器,通常是把刀开关的闸刀换成熔断器的熔管。它具有刀开关和熔断器的双重功能,因为其结构的紧凑简化,又能对线路实行控制和保护的双重功能,被广泛应用于低压配电网络中。如图4.50所示为 HR 型刀熔开关的结构示意图。

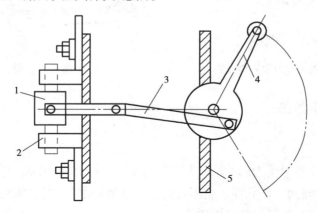

图4.50　刀熔开关的结构示意图

1—RT0 型熔断器的熔体;2—弹性触座;3—连杆;4—操作手柄;5—配电屏面

4.7.2　低压负荷开关

（1）**功能**

低压负荷开关具有带灭弧罩的刀开关和熔断器的双重功能,既可带负荷操作,也能进行短路保护,但一般不能频繁操作,短路熔断后需重新更换熔体才能恢复正常供电。

（2）**分类**

低压负荷开关根据结构的不同有开启式负荷开关(HK 系列),如图4.51 所示。

（3）应用

封闭式负荷开关是将刀开关和熔断器的串联组合安装在金属盒（过去常用铸铁，现用钢板）内，故又称"铁壳开关"。一般用于粉尘多、不需要频繁操作的场合，作为电源开关和小型电动机直接启动的开关，兼作短路保护用。而开启式负荷开关是采用瓷质胶盖，可用于照明和电热电路中作不频繁通断电路和短路保护用。封闭式负荷开关（HH 系列）如图 4.52所示。

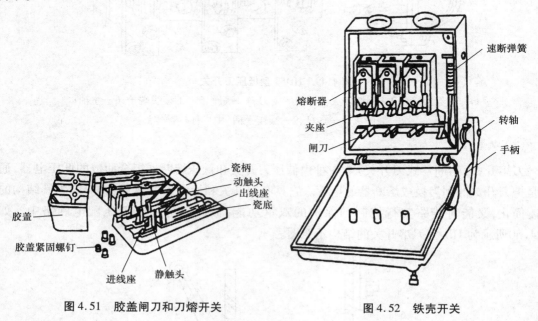

图 4.51　胶盖闸刀和刀熔开关　　　　　图 4.52　铁壳开关

4.7.3　低压断路器

（1）功能

低压断路器（文字符号为 QF），俗称低压自动开关、自动空气开关或空气开关等，它是低压供配电系统中最主要的电器元件。它不仅能带负荷通断电路，而且能在短路、过负荷、欠压或失压的情况下自动跳闸，断开故障电路。

（2）原理

低压断路器的原理结构示意图如图 4.53 所示。图 4.53 中，主触头用于通断主电路，它由带弹簧的跳钩控制通断动作，而跳钩由锁扣锁住或释放。当线路出现短路故障时，其过电流脱扣器动作，将锁扣顶开，从而释放跳钩使主触头断开。同理，如果线路出现过负荷或失压情况，通过热脱扣器或失压脱扣器的动作，也使主触头断开。如果按下按钮 6 或 7，使失压脱扣器或者分励脱扣器动作，则可实现开关的远距离跳闸。

（3）分类

低压断路器的种类很多。

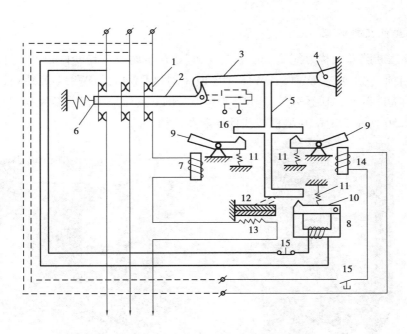

图 4.53　三极式低压断路器原理图

1—触头;2—锁键;3—搭钩(代表自由脱扣机构);4—转轴;5—杠杆;6—弹簧;7—过流脱扣器;
8—欠压脱扣器;9,10—衔铁;11—弹簧;12—热脱扣器双金属片;13—加热电阻丝;
14—分励脱扣器(远距离切除);15—按钮;16—合闸电磁铁(DW 型可装,DZ 型无)

1) 按用途分类

它有配电用、电动机用、照明用和漏电保护用等。按极数,可分为单极、双极、三极和四极断路器,小型断路器可经拼装由几个单极的组合成多极的。配电用断路器按结构,可分为塑料外壳式(装置式)和框架式(万能式)。

2) 按保护性能分类

它有非选择型、选择型和智能型。非选择型断路器一般为瞬时动作,只作短路保护用;也有长延时动作,只作过负荷保护用。选择型断路器有两段保护和 3 段保护两种动作特性组合。两段保护有瞬时和长延时的两段组合或瞬时和短延时的两段组合两种。

(4) 塑料外壳式低压断路器

塑料外壳式低压断路器又称装置式自动开关,其所有机构及导电部分都装在塑料壳内,仅在塑壳正面中央有外露的操作手柄供手动操作用。目前,常用的塑料外壳式低压断路器主要有 DZ20,DZ15,DZX10 系列,以及引进国外技术生产的 H 系列、S 系列、3VL 系列、T0 和 TG 系列等。如图 4.54 所示为 DZ10 塑料外壳低压断路器。

塑料外壳式低压断路器的保护方案少(主要保护方案有热脱扣器保护和过电流脱扣器保护两种)、操作方法少(手柄操作和电动操作),其电流容量和断流容量较小,但分断速度较快(断路时间一般不大于 0.02 s),结构紧凑,体积小,质量轻,操作简便,封闭式外壳的安全性好,因此,被广泛用作容量较小的配电支线的负荷端开关、不频繁启动的电动机开关、照明控制开关和漏电保护开关等。

(5)框架式低压断路器

框架式低压断路器又称万能式低压断路器,它装在金属或塑料的框架上。外形结构如图4.55所示。目前,它主要有DW15,DW18,DW40,CB11(DW48),DW914等系列,以及引进国外技术生产的ME系列、AH系列等。其中,DW40,CB11系列采用智能型脱扣器,可实现微机保护。如图4.56所示为DW10型框架式低压断路器结构图。

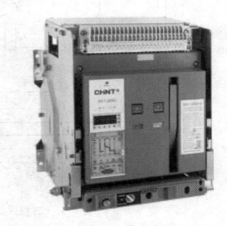

图4.54 塑壳式断路器外形　　　　图4.55 框架式断路器外形

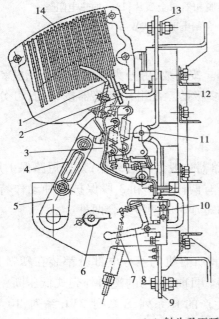

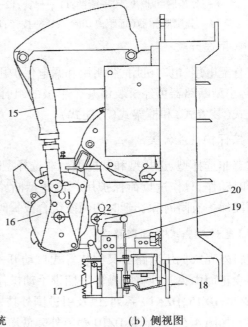

(a)触头及灭弧系统　　　　(b)侧视图

图4.56 DW10型框架式低压断路器结构图

1—灭弧触头;2—辅助灭弧触头;3—软连片;4—绝缘连杆;5—驱动柄;6—脱扣用凸轮;
7—整定过流脱扣器用弹簧;8—过流脱扣器打击杆;9—下导电板;10—过流脱扣器;
11—主触头;12—框架;13—上导电板;14—灭弧室;15—操作手柄;16—操动机构;
17—失压脱扣器;18—分励脱扣器;19—拉杆;20—脱扣用杠杆

104

框架式低压断路器的保护方案和操作方式较多,既有手柄操作,又有杠杆操作、电磁操作和电动操作等,而且框架式低压断路器的安装地点也很灵活,既可装在配电装置中,又可安在墙上或支架上。另外,相对于塑料外壳式低压断路器,框架式低压断路器的电流容量和断流能力较大,不过,其分断速度较慢(断路时间一般大于 0.02 s)。框架式低压断路器主要用于配电变压器低压侧的总开关、低压母线的分段开关和低压出线的主开关。

4.7.4 接触器与磁力启动器

(1)接触器

接触器是用来远距离接通或断开低压电路负荷电流的开关,广泛使用在频繁启动及控制电动机的回路中,但不宜用于具有导电性的灰尘多,腐蚀性强或有爆炸性气体的环境中。

接触器的原理结构和原理接线如图 4.57 所示。当操作开关 10 接通电磁铁吸持线圈 7 的电源时,电磁铁产生电磁力吸引衔铁 6 使动触点 2 动作,使动、静触点闭合。打开操作开关 10 之后,电磁铁吸持线圈断电衔铁在返回弹簧 15 作用下返回,使动、静触点断开。接触器的灭弧罩是用陶土材料作外罩的金属灭弧栅,利用将电弧分为多个串联的短弧原理实现灭弧。接触器辅助触点 4 是为了满足自动控制与信号回路的需要而设置的。

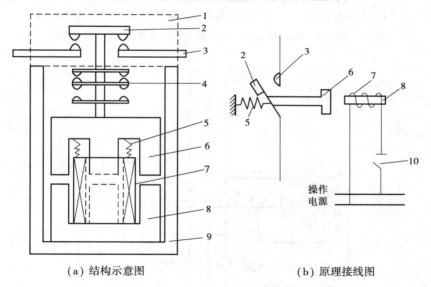

(a)结构示意图　　　　　　　(b)原理接线图

图 4.57　接触器示意图

1—灭弧罩;2—动触点;3—静触点;4—辅助触点;5—弹簧;6—衔铁;

7—吸持线;8—铁芯;9—底座;10—操作开关

如图 4.58 所示为 CJ 系列交流接触器外形和原理结构图。

(2)磁力启动器与热继电器

磁力启动器是由交流接触器、热继电器和按钮开关等组合而成的电器,又称低压电磁开关。磁力启动器主要用于远距离控制异步电动机,并具有过负荷和低电压保护功能,但不能起短路保护作用,必须与熔断器配合使用。

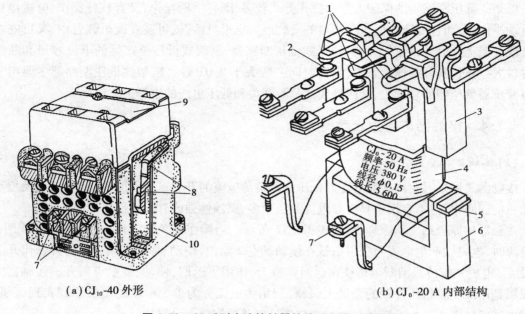

（a）CJ₁₀-40 外形　　　　　　　　　（b）CJ₀-20 A 内部结构

图 4.58　CJ 系列交流接触器的外形和原理结构图

1—主动触头;2—主静触头;3—衔铁;4—吸引线圈;5—铁芯短路环;
6—下铁芯;7—线圈端子;8—辅助触头;9—灭弧罩;10—胶木壳体

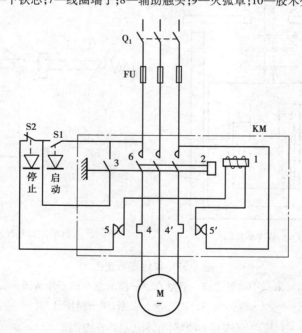

图 4.59　磁力启动器控制电动机的原理接线

磁力启动器控制电动机的原理接线如图 4.59 所示。磁力启动器的控制电源为交流电源。接通电源开关 Q 之后,手动按下启动按钮 S1,接通交流接触器吸持线圈 1 的电源,电磁铁吸引衔铁 2 带动接触器主触头闭合,接通电动机电源;在主触点闭合的同时辅助触点 3 闭合,使吸持线圈在启动按钮返回后由辅助触点 3 继续接通电源,使电动机保持运行;如果需要电动机停止工作,应手动按下停止按钮 S2,切断吸持线圈电源,接触器的主触头随之断开,切断电动机电源。

此外,当电动机过负荷时,热继电器的热元件 4(4′),将使其控制触点 5(5′)断开,切断吸持线圈电源,接触器的主触头随之断开,切断电动机电源。

热继电器是一种过负荷保护用的继电器。目前,我国广泛使用 JR 系列双金属片式热继电器。该继电器的双金属片由线膨胀系数小的被动层和线膨胀系数大的主动层两种金属合金材料结合而成。热继电器的工作原理是:当双金属片受热后,由于两层材料的线膨胀系数不同,因此产生定向弯曲变形而带动了继电器触点断开。

如图 4.60 所示为 JR1 型热继电器及双金属片结构示意图,热元件 1 串联接入电动机电路中。双金属片 2 不通过电动机主电路的电流,它被热元件间接加热。电动机运行正常时,发热元件温度不高,双金属片不会使热继电器动作。电动机发生过负荷后,热元件温度升高后,并使双金属片因过热膨胀而产生向上弯曲变形。扣板 3 因失去双金属片的支承,在弹簧 4 作用下沿逆时针方向转动,扣板的下端经绝缘拉板 5 带动热继电器触点 6 断开。

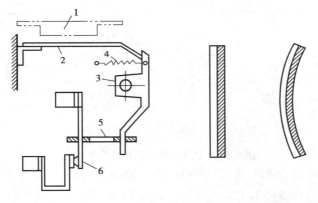

图 4.60　JR1 型热继电器原理示意图及双金属片
1—热元件;2—双金属片;3—扣板;4—弹簧;5—拉板;6—热继电器触点

4.8　常用漏电保护装置

漏电保护装置又称漏电保护器,是漏电电流动作保护器的简称,它的主要作用是防止因电气设备或线路漏电而引起火灾、爆炸等事故,并对有致命危险的人身触电事故进行保护。

由于漏电电流大多小于过电流保护装置(如低压断路器)的动作电流,因此当因线路绝缘损坏等造成漏电时,过电流保护装置不会动作,从而无法及时断开故障回路,以保护人身和设备的安全。尤其是目前随着国家经济的不断发展,人民生活水平日益提高,家庭用电量不断增大,过去用户配电箱采用的熔断器保护已不能满足用电安全的要求,因此,对 TN-C(三相四线制)和 TN-S(三相五线制)系统,必须考虑装设漏电保护装置。

漏电保护装置种类繁多,按照装置动作启动信号的不同,一般可分为电压型和电流型两大类。

4.8.1　电压型漏电保护装置工作原理

电压型漏电保护装置以被保护设备外壳对地电压作为动作参数,其电气原理图如图4.61所示。当被保护设备外壳出现异常对地电压时,装置能自动切断电源。适用于中性点接地与不接地系统,可单独使用,也可与保护接地和保护接零同时使用。在图4.61(a)中,电压继电器KV的动作电压为20~40 V,接于电动机外壳与地之间。正常时,电动机外壳与地等电位,加于电压继电器KV上的电压为0,电压继电器KV的辅助触点闭合,按下启动按钮S1可接通电动机的控制回路。当电机的绝缘损坏,外壳出现不正常的电压,电压继电器KV动作,通过辅助触点切断控制回路,使接触器Q失磁,断开主电路而达到保证安全的目的。S1,S2分别为启动、停止按钮;SE为试验按钮,R为限流电阻,可检查漏电保安器动作正确与否。

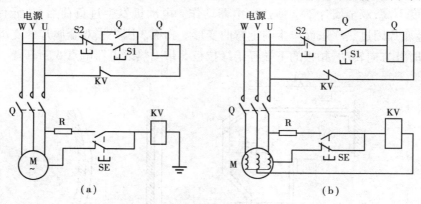

图4.61　电压型漏电保护装置接线图

S1,S2—启动、停止按钮;SE—试验按钮;KV—电压继电器;Q—接触器;R—限流电阻

必须注意的是,电压继电器KV的线圈的接地体必须远离被保护设备的接地处20 m之外,即将KV接在电气"地"电位处,否则装置将失灵。为了缩短KV的接地线,也可采用将KV线圈接地的一端接于人工中性点或接于电机星形接线的中性点上,如图4.61(b)所示。

4.8.2　电流型漏电保护装置工作原理

电流型漏电保护装置的动作信号是零序电流,漏电保护器是在漏电电流达到或超过其规定的动作电流值时能自动断开电路的一种开关电器。按零序电流的取得方式,可分为有电流互感器和无电流互感器两种。

(1)有电流互感器电流型漏电保护装置

这种装置与电压型漏电保护装置的不同之处在于,它是由中间执行元件接收电网发生接地故障时所产生的零序电流信号,去断开被保护设备的控制回路,切除故障部分。按中间执行元件的结构不同,可分为灵敏继电器型,电磁型和电子式3种。

典型的灵敏继电器型漏电保护装置接线如图4.62所示。装置的中心元件是零序电流互感器TA,灵敏电流继电器KA,它们通过中间继电器KM接入被保护设备的控制电路。正常运行时,三相电流对称平衡,TA输出零序电流为0。当被保护电路内发生接地故障时,系统内出现零序电流,TA 二次侧输出的零序电流达到 KA 的动作值时,KA 励磁动作,接通中间继电器 KM 线圈回路,触点 KM 断开,使接触器 Q 失磁,主电路断开切除故障。

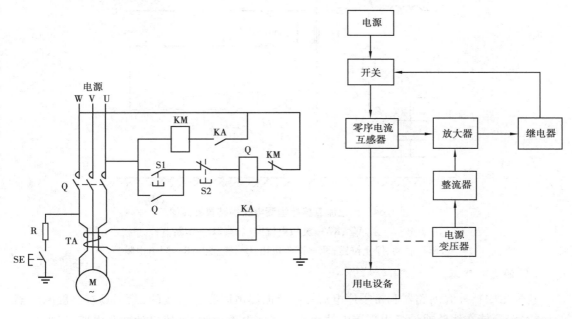

图 4.62 灵敏继电器型漏电保护装置接线

S1,S2—启动、停止按钮;KV—灵敏电流继电器;

KM—中间继电器;Q—接触器;SE—试验按钮;

R—限流电阻;TA—零序电流互感器

图 4.63 电子式漏电保护装置原理框图

电磁型和电子式漏电保护装置的中间执行元件分别是电磁继电器和晶体管放大器,零序电流通过它们去切除故障,达到保护的目的。如图 4.63 所示为电子式漏电保护器原理框图。

(2)无电流互感器电流型漏电保护装置

灵敏电流继电器 KA 的线圈并联在击穿保险器 JCB 的两端,其常闭触点接于电流的控制回路中,如图 4.64 所示。正常时 KA 躲开三相负荷电流不对称所造成的不平衡电流而不动作;当设备漏电或有人发生接地触电时,零序电流增大,KA 迅速的动作,常闭触点 KA 断开,使接触器 Q(或开关)绕组失电而断开主电路。

这种保护装置结构简单,成本低廉,它只适用于中性点不接地系统,适用于线路,不适用于设备。而我国低压系统一般采用中性点直接接地,故其使用范围受到限制。

4.8.3 漏电保护器的类型

按其保护功能和结构的不同,有以下4种:

(1)漏电开关

它是由零序电流互感器、漏电脱扣器和主回路开关组装在一起,同时具有漏电保护和通断电路的功能。其特点是在检测到触电或漏电故障时,能直接断开主回路。

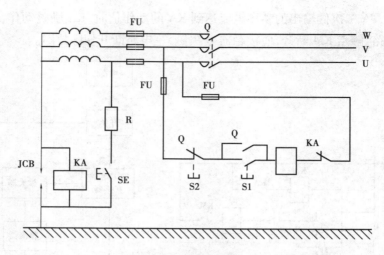

图4.64　无电流互感器型漏电保护装置接线图

JCB—击穿保险;KA—灵敏电流继电器;FU—熔断器;

S1,S2—启动、停止按钮;SE—试验按钮;Q—接触器;R—限流电阻

（2）漏电断路器

它是由塑料外壳断路器和带零序电流互感器的漏电脱扣器组成的,除了具有一般断路器的功能外,还能在线路或设备出现漏电故障或人身触电事故时,迅速自动断开电路,以保护人身和设备的安全。漏电断路器可分为单相小电流家用型和工业用型两类。常见的型号有DZ15L,DZ47L,DZL29 和 LDB 型等系列,适用于低压线路中,作线路和设备的漏电和触电保护用。

（3）漏电继电器

它是由零序电流互感器和继电器组成的,只有检测和判断漏电电流的功能,但不能直接断开主回路。

（4）漏电保护插座

漏电保护插座由漏电断路器和插座组成。这种插座具有漏电保护功能,但电流容量和动作电流都较小,一般用于可携带式用电设备和家用电器等的电源插座。

思考与练习题

1.何谓碰撞游离、热游离、去游离? 它们在电弧的形成和熄灭过程中起何作用?

2.现代开关电器中广泛采用的灭弧方法有哪几种?

3.断路器的作用是什么? 它分为哪几种类型?

4.负荷开关的作用是什么? 它分为哪几种类型? 在采用负荷开关的电路中,如何实现短路保护?

5.断路器的基本结构可分为哪几部分?

6.简述 SF$_6$ 断路器和真空断路器的特点。简述自能灭弧式 SF$_6$ 断路器与第二代 SF$_6$ 断路器相比的优点。

7.简述影响 SF$_6$ 断路器安全运行的因素。

8.隔离开关的作用是什么？为什么隔离开关不能接通和断开有负荷电流的电路？

9.隔离开关可分为哪几种？它们的基本结构如何？

10.熔断器的主要作用是什么？什么叫"限流"熔断器？什么叫"冶金效应"？

11.配电线路中熔断器应怎样配置？

12.一般跌落式熔断器与一般高压熔断器（如 RN1 型）在功能方面有何异同？负荷型跌开式熔断器与一般跌开式熔断器在功能方面又有什么区别？

13.低压断路器有哪些功能？按结构形式可分为哪两大类？

第**5**章

互感器

【学习描述】

　　互感器包括电压互感器(见图5.1),还包括电流互感器(见图5.2),除了高压用户,低压大电流用户也会用到电流互感器,因为互感器是将一次回路的大电流或高电压变成二次回路的小电流和低电压,供测量仪器、仪表或继电保护装置使用。互感器作为一次系统和二次系统之间的联络元件,是根据什么原理工作的呢? 在实际应用中,如何选择使用电流、电压互感器? 电流、电压互感器在运行过程中要注意哪些问题? 在这里我们会把上述问题全部解释清楚。

图5.1　运行中的电压互感器

图5.2　运行中的电流互感器

【教学目标】

　　使学生了解电流、电压互感器的作用及各型互感器的结构特点;理解互感器准确度等级所代表的意义;掌握电流、电压互感器的各种接线形式。

【学习任务】

　　互感器的作用及工作原理,互感器的误差定义及准确度级所代表的意义,对互感器的感性认识,互感器的接线形式的原理。

　　互感器可分为电压互感器(TV)和电流互感器(TA)两类。它们的基本原理与变压器相似,但又有其特殊性。互感器是一种特殊变压器。

　　一般来说,互感器有以下4个方面的作用:

①将一次回路高电压和大电流变为二次回路标准的低电压 100 或$\frac{100}{\sqrt{3}}$和标准的小电流 5 A,1 A。

②使二次设备(仪表、继电器、控制电缆等)的制造标准化,则二次设备的绝缘水平能按低电压设计,结构轻巧,价格便宜,便于集中管理,可实现远方控制和测量。

③使低电压的二次系统与高电压的一次系统实施电气隔离,且互感器二次侧接地,保证了人身和设备的安全。

④取得零序电流、电压分量供反应接地故障的继电保护装置使用。

为了确保人在接触测量仪表和继电器时的安全,互感器二次侧绕组必须接地。因为接地后,当一次侧和二次侧绕组间的绝缘损坏时,可防止仪表和继电器出现高电压,危及人身安全。

5.1 电流互感器

5.1.1 电流互感器基本原理

电流互感器就是利用变压器一、二次侧绕组的电流大小与其匝数成反比的原理制作而成,如图 5.3 所示。

电流互感器一次侧额定电流 I_{1N} 与二次侧额定电流 I_{2N} 之比,称为变流比,用 k_i 表示,则

$$k_i = \frac{I_{1N}}{I_{2N}} \tag{5.1}$$

根据磁势平衡原理,忽略励磁电流时,则

$$k_i \approx \frac{N_2}{N_1} \tag{5.2}$$

式中 N_1——一次侧绕组匝数;

N_2——二次侧绕组匝数,N_2 远大于 N_1;

k_i——匝数比。

电流互感器与变压器比较,其工作状态有以下特点:

①电流互感器一次侧绕组串接在一次侧电路内,其电流由一次侧的负荷电流决定,不是由二次侧电流决定。由于电流互感器一次侧绕组匝数少,阻抗小,因此,串接在一次侧电路中对一次侧电路的电流没有影响。而变压器的一次侧电流是随二次侧电流变化的。

②电流互感器二次侧绕组串接的仪表和继电器电流线圈的阻抗很小,因此在正常运行时,相当于二次侧短路的变压器。

③由于二次侧负荷阻抗很小,因此,在一定范围内二次侧负荷的变化,对一次侧电流影响很小,可认为一次侧电流与二次侧负荷的变化无关。

④电流互感器运行时不允许二次侧绕组开路。这是因为在正常运行时,二次侧负荷产生

的二次侧磁势 $\dot{I}_2 N_2$ ，对一次侧磁势 $\dot{I}_1 N_1$ 有去磁作用，因此励磁磁势 $\dot{I}_0 N_1$ 及铁芯中的合成磁通和 Φ_0 很小，在二次侧绕组中感应的电势不超过几十伏。当二次侧开路时，二次侧电流 $\dot{I}_2 = 0$ ，二次侧的去磁磁势也为零，而一次侧磁势不变，全部用于激磁，励磁磁势 $\dot{I}_0 N_1 = \dot{I}_1 N_1$ ，合成磁通很大，使铁芯出现高度饱和，此时磁通 Φ 的波形接通平顶波，磁通曲线过零时的 $\dfrac{\mathrm{d}\Phi}{\mathrm{d}t}$ 很大，因此二次侧绕组将感应几千伏的电势 e_2 ，危及工作人员的安全，威胁仪表和继电器以及连接电缆的绝缘，如图 5.4 所示。磁路的严重饱和还会使铁芯严重发热，若不能及时发现和处理，会使电磁式电流互感器烧毁和电缆着火；铁芯磁饱和还将在铁芯中产生剩磁，影响互感器的特性。

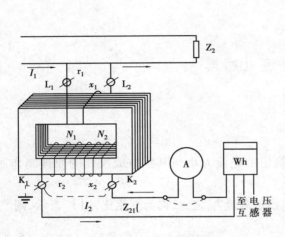

图 5.3 电流互感器原理接线图

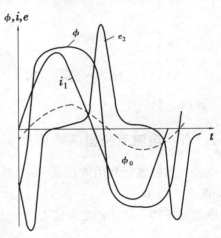

图 5.4 电流互感器二次开路时 i_1 ; Φ ; e_2 的变化曲线

为了防止二次侧绕组开路，规定在二次侧回路中不准装熔断器，二次绕组必须接地。

5.1.2 电流互感误差

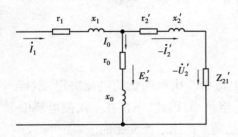

图 5.5 电流互感器等值电路

电流互感器的等值电路如图 5.5 所示。从图5.5可知，由于励磁电流 I_0 的影响，使一次侧电流 $\dot{I}_1$ 与 $-\dot{I}_2{}'$ 在数值上和相位上都有差异，因此测量结果有误差。

误差可分为电流误差和角误差。

（1）电流误差（比差）

电流误差的定义为：电流互感器测出的电流 $K_N I_2$ 和实际电流 I_1 之差，对实际电流 I_1 的百分比表示，即

$$\Delta I\% = \frac{K_N I_2 - I_1}{I_1} \times 100\% \tag{5.3}$$

（2）角误差（角差）

角误差的定义为：旋转 180° 后二次侧电流相量 $-\dot{I}_2$，与一侧电流相量 $\dot{I}_1$ 的夹角用 δ_i 表示。规定二次电流负相量超前于一次电流相量时，角误差 δ 为正；反之，角误差 δ 为负。

5.1.3 电流互感器的主要基本技术参数

（1）额定电流比

额定电流比是额定一次电流和额定二次电流的比值。

一般规定电流互感器的额定一次电流为 10 A，12.5 A，15 A，20 A，25 A，30 A，40 A，50 A，60 A，70 A 以及它们的十进位数或小数。有下标线者为优先值，额定二次电流标准规定值为 5 A 或 1 A。例如，75/5 A，75/1 A。

（2）电流互感器的准确级

电流互感器根据测量时误差的大小而划分为不同的准确级，我国电流互感器准确级和误差限值见表 5.1。准确级是指在规定的二级负荷变化范围内，一次电流为额定值时的最大电流误差。

表 5.1 电流互感器准确级和误差限值

准确级次	一次电流为额定电流的百分数/%	误差限值		二次负荷变化范围
		电流误差/±%	相位差/±（′）	
0.2	10	0.5	20	
	20	0.35	15	
	100 ~ 200	0.2	10	
0.5	10	1	60	
	20	0.75	45	$(0.25 \sim 1)S_{N2}$
	100 ~ 120	0.5	30	
1	10	2	120	
	20	1.5	90	
	100 ~ 120	1	60	
3	50 ~ 120	3	不规定	$(0.5 \sim 1)S_{N2}$

电流互感的电流误差，能引起各种仪表和继电器产生测量误差，而角误差只对功率型测量仪表和继电器以及反应相位的继电保护装置有影响。

不同准确级的电流互感器用于不同的范围。发变电站的盘式仪表，可使用 0.5 ~ 1 级的电流互感器。但是，发电机、调相机、变压器、厂用电和引出线的计费用电度表必须使用 0.2 级的电流互感器，3 级的电流互感器用于一般测量和某些继电保护。

保护用电流互感器与测量用的工作条件有很大不同,测量用电流互感器是工作在回路正常状态下,测量负荷电流。保护用电流互感器则是在回路发生故障,通过较正常值大几倍甚至几十倍的电流情况下工作。因此,测量用的互感器其准确度与保护用的互感器准确度的要求并不一样。

保护用电流互感器有一个很重要参数复合误差 $\varepsilon\%$,复合误差的定义为:一次电流的瞬时值 i_1 与二次电流瞬时值 i_2 乘以额定变比之差的有效值。通常以一次电流的百分数,即

$$\varepsilon\% = \frac{100}{I_1} \sqrt{\frac{1}{T} \int_0^T (i_1 - k_i i_2)^2 \mathrm{d}t} \tag{5.4}$$

复合误差的要求主要是限制二次电流中的谐波分量,以利于继电保护定值。保护用电流互感器的准确级是以该准确级的额定准确限值一次电流下的最大允许复合误差的百分数来标称,其后缀以字母"P"(IEC 标准)。标准准确级为 5P 和 10P。表 5.2 为稳态保护电流互感器的准确极。

保护用电流互感器按用途可分为稳态保护用(P)和暂态保护用(TP)两类。稳态保护用电流互感器的准确级常用的有 5P 和 10P,代表在额定频率及额定负荷(功率因数为 0.8,滞后)时,电流误差分别为 ±1% 和 ±3%;在额定准确极限一次电流下的复合误差分别为 5% 和 10%。可见,5P 级比 10P 级保护性能要好。在实际工作中,常将额定准确限值系数跟在准确级标称后标出,如 5P20,后面 20 是指保证复合误差不超过规定值时的一次电流倍数,这个倍数叫准确限值系数,一般取 5、10、15、20、30。准确限值系数定义为:额定准确值一次电流与额定一次电流之比。其值大小表示了电流互感器抗稳态饱和能力。

表 5.2　稳态保护电流互感器的准确级

准确级	电流误差/ ±%	相位差/ ±(′)	复合误差/%
	在额定一次电流下		在额定准确限值一次电流下
5P	1.0	60	5.0
10P	3.0	—	10.0

(3)电流互感器的额定容量

电流互感器的额定容量 S_{N2} 系指电流互感器在额定二次电流 I_{2N} 和额定二次阻抗 Z_{2N} 下运行时,二次绕组输出的容量 $S_{2N} = I_{2N}^2 Z_{2N}$。由于电流互感器的额定二次电流为标准值(5 A 或 1 A),因此,为了便于计算,有的厂家常提供电流互感器的 Z_{2N} 值。

因电流互感器的误差和二次负荷有关,故同一台电流互感器使用在不同准确级时,会有不同的额定容量。

5.1.4　电流互感器的结构原理

电流互感器按一次侧绕组的匝数,可分为单匝式和多匝式两种。

单匝式电流互感器由实心圆柱或管形截面的载流导体,或直接利用载流母线作为一次侧

绕组,使一次侧绕组穿过绕有二次侧绕组的环形铁芯构成,如图5.6所示。这种电流互感器的主要优点是结构简单,尺寸较小,价格便宜;主要缺点是被测电流很小时,因一次侧磁动势较小,故测量的准确度很低。通常当一次侧电流超过600~1 000 A时都制成单匝式。

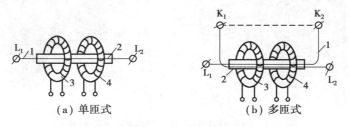

图5.6 电流互感器结构原理图

1——一次绕组;2—绝缘套管;3—铁芯;4—二次绕组

多匝式电流互感器的一次侧绕组是多匝穿过铁芯,铁芯上绕有二次侧绕组,如图5.6(b)所示。这种电流互感器由于一次侧绕组匝数较多,因此即使额定一次电流很小,也能获得较高的准确度。其缺点是:当过电压加于电流互感器或当大的短路电流通过时,一次侧绕组的匝间可能承受很高的电压。

如图5.6(b)所示为有两个铁芯的多匝式电流互感器,每个铁芯都有单独的二次侧绕组,一次侧绕组为两个铁芯共用。两个铁芯中每个二次侧绕组的负荷变化时,一次侧电流并不改变,故不会影响另一个铁芯的二次侧绕组工作。因此,多铁芯的电流互感器各个铁芯可制成不同的准确度级,供不同要求的二次回路使用。

5.1.5 电流互感器的类型

(1)分类

电流互感器的种类很多。根据安装地点,可分为户内式和户外式;根据安装方式,可分为穿墙式、支持式和套管式;根据绝缘结构,可分为干式、浇注式和油浸式;根据原边绕组的结构形式,可分为单匝式和多匝式,等等。

(2)电流互感器的结构实例

1)浇注式

广泛用于10~20 kV级电流互感器。一次绕组为单匝式或母线型时,铁芯为圆环形,二次绕组均匀绕在铁芯上,一次绕组和二次均浇注成一整体。一次绕组为多匝时,铁芯多为叠积式,先将一、二次绕组浇注成一体,然后再叠装铁芯。如图5.7所示为浇注绝缘电流互感器结构(多匝贯穿式)及外形图。

如图5.8、图5.9所示分别为LQJ-10型和LMZJ1-0.5型电流互感器的外形图。其中,LQJ-10常用于10 kV高压开关柜中的户内线圈式环氧树脂浇注绝缘加强型电流互感器,有两个铁芯和两个分别为0.5级和3级的二次绕组。LMZJ1-0.5是广泛用于低压配电屏和其他低压电路中的户内母线式环氧树脂浇注绝缘加大容量的电流互感器。

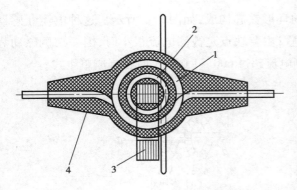

图 5.7　浇注绝缘电流互感器结构(多匝贯穿式)

1——次绕组;2—二次绕组;3—铁芯;4—树脂混合料

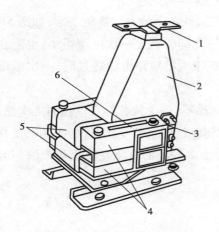
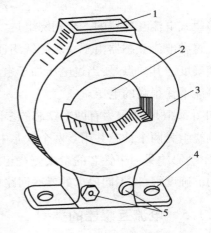

图 5.8　LQJ-10 型电流互感器

1——次接线端子;2——次绕组;

3—二次接线端子;4—铁芯;

5—二次绕组;6—警示牌

图 5.9　LMZJ1-0.5 型电流互感器

1—铭牌;2—二次母线穿孔;3—铁芯;

4—安装板;5—二次接线端子

2) 支柱绝缘电流互感器

如图 5.10 所示为 LCW-110 型电流互感器外形图及绕组结构图,是多匝支柱式油浸式瓷绝缘"8"字形绕组 110 kV 户外电流互感器。

SF$_6$ 电流互感器有两种结构形式:一种是与 SF$_6$ 组合电器(GIS)配套用的;另一种是可独立使用的,通常称为独立式 SF$_6$ 电流互感器,这种互感器多做成倒立式结构,如图 5.11 所示。

SF$_6$ 气体的绝缘性能与其压力有关。这种互感器中气体压力一般选择 0.3 ~ 0.35 MPa,因此,要求其壳体和瓷套都能承受较高的压力。

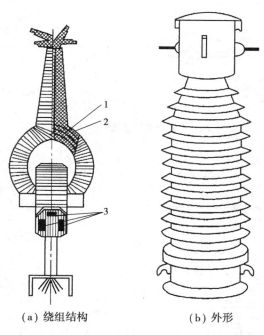

（a）绕组结构　　　　（b）外形

图 5.10　LCW-110 型支柱绝缘电流互感器

1——一次绕组;2——一次绕组绝缘;

3——二次绕组及铁芯

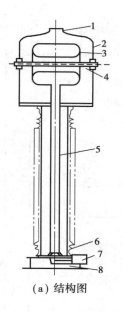

（a）结构图　　　　（b）外形图

图 5.11　倒置式 SF_6 气体绝缘电流互感器

结构及外形图

1——防暴片;2——外壳;3——铁芯外壳;

4——一次导管;5——引线导管;6——硅橡胶复

合绝缘套管;7——接线盒;8——底座

5.1.6　电流互感器的接线及极性

如图 5.12 所示为最常用的电气测量仪表接入电流互感器的电路图。如图 5.12（a）所示的接线,用于对称三相负荷,测量一相电流。

如图 5.12（b）所示为星形接线,可测量三相负荷电流,以监视负荷电流不对称情况。

如图 5.12（c）所示为不完全星形接线。在三相负荷平衡或不平衡的系统中,当只需取 A,C 两相电流时,如三相二元件功率表或电度表,便可用不完全接线。流过公共导线上的电流为 A,C 两相电流的向量和,即

$$\dot{I}_a + \dot{I}_c = -\dot{I}_b$$

如图 5.12（d）所示为 A,C 两相电流差接方式。此时,流过负载的电流为电流互感器二次电流的 $\sqrt{3}$ 倍,相位则超前 C 相电流 30°,或滞后 A 相 30°,视负载二次回路的正方向而定。一般用于保护回路。

如图 5.12（e）所示为三角形接线,也即是三相电流差接线。此时,流至负载的三相电流为电流互感器二次电流的 $\sqrt{3}$ 倍,相位则相应超前 30°,也可改变三角形串联顺序使负载二次电流滞后于互感器电流 30°。该接线常用于主变压器高压侧的差动保护回路,以补偿该侧的电流相位。

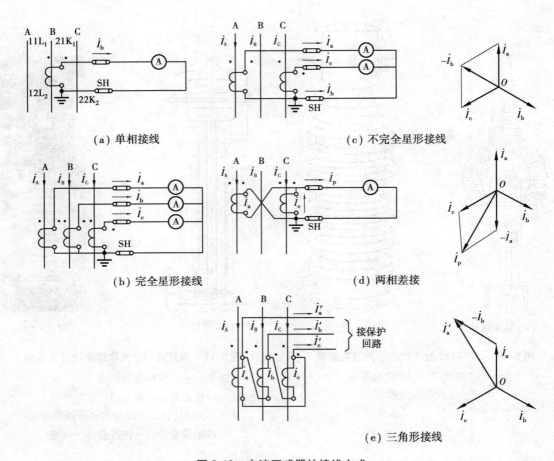

图 5.12　电流互感器的接线方式

电流互感器一、二次侧绕组端子上都标有符号,如图 5.12(a)所示。通常一次侧端子 11 和 12 标为 L_1,L_2,二次侧端子 21 和 22 标为 K_1,K_2。当一次侧电流从端子 11 流向端子 12 时,二次侧电流从端子 21 经负荷流回到端子 22(减极性)。

5.1.7　电流互感器的使用问题

综上所述,电流互感器使用时除应满足一次电流,额定电压,二次负荷容量等的要求外,还应注意以下 5 个问题:

①二次绕组不允许开路。

②电流互感器二次侧应有一点可靠接地,以防止一、二次绕组间绝缘击穿时危及人身及二次设备安全。

③接线时,应注意极性的正确性。

④为确保安全,测量与保护不要共用一个二次绕组。

⑤运行中,一次负荷电流 I_1 应接近 I_{1N},二次侧负荷的阻抗及功率因数限制在相应的范围内。保证其准确度级不下降。

5.2　电压互感器(电磁式)

5.2.1　电磁式电压互感器的工作原理

电磁式电压互感器是利用变压器电压与匝数成正比的原理制作而成的,如图 5.13 所示。

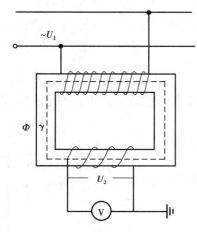

电压互感器的一次侧绕组和二次侧绕组的额定电压比,称为电压互感器的额定变压比,用 K_u 表示,并近似等于匝数之比,即

$$K_u = U_{1e}/U_{2e} \approx N_1/N_2 \approx K_N \qquad (5.5)$$

①电压互感器与变压器比较,其工作状态有以下特点:

a. 电压互感器一次侧绕组是并接在一次侧电路中,二次侧绕组向并联的测量仪表和继电器的电压线圈供电,N_1 远远大于 N_2,其容量较小,通常只有几十伏安或几百伏安。

b. 二次侧所接仪表或继电器的电压线圈阻抗很大,接近开路。

图 5.13　电磁式电压互感器原理示意图

c. 由于二次阻抗很大,且二次负荷恒定不变,因此,电压互感器的二次侧负荷不致影响一次电压,同时二次电压接近于二次电势,并随一次电压的变动而变动。

②运行中,二次回路不允许短路,否则在二次侧将产生很大的短路电流,烧坏互感器。电压互感器二次回路都装有熔断器。电压等级 35 kV 及以下的电压互感器一次回路也装有熔断器。

5.2.2　电磁式电压互感器的误差及影响误差的因素

电压互感器的等值电路如图 5.14 所示,与普通电力变压器相同。因励磁电流漏阻抗和二次负荷电流的影响,故使 $\dot{U}_1$ 不等于 $\dot{U}_2$。电压互感测量结果存在着两种误差:电压误差和角误差。

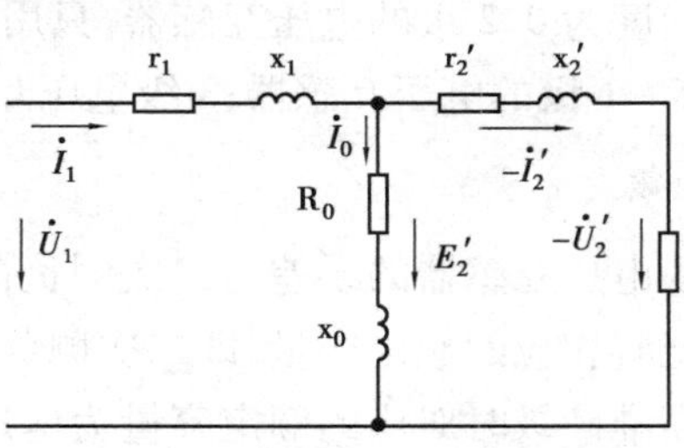

图 5.14　电压互感器等值电路

(1)电压误差

电压误差为电压互感器测出的电压 $K_u U_2$,与实际一次侧电压 U_1 之差,并以实际一次侧电压 U_1 的百分数表示,即

$$\Delta U\% = \frac{K_u U_2 - U_1}{U_1} \times 100\% \qquad (5.6)$$

(2)角误差

角误差,旋转 180°后二次侧电流相量 $-\dot{U}_2$,与一侧电流相量 $\dot{U}_1$ 的夹角 δ_i 表示。规定二

次电流负相量超前于一次电流相量时,角误差 δ 为正,反之角误差 δ 为负。

5.2.3 电磁式电压互感器的基本技术参数

(1)额定变比

额定变比是额定一次电压与额定二次电压之比。

额定一次电压应为国家标准的额定线电压。对接在三相系统相与地间的单相电压互感器,其额定一次电压为相电压。

额定二次电压标准电压为 100 V。供三相系统中相与地之间用的单相互感器,其额定一次电压为 $100/\sqrt{3}$。

(2)准确度级

电压互感器的准确度级分为 0.2,0.5,1,3,3P,6P 级,各准确度级下误差的限值列于表 5.3中。其中,P 级属保护级。

表 5.3　电压互感器准确度级和误差限值

准确度级	误差限值		一次电压变化范围	频率、功率因数及二次负荷变化范围
	电压误差/ ± %	相位差/ ± (′)		
0.2	0.2	10	$(0.8 \sim 1.2)U_{N1}$	$(0.25 \sim 1)S_{N2}$ $\cos \varphi_2 = 0.8$ $f = f_N$
0.5	0.5	20		
1	1.0	40		
3	3.0	不规定		
3P	3.0	120	$(0.05 \sim 1)U_{N1}$	
6P	6.0	240		

准确度为 0.2 级的电压互感器,只用于计算电费的电度表;发电厂和变电所的盘式仪表,使用 0.5～1 级的电压互感器;3 级电压互感器用于一般测量和某些继电保护。

(3)额定容量

因为电压互感器的误差与二次侧负荷的大小有关,因此,电压互感器对应于每一准确度级都规定有相应的额定容量,即二次侧负荷超过某准确度级的额定容量时,准确度级便下降。规定最高准确级时对应的额定容量为电压互感器的额定容量。例如,JDZ-10 型电压互感器,0.5 级时为 80 kA,1 级时为 120 VA,3 级时为 300 VA,最大容量为 500 VA,则其额定容量为 80 VA。电压互感器的最大容量是按发热条件规定的长期允许最大容量,只有在供给信号灯、分闸线圈、电压互感器的误差不影响仪表和继电器正常工作时,才允许将电压互感器用于最大容量下。

5.2.4　电磁式电压互感器的结构特点及实例

（1）结构特点

电压互感器的结构与变压器有很多相同之处,如绕组,铁芯结构等都是变压器中最简单的结构形式,这里不再多叙。

（2）分类

电磁式电压互感器根据绝缘方式,绕组数量,以及安装位置、方式等因素可分为多种类型。一般主要有浇注式、油浸式和串级式。

内配电装置多采用环氧树脂浇注绝缘成型的干式电压互感器;6～35 kV 户外多采用硅橡胶绝缘的干式电压互感器,它们具有干式电器的一般优点,一般为单相结构,二次绕组根据需要可以是一组,也可以是两组,目前得到广泛应用。110 kV 及以上户外配电装置多采用电容式电压互感器。

（3）举例

1）浇注式电压互感器

浇注式电压互感器结构紧凑、维护简单,适用于 3～35 kV 的户内产品。随着户外用树脂的发展,也将逐渐在大于 35 kV 户外产品上采用。如图 5.15 所示为 10 kV 浇注式单相电压互感器的结构示意图。这种结构的一次绕组和二次各绕组,以及一次绕组出线端的两个套管均浇注成一个整体,然后再装配铁芯,这是一种常用的半浇注式(铁芯外露式)结构。

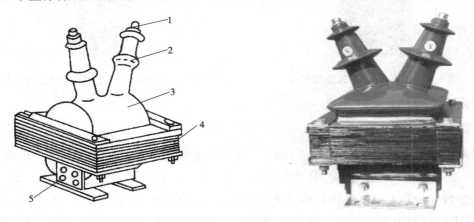

图 5.15　JDZJ-10 型电压互感器

1——次接线端子;2—高压绝缘套管;3—一、二次绕组;4—铁芯;5—二次接线端子

2）油浸式

如图 5.16 所示为 JDJ-10 油浸式单相自冷,电压互感器结构图;如图 5.17、图 5.18 所示分别是 JDZ-35(油浸式单相自冷)和 JSJW-10(三相五柱式油浸自冷)电压互感器的外形结构图。它们的铁芯和绕组浸在充有变压器油的油箱内,一次、二次绕组的引线通过固定在箱盖上的瓷套管引出,用于户内配电装置。

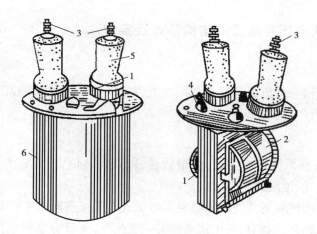

图 5.16　JDZJ-10 型油浸自冷式单相电压互感器

1—铁芯;2——次绕组;3——次绕组引出端;4—二次绕组引出端;

5—套管绝缘子;6—外壳

图 5.17　JDZ-35 油浸式单相自冷

电压互感器外形图

图 5.18　JSJW-10 三相五柱式油浸自冷

电压互感器外形图

3)串级式

油浸串级式电压及互感器用于 110 kV 及以上的系统。如图 5.19 所示为单相串级式 JCC₁-110 型电压互感器的结构,其中 C(第二个字母)—单相串级式三绕组;C(第三个字母)—瓷绝缘。电压互感器的铁芯和绕组装在充油的瓷外壳内,铁芯带电位,用支承电木板固定在底座上。储油柜工作时带电,一级绕组首端自储油柜上引出。一次绕组末端和二次绕组出线端自底座引出。

如图 5.20(a)所示为原理电路图,其一次绕组分为串联的 Ⅰ,Ⅱ 两段,每段匝数完全相同,分别绕在口字形铁芯的上、下柱上。基本二次绕组和辅助二次绕组,只和一次侧绕组的第 Ⅱ 段绕在同一铁芯的下柱上,有直接磁的耦合。当一次侧绕组所加电压变化时,二次侧绕组两端的电压也随之变化。二次侧绕组开路时,铁芯各柱中的磁通 Φ_1 相等,一次侧绕组各段上电压相等。在如图 5.20(a)所示的情况下,如一次侧绕组两端子间电压为 U,因一次侧绕组两段的中间连线与铁芯相连,则铁芯外一次侧绕组着首端 11 和末端 12 的电压均

为 $\frac{1}{2}U$。而普通结构的电压互感器,必须按全电压 U 设计绝缘。

当二次侧绕组接入仪表后(见图 5.20(b)),二次侧绕组中电流 $\dot{I}_2$ 产生与一次侧绕组 II 段的磁通 Φ_1 方向相反的去磁磁通 Φ_2。因二次侧绕组有漏磁通存在,使通过铁芯上柱的 Φ_2 比下柱小,由铁芯上柱的合成磁通大,下柱的合成磁通小,一次绕组 I,II 段的感抗不等。分布的电压也不均匀,测量结果产生较大误差。为了避免这种现象,在铁芯的上下柱上加装平衡绕组。两平衡绕组的匝数相等,绕向相反,如图 5.20(b)所示。当铁芯中出现磁通 Φ_2 时,因铁芯上下柱的合成磁通大小不等,在上下柱平衡绕组中产生平衡电流 i_{ph},平衡电流 i_{ph} 在铁芯上柱中产生去磁磁通,在铁芯下柱中产生助磁磁通,从而使铁芯上下柱中的合成磁通大致相等,一次侧绕组 I,II 段上的电压分布均匀。

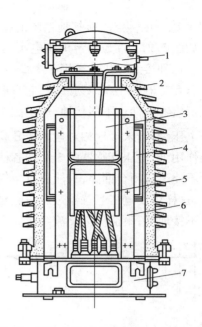

图 5.19　JCC₁-110 型串级电压互感器结构图
1—油扩张器;2—瓷外壳;3—上柱绕组;4—铁芯;
5—下柱绕组;6—支承电木板;7—底座

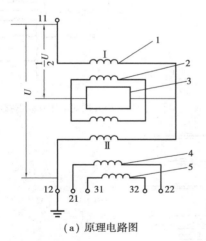

(a) 原理电路图

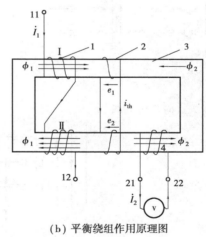

(b) 平衡绕组作用原理图

图 5.20　110 kV 串级式电压互感器的工作原理
1—一次侧绕组;2—平衡绕组;3—铁芯;4—基本二次绕组;5—辅助二次绕组

5.2.5　电压互感器的接线方式

电压互感器在三相系统中要测量的电压有线电压、相对地电压和单相接地时出现的零序电压。为了测量这些电压,电压互感器有各种不同的接线方式。最常见的 5 种接线如图 5.21 所示。

如图 5.21(a)所示为一台单相电压互感器的接线,可测量 35 kV 及以下系统的线电压或

110 kV 以上中性点直接接地系统的相对地电压。

如图 5.21(b)为两台单相电压互感器接成 V-V 形接线,它能测量线电压,但不能测量相电压。这种接线方式广泛用于中性点非直接接地系统。如图 5.21(c)所示为一台三相三柱式电压互感器的 Y-Y$_0$ 形接线。它只能测量线电压,不能用来测量相对地电压,因一次侧绕组的星形接线中性点不能接地,这是因为在中性点非直接接地系统中发生单相接地时,接地相对地电压为零,未接地相对地电压升高$\sqrt{3}$倍,三相对地电压失去平衡,出现零序电压。有零序电压作用下,电压互感器的 3 个铁芯柱中将出现零序磁通,三相零序磁通同相位,在 3 个铁芯柱中不能形成闭合回路,只能通过空气隙和外壳成为回路,使磁路磁阻增大,零序励磁电流也增大,这样可使电压互感器过热,甚至烧坏。为此,三相三柱式电压互感器一次侧绕组的中性点是不接地的,不能作为交流绝缘监察用。

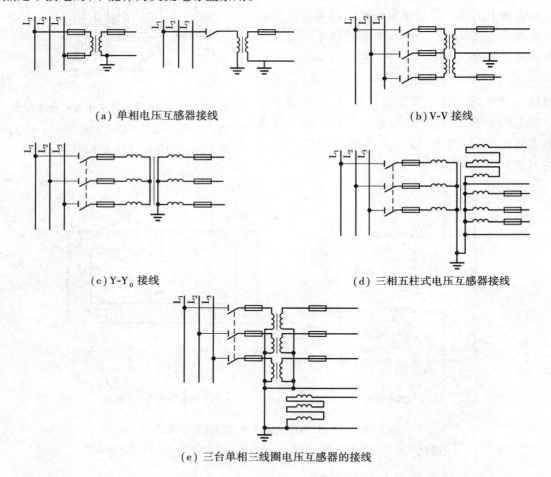

(a) 单相电压互感器接线　　　　　　　　　　(b) V-V 接线

(c) Y-Y$_0$ 接线　　　　　　　　　(d) 三相五柱式电压互感器接线

(e) 三台单相三线圈电压互感器的接线

图 5.21　电压互感器的接线方式

如图 5.21(d)所示为一台三相五柱式电压互感器的 Y$_0$-Y$_0$-△ 形接线,其一次侧绕组和基本二次绕组接成星形,且中性点接地,辅助二次绕组接成开口三角形。因此,三相五柱式电压互感器可测量线电压和相对地电压,还可作为中性点非直接接地系统中对地的绝缘监察以及实现单相接地的继电保护,这种接线广泛应用于 6 ~ 10 kV 屋内配电装置中。

三相五柱式电压互感器的原理图如图 5.22 所示。铁芯有 5 个柱,三相绕组绕在中间 3 个柱上。当系统发生单相接地时,零序磁通 $\dot{\Phi}_{ao}$,$\dot{\Phi}_{bo}$,$\dot{\Phi}_{co}$ 在铁芯中可通过两边铁芯柱成回路,因此磁阻小,从而零序励磁电流也小。

在中性点非直接接地三相系统中,正常运行时因各相对地电压为相电压,三相电压的相量和为零,因此,开口三角形两端子间电压为零。当发生一相接地时,开口三角形两端子间有电压,为各相辅助二次绕组中零序电压之相量和。规定开口三角形两端子间的额定电压为 100 V,因为各相零序电压大小相等,相位相同,故辅助二次绕组的额定电压为 100/3 V。

如图 5.21(e)所示为三台单相三绕组电压互感器的 Y_0-Y_0-△接线,在中性点非直接接地系统中,采用 3 只单相 JDZJ 型电压互感器,情况与三相五柱式电压互感器相同,只是在单相接地时,各相零序磁通以各自的电压互感器铁芯成为回路。在 110 kV 及以上中性点直接接地系统中,也广泛采用这种接线,只是一次侧不装熔断器。基本二次绕组可供测量线电压和相对地电压(相电压)。辅助二次绕组接成开口三角形,供单相接地保护用。因为当发生单相接地时,未接地相对电压并不发生变化,仍为相电压,开口三角形两端子间的电压为非故障相对地电压的相量和。规定开口三角形两端子间的额定电压为 100 V。

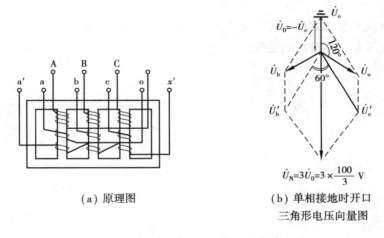

(a)原理图　　　　　　(b)单相接地时开口
　　　　　　　　　　　　三角形电压向量图

图 5.22 三相五柱式电压互感器

5.2.6 电磁式电压互感器使用时的注意事项

根据电磁式互感器(PT)的工作原理,电磁式 PT 在使用过程中除应满足额定电压、变比、容量、准确等级等要求外,还应注意以下 4 点:

①运行中的电压互感器在任何情况下,二次绕组不允许短路。一旦出现短路,由于阻抗仅为电磁式 PT 本身的漏阻抗,电流将会大大增加,烧坏设备。因此,电磁式 PT 二次侧可装保险或空气小开关,作为短路保护。

②电磁式电压互感器的二次侧必须有一端接地,以防止其一、二次绝缘击穿时,一次侧高压窜入二次侧危及人身及设备安全。

③电压互感器在连接时,应注意一、二次极性。

④在运行方中,二次侧负荷容量增大,电流 $\dot{I}_2$ 增大时,误差也增大,二次侧负荷功率因

数 $\cos\varphi_2$ 过大或过小,除影响电压误差外,还会使角误差增大。

思考与练习题

1. 电流互感器和电压互感器的作用是什么?它们在一次电路中如何连接?

2. 电流互感器和电压互感器的基本工作原理与电力变压器有什么相同的方面和不同的方面?

3. 为什么电流互感器的二次电路在运行中不允许开路?电压互感器的二次电路在运行中不允许短路?

4. 为什么互感器会有测量误差?有哪几种误差?如何表示?测量误差都与什么因素有关?

5. 什么是电流互感器的额定电流比?什么是电压互感器的额定电压比?

6. 在三相五柱式电压互感器的接线中,一次侧和二次侧中性点为什么都需要接地?不接地可以吗?

7. 试画出电流互感器常用的接线图。

8. 试画出电压互感器常用的接线图。

第**6**章
供配电网络

【学习描述】

高压配电网是指采用 35 kV 或 110 kV 电压作为配电电压的网络,担负着输送和分配电能的重要任务,其网络接线应根据负荷的分布和负荷的类别来确定的,低压配电网是指额定电压为 380/220 V 的配电网络。

【教学目标】

使学生熟悉不同级负荷对供电的要求;掌握供配电网络的基本形式及特点;了解不同类型用户供电网络的特点。

【学习任务】

了解负荷分级及其对供电的要求;掌握高低压供配电网络的基本形式及优缺点,以及适宜的范围;熟悉工矿企业、高层建筑、农村供配电网络的特点。

6.1 负荷分级及其对供电要求

在国民生产及生活中,电力用户对供电可靠性的要求并不相同。采用何种供电方式应根据用户在国民经济生产和生活中的地位,综合考虑技术和经济上的合理性来确定,即电力用户应根据中断供电后,在政治、经济上所造成损失或影响的程度进行分级,以便确定供电网络。

6.1.1 负荷分级

(1)一级负荷

①中断供电将造成人身伤亡时。

②中断供电将在经济上造成重大损失时。例如,重大设备损坏、重大产品报废、重要原料生产的产品大量报废、国民经济中重点企业的连续生产过程被打乱需要长时间才能恢复等。

③中断供电将影响重要用电单位的正常工作。例如,重要交通枢纽、重要通信枢纽、重要宾馆、大型体育场馆、经常用于国际活动的大量人员集中的公共场所等用电单位中的重要电力负荷。

在一级负荷中,当中断供电将造成人员伤亡或重大设备损坏或发生中毒、爆炸和火灾等情况的负荷,以及特别重要场所的不允许中断供电的负荷,应视为特别重要的负荷。

(2) 二级负荷

①中断供电将在经济上造成较大损失时。例如,主要设备损坏、大量产品报废、连续生产过程被打乱需较长时间才能恢复、重点企业大量减产等。

②中断供电将影响重要用电单位的正常工作。例如,交通枢纽、通信枢纽等用电单位中的重要电力负荷,以及中断供电将造成大型影剧院、大型商场等较多人员集中的重要的公共场所秩序混乱。

(3) 三级负荷

不属于一级和二级负荷者。

6.1.2　各级负荷对供电电源的要求

根据负荷一旦失去电源后,所产生的影响大小可针对性采取相应的供电措施,具体如下:

①一级负荷应由两个电源供电。当一个电源发生故障时,另一个电源不应同时受到损坏。实际中,一般采用双回电源进线,并加装备用电源自动投入装置(BZT)。

一级负荷中特别重要的负荷,除由两个电源供电外,还应增设应急电源,禁止将其他负荷接入应急供电系统。工作电源与应急电源切换时,应满足设备允许中断供电的要求。

②二级负荷宜由两回线路供电。在负荷较小或地区供电条件困难时,二级负荷可由一回6 kV 及以上专用的架空线路或电缆供电。当采用架空线时,可为一回架空线供电;当采用电缆线路时,应采用两根电缆组成的线路供电,其每根电缆应能承受 100% 的二级负荷。

6.1.3　应急电源与自备电源

对一级负荷中特别重要的负荷,要求设置用户自备——应急电源,以保证供电要求。

(1) 应急电源的设置

①允许中断供电时间为 15 s 以上的供电,可选用快速自启独立于正常电源的发电机组。

②自投装置的动作时间能满足允许中断供电时间的,可选用带有自动投入装置的独立于正常电源的专用馈电线路。

③允许中断供电时间为毫秒级的供电,可选用蓄电池静止型不间断供电装置、蓄电池机械储能电机型不间断供电装置或柴油机不间断供电装置。

④照明干电池。

应急电源的工作时间,应按生产技术上要求的停车时间考虑。当与自动启动的发电机组配合使用时,不宜少于 10 min。

（2）自备电源的设置条件

①要设置自备电源作为 I 负荷中特别重要负荷的应急电源时或第二电源不能满足一级负荷的条件时。

②设置自备电源较从电力系统取得第二电源经济合理时。

③有常年稳定余热、压差、废气可供发电，技术可靠、经济合理时。

④所在地区偏僻，远离电力系统，设置自备电源经济合理时。

6.1.4　供配电系统的电压

用电负荷的供电电压应根据用电容量、用电设备的特性、供电距离、供电线路的回路数、当地公共电网现状及其发展规划等因素，经技术比较确定。

当供电电压为 35 kV 及以上时，用电负荷的一级配电电压应采用 10 kV，采用 10 kV 有利互相支援，且较 6 kV 电压更能节约有色金属、降低损耗和电压损失。我国公用电力系统已逐步由 10 kV 取代 6 kV 电压，只有当 6 kV 用电设备的总容量较大，选用 6 kV 经济合理时，宜采用 6 kV。

低压配电电压应采用 380/220 V。

对郊区小工厂（化肥厂、铁路的供电点）等用电单位，若低压负荷较集中，当配电电压为 35 kV 时也可采用直接降至 220/380 V 配电电压。这样既可简化供配电系统，又节约投资和电能，提高电压质量。

此外，当前一些工业用电负荷增大，有些企业内部设有 110 kV 等级的变电所，甚至有些为 220 kV 等级，这些企业可采用三绕组变压器，以 35 kV 专供大型电热设备，10 kV 作为动力和照明配电电压。

6.2　供配电网的基本接线形式

供配电网络基本接线形式可分为有备用接线和无备用接线两大类。具体采用哪种接线形式随用户的要求而异。但都应该满足供电可靠；操作简便，运行灵活；运行经济；有利于将来发展的基本要求。

6.2.1　高压供配电网络接线方式

（1）无备用接线方式

对无备用接线，负荷只能从一个方向取得电源。无备用接线可分为单回路放射式、干线式、链式及树枝式，如图 6.1 所示。无备用接线的主要优点在于接线简单，运行方便，而主要缺点是供电可靠性差。

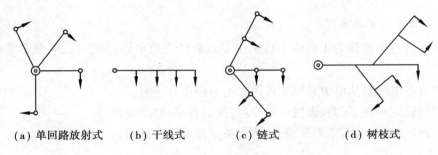

(a) 单回路放射式　　(b) 干线式　　　　(c) 链式　　　　(d) 树枝式

图6.1　无备用接线形式

（2）有备用接线方式

有备用接线方式可分为双回路放射式、双回路干线式、环式、两端供电式及多端供电式，如图6.2所示。

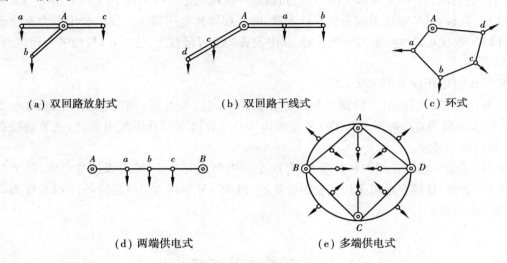

(a) 双回路放射式　　　　　(b) 双回路干线式　　　　　　(c) 环式

(d) 两端供电式　　　　　　　　　(e) 多端供电式

图6.2　有备用接线形式

有备用接线的主要优点在于供电可靠性高，缺点是操作复杂、继电保护配置复杂、经济性差。

6.2.2　高压供配电网络接线的特点分析

（1）放射式接线网络

单回路放射式网络如图6.3所示。从总降压变电所或总配电所以放射式向用户（配电所）配电，配电所的进线侧一般不装高压断路器，只装带接地刀闸的隔离开关。为了提高供电的可靠性，可装设自动重合闸装置或采用自动重合器装置。

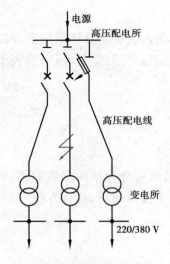

图6.3　放射式接线图

132

1）优点

接线简单,运行操作方便,故障发生后影响范围小,只停故障回路。继电保护装置易于整定;便于实现自动控制。

2）缺点

一旦线路或开关发生故障,该负荷将中断供电,可靠性较差;配电线路和高压开关柜数量多,投资大。

3）适用范围

在变电所周围分布的第三级供电负荷。

对离供电点较近的大容量用户,其对供电的可靠性要求较高时,可采用双回放射接线。

（2）干线式接线网络的特点

如图6.4所示,多个用户由一条干线供电。干线电源侧装有高压断路器,每个用户高压侧只装有隔离开关或跌落式熔断器。

1）优点

高压开关设备少,耗用导线也较少,投资省,易于发展（增加用户时,不必另增线路）。

2）缺点

可靠性较低,干线故障时全部用户将停电,操作、控制不灵活。

3）适用范围

只能对第三级负荷供电或负荷离供电点较远,对供电可靠性要求不高的小容量用户,由于干线故障导致各用户停电,因此一般将分支数限制在5个以内。此外,对可靠性要求较高的二级负荷或重要用户可改为双树干接线见图6.5,或环形接线。

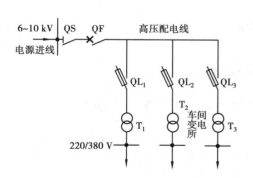

图6.4　干线式网络

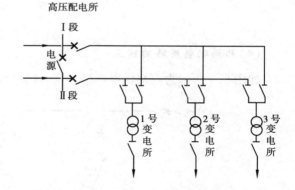

图6.5　双树干接线式网络

双树干接线或环形接线在正常工作时,每个变电所只允许与其中一条干线连接。当任一条干线故障时,负荷只暂时停电即可转到另一条干线上去。

（3）链式接线网络的特点

如图6.6所示为"一进一出"的单链式网络。多个用户采用断路器将干线式分段后供电。

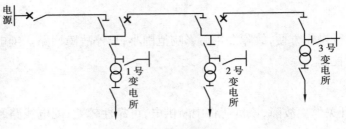

图 6.6　单链式网络

1）优点

当某线路段发生故障时,该段对应断路器自动断开,不影响前段线路的供电。它比单干线式网络的可靠性高。

2）缺点

这种网络的缺点是断路器数量多、投资大。

3）适用范围

离供电点较远,对供电可靠性要求较高的二级负荷。

如图 6.7 所示的"双进双出"双链式网络,进一步提高了供电的可靠性,适用于对供电可靠性要求较高的一、二级重要负荷。

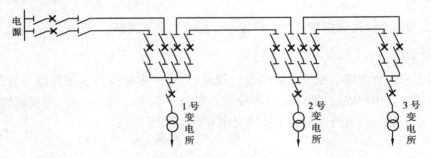

图 6.7　双链式网络

(4)**两端配电网络的特点**

如图 6.8 所示为两端供电网络。链式网络且线路两端均有电源。

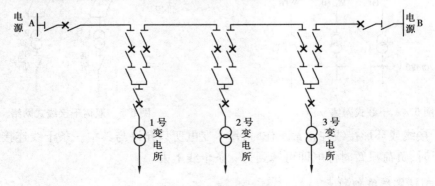

图 6.8　两端供电网络

1）优点

可靠性很高,任何一段线路故障都不会造成任一变电所停电。

2）缺点

断路器数量多、投资大;双电源供电继电保护装置相对较复杂。

3）适用范围

它用于可靠性要求高的重要的一、二级负荷的供电。

（5）**环形接线网络的特点**

如图6.9所示为环形接线网络。

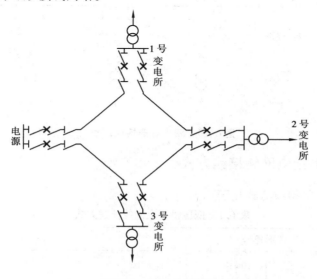

图6.9 环形接线网络

1）优点

线路段发生故障时,由断路器自动断开,电源不中断对负荷的供电。

2）缺点

这种网络的缺点是断路器数量多、投资大。

3）适用范围

在电源的不同方向均有负荷分布时,它采用环形接线较好。它适用于对供电可靠性要求高的一、二级负荷。

如图6.10所示为派生环形接线网络。在同一电源（高压配电所）的两段母线上,引出两条链式干线,在两干线的末端（如图B和C点）用联络线 WL$_3$ 联系起来。

为了避免环形线路上发生故障时影响整个电网,以及便于实现线路保护的选择性,正常运行时,隔离开关 QS$_5$,QS$_6$ 断开,两条干线分开运行。当任何一段线路故障或检修时,只需经短时间的停电切换后,即可恢复供电。

例如,线路 WL$_2$ 故障,则断路器 QF$_1$ 跳闸,负荷 A,B 点停电。查出故障后,将隔离开关

QS₃,QS₄ 断开隔离故障点,拉开 QF₃ 后,可合上隔离开关 QS₅,QS₆,再合上 B 点出线刀闸与断路器 QF₃ 即可恢复对负荷 B 的供电。

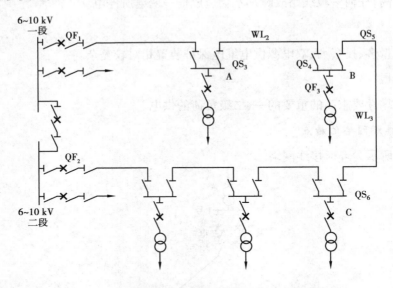

图 6.10　派生环形接线网络

6.2.3　低压供配电网络接线方式

低压供配电网络的接线方式见表 6.1。

表 6.1　低压供配电网络接线方式

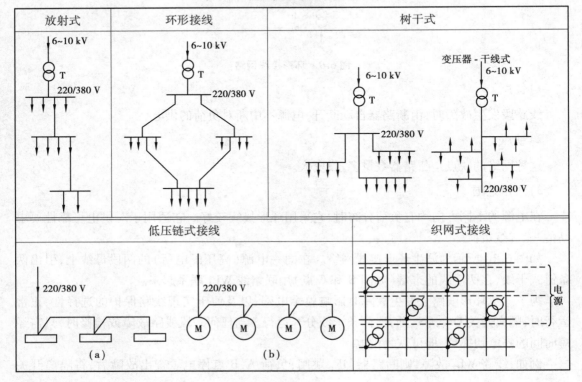

（1）开式低压网络

由单侧电源采用放射、干线式或链式供电,投资小、接线简单、安装维护方便,但是电能损耗大、电压质量差、供电的可靠性差、负荷发展较困难。

1）低压放射式接线

低压放射式接线是由变电所低压侧引出多条独立线路供给个独立的用电设备或集中负荷群的接线方式。

它主要用于各独立的用电设备或车间用电设备排列不整齐等。

2）低压干线式接线

电网不必在变电所低压侧设置低压配电盘,直接从低压引出线经低压断路器和负荷开关引接,因而减少了电气设备的需要量。

它主要用于数量较多,且排列整齐的用电设备;对供电可靠性要求不高的用电设备,如机械加工、铆接、铸工和热处理等。

3）变压器-干线式接线

主干线由车间内部或端部车间变电所引出,沿车间敷设,再由主干线引出支干线对用电设备供电。这种网络比一般树干式配电网所需配电设备更少。

一般在生产厂房宜采用树干式配电系统,对动力站宜采用放射式配电系统。同时,根据供电系统需要,常将两种形式混合使用。

4）低压链式接线

链式接线的特点与干线式基本相同,适宜彼此相距很近、容量较小的用电设备,链式相连的设备一般不宜超过 5 台,链式相连的配电箱不宜超过 3 台,且总容量不宜超过 10 kW。

（2）闭式低压网络

简单闭式环形网络接线的主要特点是供电可靠性比开式网络高。

（3）织网式接线

这种电网沿街道敷设在建筑物的四周,全线采用电力电缆,在交叉处有固定连接,类似织网,故称为织网式接线网络。这种电网的供电可靠性很高,但是故障电流大,需装设限流器,在变压器低压侧还应装设逆电流断路器。因电网全用电缆敷设,故造价很高。

6.3　工矿企业、农村供配电网络的特点

由于工矿企业供电网络、农村供电网络的特点不相同,因此,供配电系统的接线必须按照负荷特性、用电容量、工程特点和地区供电条件,合理确定接线方案,并采用符合国家有关标准的效率高、能耗低、性能先进的电气设备。

6.3.1 工矿企业供配电网

因工矿企业负荷集中,故对供电可靠性的要求很高。为了提高运行维护的安全,宜简化接线和减少供电电压等级。为了提高运行的经济性,应尽量采用 35 kV 及以上的高压线路直接向车间供电。同时,网络接线力求适应各车间发展的要求。

(1)一次变压的供配电网

1)采用一个车间变电所的一次变压系统

将 6 ~ 10 kV 电压降为 380/220 V 电压的变电所,这种变电所通常称为车间变电所。它适用于用电量较少的小型工厂或生活区。这种变电所根据负荷对供电可靠性的要求,可装一台或两台配电变压器。

某些中小型工厂,如果本地电源电压为 35 kV,且各种条件允许时,可直接采用 35 kV 作为配电电压。将 35 kV 线路直接引入靠近负荷中心的工厂车间变电所,再由车间变电所一次变压 380/220 V,供低压用电设备使用。

2)采用开闭所供电的一次变压供配电系统

将 6 ~ 10 kV 线路经开闭所,将电能直接分配到各个车间变电所,由车间变电所再将 6 ~ 10 kV 电压降至 380/220 V 供低压用电设备使用;同时,高压用电设备直接由开闭所的 6 ~ 10 kV 母线供电。这种供电方式适用于一般中小型工厂。

(2)二次变压的供配电网

大型工厂和某些电力负荷较大的中型工厂,一般采用具有总降压变电所(相当于终端变电所)的二次变压供电系统,电源进线电压为 110 kV(甚至 220 kV)或 35 kV。通过变压器降压为 10 kV 后向各车间变电所供电,最后由车间变电所将电压降为 380/220 V。

(3)低压供配电网

某些无高压用电设备且用电设备总容量较小的小型工厂或街区,有时也直接采用 380/220 V 低压电源进线,只需设置一个低压配电室,将电能直接分配给各车间或家庭等低压用电设备使用。

(4)某重型机器厂高压配电网举例

企业的中压配电网接线和高压配电网相似,可分为放射式、树干式等基本形式及派生形式。

如图 6.11 所示为某重型机器厂经总降压变电所将 35 kV 电压降为 10 kV 电压后供给各车间的中压供电网络的平面图。铸钢车间和氧气站都为一级负荷,而且两车间距离较近。如果分别采用双放射式供电,那么,总降压变电所就需要装 4 台 10 kV 开关柜,在厂区需要敷设 4 条 10 kV 线路。如果采用双树干式对这两个车间供电,对每个车间来说,仍为双电源供电,但总降压变电所只要装两台开关柜,可节省两台开关柜,而且也可少敷设两条 10 kV 线路,后一方案既满足负荷对供电可靠性的要求,又简化了总降压变电所主电路和厂区中压电力线路,节省了投资,是最佳方案。由于高压电动机绝缘强度不如电力变压器,为避免雷击危害高压电动机,因此,从总降压变电所到这两个车间的 10 kV 线路,不采用架空线,而采用电缆线路。

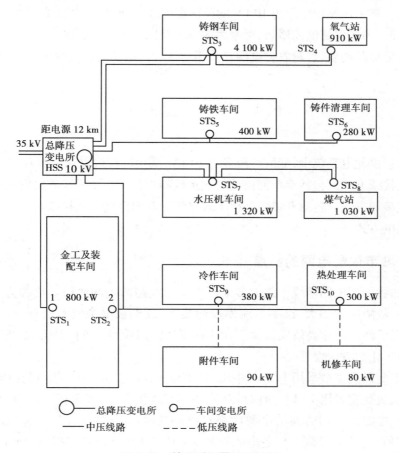

图 6.11　某重型机器厂平面图

水压机车间及煤气站都为一级负荷,两个车间距离也不远,因此也采用双树干式供电。因为也有高压电动机,同样采用电缆线路。

铸铁车间及铸件清理车间变电所,由于是三级负荷,因此采用一路树干式线路供电。

金工及装配车间,由于负荷重、面积大,为减少 380 V 线路的电压损耗及电能损耗,因此分设两个车间变电所。

金工车间的 STS_2 与冷作车间的 STS_9、热处理车间的 STS_{10} 等 3 个车间变电所,都是功率不大的三级负荷,而且彼此靠近,因此,采用一条树干式线路供电。由于这一条干线上没有高压电动机,因此,采用架空线路,既便于分支,又可节省投资。

金工车间的另一变电所 STS_1,因没有顺路的 6 kV 线路,只好由总降压站以放射式供电。因此线路不长,故采用电缆线路。

6.3.2　农村供配电特点

农用负荷包括农村家庭用电、生活照明、粮食加工和机电排灌,其特点是负荷分散。输送距离长、电压损失大、供电质量不易得到保证,特别是在排灌季节和收割季节,供电质量更难以保证。

农村电网一般采用额定电压为 10 kV 的高压配电线路和 380/220 V 的低压配电线路。当供电距离较长时,为了保证电能质量,可采用 35 kV 及以上电压的供电线路。

为适应分散负荷的要求,对农村电网宜采用干线式网络或树枝式网络。

6.4　城镇供配电网

在我国城镇供配电系统中,配网电压多为 10 kV,采用的接线方式主要有以下 3 种:

①放射式接线方式。包括有单回路放射式接线和有公共备用干线的放射式接线。

②树干式接线方式。包括有单回路树干式接线和双回路树干式接线。

③环网供电方式。

6.4.1　城市供配电网的特点

长期以来,我国配电网接线形式大多采用以架空线路为主的放射式接线方式供电,由于其应变能力差、故障影响面大,已不适应发展的要求,逐渐被电缆线路的环网供电方式所取代。目前,国民经济的快速高效发展,城市电网将向供电半径小、负荷密度大、可靠性高、少维护、绝缘化、地下化的方向发展。

目前,城市配网大多数采用 10 kV(中压)供电电压,住宅小区的一级负荷一般为 10 kV 双电源供电,二级负荷宜采用 10 kV 两回线路或环网方式供电,三级负荷可采用 10 KV 单电源供电。其中,双电源或环网的两端电源应来自不同变电站(开关站、开闭所)或同一变电站(开关站、开闭所)的不同母线。住宅小区的 10 kV 外部供电线路应根据当地城市规划或配网规划选用电缆或架空方式供电。

对住宅小区中的 380/220 V 的低压一、二级负荷,除正常供电电源之外还应配备自备发电机等保安电源,并与正常供电电源之间有可靠的联锁,应急电源由房地产开发商建设管理。

在城市中,10 层及以上的住宅和建筑高度超过 20 m 的其他建筑,均属高层建筑。高层民用建筑所占比重最大(如旅游宾馆、住宅大厦、商业楼宇、办公大楼、学校及医院等),因此,下面将讲述有代表性的城市高层建筑供电一次系统。

6.4.2　高层建筑电气工程的特点

(1)消防要求高

高层建筑人口密集、设备繁多,若不慎发生火灾,物资损失及人身伤亡极其严重。

(2)用电负荷大(如宾馆大厦的变压器容量高达数兆伏安),供电的可靠性要求高

高层建筑的电力负荷有电梯、交通、供水、采暖、照明及事故照明、消防和动力等负荷。这些负荷中有大量的是一级负荷和二级负荷,因此,一般都要求有独立的高压电源进线,并设置自备发电机作为应急电源。

（3）供电特殊，电气工程多样

高层建筑不仅要求解决平面上的配电问题，而且要求考虑垂直方向上的配电问题。电气工程需要解决供电、配电、照明、应急电源、防雷、机电、电信、视听、消防保安及电脑管理等问题。

6.4.3　高层建筑外部中压供配接线

高层建筑的外部供配电网络采用全电缆系统，其特点是：短路容量大，接线和继电保护复杂。

（1）一路备用线路的双回路放射式供电网络

双回路的任一条线路都能满足其全部或大部负荷的要求，另设一备用线路，由不同的变电所供电。当发生线路事故，可通过切换操作，继续向负荷（如大厦）供电。此种供电网络可靠性高，适用于负荷特大的超高层或大建筑面积的商业大厦，如图 6.12 所示。

（2）具有 10 kV 共用开关站的放射式网络

变电所沿大厦的密集处以 10 kV 线路向某大厦的共用开关站供电，再由共用开关站向相邻的大厦供电，组成放射式网络。此种供电网络适用于大厦密集，而且每座大厦的负荷容量不很大的情况。如图 6.13 采用具有 10 kV 共用开关站的放射式网络。

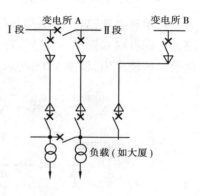

图 6.12　带一路备用线路的
双回路放射式

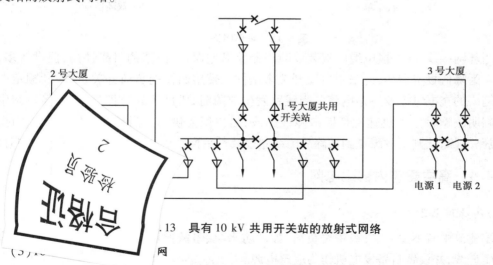

图 6.13　具有 10 kV 共用开关站的放射式网络

（3）……网

10 kV 两进两出链式网络，它使用高压设备较多，电缆的截面较大；当大厦密集供电距离短时，保护装置复杂，在线路两端应装设纵联差动保护，动作于两端断路器，如图 6.14 所示。

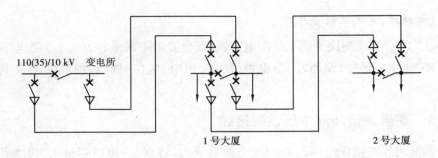

图 6.14   10 kV 两进两出链式网

(4) 环式网络分为单环式和多环式

对单环系统,当一根电缆故障时,另一根电缆负担网内全部负荷。每段电缆两端都有断路器并配有纵差保护。在敷设环路电缆时,同时敷设一根 38 芯控制电缆,作为差动保护及其他信号传输之用,如图 6.15 所示。

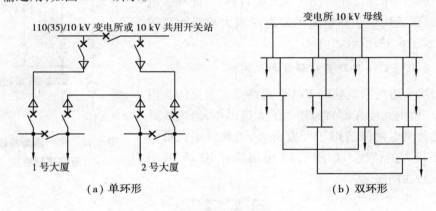

（a）单环形   （b）双环形

图 6.15   环形网络

采用环网接线,在每段电缆两端装设断路器及纵差保护,网络的可靠性高,但设备多、造价昂贵。为降低投资费用,可采用负荷开关来组网。带熔断器的负荷开关可通、断额定电流和切断网络的充电电流及短路电流。当线路发生故障时,借助于故障信息传递,经控制中心计算机判明故障后 , 可迅速地切断故障线路段,尽快恢复供电。当环网采用手动控制操作时,若线路故障,从判明故障点到切除故障线路段及最后恢复供电,往往需要 1 h 左右的时间。

6.4.4   高层建筑内部配电网

(1) 高压供电系统的特点

高层建筑中有不少一、二级重要负荷,如消防水泵、事故照明等。因此,一般都要求有独立的高压进线,并设置自备发电机作为应急电源。

高压供电系统接线一般是采用单母线分段接线,二回高压进线分别接到母线的两分段,由母线分段断路器联络。正常时,分列运行,即分段断路器断开,二回进线独立,分别带一半负荷;当一回进线停电时,通过自动投入装置,自动合上分段断路器,全部负荷改由一回正常运行的进线供电,供电可靠性高。

（2）**低压配电系统的特点**

低压配电系统常采用一级负荷集中接在一段母线上，一般负荷接在另外母线上，母线之间用低压断路器作为联络。自备发电机仅对一级负荷母线提供备用电源。由于一级负荷集中接在一段母线供电，因此，在火灾切除一般负荷时不会误将一级负荷停电。

（3）**自备发电机机组**

高层建筑自备发电机组常采用柴油发电机组。其优点是启动迅速，控制操作方便。自备应急用柴油发电机输出电压一般为 400/230 V，其供电负荷如下：

①消防设备用电。

②楼梯及走廊事故照明。

③重要场所的动力、照明用电。

④电梯设备和生活水泵。

⑤冷冻室及冷藏室的有关负荷。

⑥中央控制室及经营管理电脑系统。

⑦保安、通信设施和航空障碍系统用电。

⑧重要会议厅堂和演出场所用电。

⑨其他不能停电的负荷。

自备发电机组容量一般按一级负荷的容量确定。对一些重要的民用高层建筑，可按一级负荷和部分二级负荷来确定装机容量。另外，自备发电机组容量确定时，还应考虑到保证消防水泵能可靠启动。

（4）**高层变配电网络**

1）采用集中变配电方式

如图 6.16 所示，变配电室设在底层；高压母线分为两段，两台变压器分别接在两段母线上；低压侧干线沿专设的垂直井道向上敷设，分层支接供电。各层配电盘由两路来自不同变压器的干线支接。正常工作时，负荷由两路干线承担或根据用电情况采用手动或自动切换一路供电，故障时两路线可互为备用。

2）分散变配电供电方式

对电力负荷重的高层建筑，也可将高压线引上楼（见图 6.17），形成高压环网配电干线。用小型分散的变配电设备代替大型集中的变配电设备。由于采用高压供电方式，减小了干线截面，降低了电压损失和电能损耗。因此，采用小型化的组合型封闭式变配电设备，提高了供电的可靠性。

3）低压配电系统的典型接线

如图 6.18（a）、（b）、（c）所示为混合式配电。它是将楼层分成几个供电区，如每 1—4，5—7，8—10 层作为一个供电区，每区采用一个配电回路或采用照明和动力分开的配电回路一起供电，电源线接到每层的配电箱，由配电箱供电给本层的用电设备。图 6.18（a）与图 6.18（b）不同之处是图 6.18（b）多一回共用的备用回路。图 6.18（d）适用于楼层数量多、负荷大的高层建筑。采用这种大树干式配电方式,可减少低压配电屏数量,安装维修及寻找故障较方便。

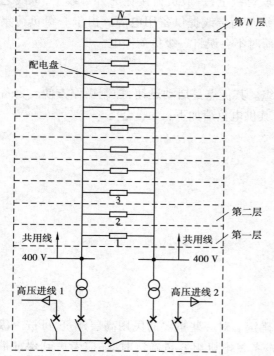

图 6.16 集中变配电的高层供电

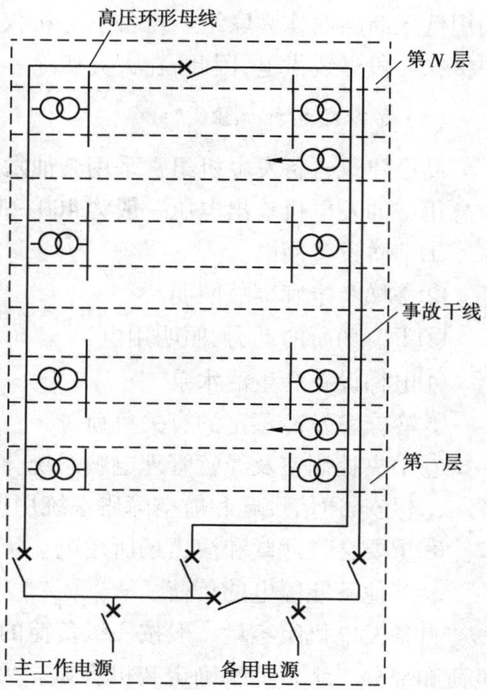

图 6.17 高压环形分散变配电供电

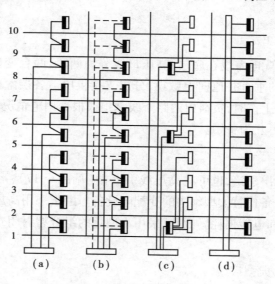

图 6.18 楼层低压配电系统

采用分区树干式配电时,一般采用电缆配线。配电分区的楼层数量,主要根据用电负荷的情况及防火要求和维护管理等条件确定。

思考与练习题

1. 根据电力用户对供电可靠性的要求,一般将负荷分成哪 3 类? 怎样保证供电的可靠性?

2. 应急电源的作用是什么? 自备电源设置的条件是什么?

3. 简述高低压配电网络的接线方式及特点。

4. 试分别比较高压和低压的放射式接线和树干式接线的优缺点,并分别说明高低压配电系统各适宜于首先考虑哪种接线方式。

5. 简述高层建筑供配电网络的接线方式及特点。

第 7 章
变配电所一次系统

【学习描述】

在我国用电设备一般是 0.4 ~ 10 kV 的电压等级,所以在用电单位需要将发电厂通过高压输电网集中送来的电力经过变压再分配到各个用电设备。用户变电所是电力用户从电力网接收电能,变换电压和分配电能的场所(见图 7.1)。它由变压器和各级电压的配电装置等组成,是各用电单位内供配电系统的中心(见图 7.2)。电力变电所又分为输电变电所、配电变电所和开闭所。主接线是变电所的最重要组成部分。它决定着变电所的功能、建设投资、运行质量、维护条件和供电可靠性。

图 7.1　变电所

图 7.2　客户配电室

【教学目标】

使学生掌握主接线形式及其优缺点;掌握变压器的选择;了解变配电所的主要设备布置。

【学习任务】

掌握变配电所的主要设备及其连接方式;熟悉变配电所的设备布置。

7.1 用户变电所

7.1.1 用户变电所的分类

用户变电所都是降压变电所。根据它服务的对象可分为工厂企业变电所、矿山(井下)变电所、(铁道)牵引变电所、农村变电所、一般单位变电所等。工厂企业负荷集中,用电量大,变电所内的接线比较复杂,使用的电气设备比较齐全,故本章以介绍工厂企业变电所为主。

用户变电所可按它接收电能的电压分为 10,35,63,110 kV 变电所,甚至 220 kV 变电所。

在较大型的工矿企业内,变电所可分为总降压变电所和车间变电所。车间变电所又按其所处的位置,分为车间变电所和独立变电所。车间变电所与车间共用一面或两面墙壁,在车间外或内;独立变电所有独立的建筑物,向一个或几个车间供电。矿山变电所中有井下变电所,设置在矿井底车场或采区附近的洞室内。此外,在市政交通或有的工厂内有变流所,将交流电变为直流电以供使用。对分散的居民用电或农村用电有柱上变电所,将变压器安装在电杆上或台墩上。在较大型的用户中,常设置有配电所,配电所接收电能后不改变电压,而以原电压将电能分配给负荷。

7.1.2 确定变电所位置和数量的一般原则

用户在规划设计时,要合理地确定变电所的位置。对较大型的工厂,更要确定总降压变电所的位置和车间变电所的位置与数量。它的原则是供电安全可靠、经济,具体要求如下:

①变电所必须进出线方便,接近负荷中心,以便能够缩短低电压线路的长度,减少有色金属消耗与电能损耗。

②变电所位置必须便于设备运输和吊装、检修,同时应符合城市发展规划的要求。

③避开空气污秽、有剧烈振动的场所。

④地势较高,没有水淹之患。

⑤尽量建在室内,并与厂房等建筑物合建,使投资减少。总降压变电所,一般用户只建一个,个别的用户可多于一个。

车间变电所应根据负荷的大小、分布等情况全面进行考虑,以保证供电质量、安全、方便、可靠、减少年运行费为目的。

变电所的位置和数量是否合理,要列出几个方案,通过技术经济分析来比较确定。

7.1.3 对用户功率因数的要求

用户在当地电力网的高峰负荷时,功率因数应达到一定的数值,以使无功功率就地平衡,减少无功功率在电力网中的流动,以保证供电质量、减少电能损耗。

在电力网的高峰负荷时,对用户的功率因数要求如下:

①高压供电的工业用户和高压供电装有带负荷调整电压装置的电力用户,功率因数为

0.9以上。

②其他 100 kVA(kW)及以上电力用户和大、中型电力排灌站,功率因数为 0.85 以上。

③趸售和农业用电,功率因数为 0.80 以上。

用户在提高用电自然功率因数的基础上,设计和装置无功补偿设备,以达到上述要求。无功补偿设备应随负荷和电压的变动,及时投入或切除,以防止无功功率倒送。

此外,用户若有冲击性负荷、不对称负荷和整流用电等,对整个电力网的供电质量和安全经济运行都有影响,也应采取技术措施以减少和消除其影响。

7.2 变电所主接线

7.2.1 对变电所主接线的基本要求

变电所里的变压器、开关电器、避雷器以及母线等设备由载流导体连接成一个整体才能完成接收、汇集和分配电能的任务,这种由一次设备连接的电路,称为变电所的电气主接线。变电所的电器和导体以规定的符号表示,见表7.1。按它们的实际连接关系作成图,就是电气主接线图。电气主接线图都以单线图表示,一根线代表三相。在三相可能不同的局部地方用三线图表示,这时,一根线就是一相。例如,在电流互感器处就局部用三线图表示。在较大的变电所控制室内,一般都有主接线的模拟屏,并使屏上各开关电器的状态与实际运行状态相对应。要进行操作时,还可根据模拟屏拟订操作顺序。

表 7.1　常用电气设备和导线的图形符号和文字符号

电气设备名称	文字符号	图形符号	电气设备名称	文字符号	图形符号
刀开关	QK		母线(汇流排)	W 或 WB	
熔断器或刀开关	QKF		导线、线路	W 或 WL	
断路器（自动开关）	QF		电缆及其终端头		
隔离开关	QS		交流发电机	G	
负荷开关	QL		交流电动机	M	

电气主接线是电气部分的主体,它的形式决定供电是否可靠,操作是否方便、灵活,是否经济,它对电气设备的选择、配电装置的布置、继电保护和自动装置的配置等都有着密切的关系。拟订主接线是设计变电所的一项重要任务,拟订的主接线应满足以下要求:

①主接线应符合国家标准有关技术规范的要求,能充分保证人身和设备的安全。

②主接线应满足用户对供电可靠性的要求。

③主接线力求简单,运行操作灵活方便,并能避免运行人员的误操作和确保检修工作的安全。

④在保证安全可靠的前提下,应使投资最省、运行费用最低。

⑤有发展的可能性。

各个变电所的主接线,一般都由下述一些主接线的基本形式组合而成。

7.2.2 电气主接线的基本形式

(1)母线

用户变电所10 kV或0.4 kV侧一般有几路、十几路,甚至更多的引出线,它们都要从上一级主变压器获得电能,要使这些众多的接线不紊乱,就必须采用母线。

母线是使各负荷的引出线与电源进线相连接的那一部分导体。它一般与进出线的方向垂直布置,起着汇集和分配电能的作用。电压为110 kV的主变压器高压侧的电器一般装在户外,它的母线由钢芯铝绞线构成。35 kV及以下电压的装于户内的母线,一般由矩形截面的铝或铜导线(又称铝排或铜排)构成。母线的截面不小于各进出线的截面,故阻抗极小。从主变压器套管引到母线的导体和各引出线的开关电器引到母线的导体,一般称为载流母线。连接各进出线的母线则相应地称为汇流母线。

(2)单母线接线

高压侧接线为线路-变压器单元接线的主变器,其低压侧的接线,一般都是不分段的单母线接线。不分段的单母线接线如图7.3所示。一般车间的变电所用这种接线。它的电压可以是380/220 V,也可以是6～10 kV。

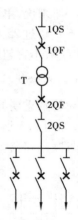

图7.3 单母线接线

不分段单母线接线的特点是每一路接到母线的电源线或负荷线都有短路保护电器:断路器或熔断器。同时,对每一路出线来说,母线就是电源,故每路出线的短路保护电器都经过隔离开关接到母线,以便在检修时能隔离电源。凡是与母线相接的隔离开关称为母线隔离开关。线路侧装的隔离开关,则称为线路隔离开关。当线路的对侧有电源时,必须装设线路隔离开关。

当断路器或线路需要停电检修时,操作顺序如下:开断断路器,断开线路隔离开关,最后断开母线隔离开关。因为断路器有灭弧装置并可以远方操作,隔离开关无灭弧一般是就地手动操作,若操作失误走错间隔,断开有负载电流流过的隔离开关,会产生电弧引起三相短路。因此,按先断开线路断路器后断开隔离开关的顺序操作,断路器还能开断短路电流。当检修完毕需要恢复送电时,首先合母线隔离开关,然后合线路隔离开关,最后闭合断路器。

单母线接线的主要优点是:接线简单清晰;操作方便;电气设备少;配电装置的建造费用低;隔离开关仅在检修时作隔离电源用,不作其他操作。其不足之处在于供电的可靠性和灵活性差:当母线或母线隔离开关故障、检修时,整个装置停止工作;当引出线回路的断路器检修时,该回路要停止供电。

现在普遍采用成套配电装置,因它的工作可靠性较高,故只要有备用电源,单母线接线也可向重要用户供电。

(3)单母线分段接线

为了提高单母线接线的供电可靠性和灵活性,可采用断路器分段的单母线接线,如图7.4所示。其中,QF_1 称为分段断路器。母线分段后,对重要用户,可由分别接于两段母线上的两条出线同时供电,当任一组母线出现故障或检修时,重要用户仍可通过正常段母线继续供电;而两段母线同时故障检修的概率很小,大大提高了对重要用户的供电可靠性。

单母线分段接线有以下两种运行方式:

1)分列运行

即正常时分段断路器 QF_1 是断开的,在 QF_1 上装有备用电源自动投入装置,当任一电源失电,电源断路器断开后,QF_1 自动接通,保证全部线路的继续供电。

2)并列运行

即正常运行时,QF_1 是接通的,当任一母线故障,QF_1 断开,保证非故障段母线可以正常工作。

单母线分段接线与不分段的单母线相比,运行的可靠性和灵活性有较大的提高,但它仍存在母线故障或检修时,50% 左右的用户停电的缺点。

一般来说,单母线分段接线应用在电压等级为 6～10 kV、出线在 6 回及以上时,每段所接容量不宜超过 25 MW;电压等级为 35～60 kV 时,出线数不超过 8 回;电压等级 110～220 kV 时,出线数不宜超过 4 回。

(4)双母线接线

对特别重要的负荷,当采用单母线分段接线,可靠性不能满足要求时,可考虑采用双母线接线,如图7.5 所示。W_1 为工作母线,W_2 为备用母线,其间通过断路器 QF_C 连接起来,QF_C 称为母联断路器。

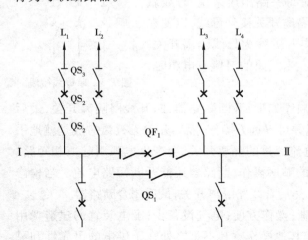

图 7.4　单母线分段

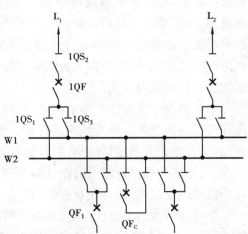

图 7.5　双母线接线

双母线接线的优点如下：

①轮流检修母线而不致引起供电中断。

②检修任一母线隔离开关仅使本回路断开。

③在工作母线发生故障时，通过备用母线能迅速恢复供电。

双母线接线与单母线分段比较的缺点如下：

①设备（特别隔离开关）增多，配电装置布置复杂，投资和占地面积增大。

②当进行倒母线操作时，隔离开关作为带电操作电器，易出现误操作，为此在隔离开关和断路器之间需加装闭锁装置。

③当母线故障时，须短时切换较多电源和负荷。

④当检修出线断路器时，该回路仍会停电。在工厂供电系统中很少使用。

（5）线路-变压器单元接线

线路-变压器单元接线，如图 7.6 所示。这是由单回路、单台变压器供电的用户中，主变压器高压侧普遍采用的接线。

根据变压器高压侧情况的不同，可以选择如图 7.6 所示的 4 种开关电器。

①当电源侧继电保护装置能保护变压器且灵敏度满足要求，变压器容量在 400 kVA 以下时，变压器高压侧可只装设隔离开关或跌落式熔断器。跌落式熔断器可以接通和断开变压器的空载电流，在检修变压器时起隔离开关的作用，又可在变压器发生故障时作为保护元件自动断开变压器。

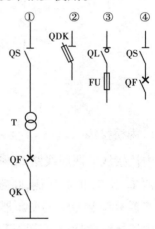

图 7.6　线路-变压器单元接线

②当变压器高压侧短路容量不超过高压熔断器断流容量，而又允许采用高压熔断器保护变压器，变压器容量在 630 kVA 及以下露天安装时，变压器高压侧可装设跌落式熔断器；以上两种接线停电时，要先切除变压器低压侧的负荷，然后才可拉开隔离开关。

③变压器容量在 560 ~ 1 000 kVA 时，可装设负荷开关 - 熔断器；正常运行时，操作变压器由负荷开关完成，熔断器作为变压器短路保护。

④当熔断器不能满足继电器保护配合条件或变压器容量为 1 000 kVA 以上时，在变压器高压侧应装设隔离开关和断路器。高压断路器作为正常运行时接通或断开变压器，并用作故障时切除变压器之用。隔离开关作为断路器、变压器检修时隔离电源之用，故要装设在断路器之前。

为了防止电气设备遭受大气过电压的袭击而损坏，当上述几种接线中的电源为架空线路引进时，在入口处需装设避雷器，并尽可能地采用不少于 30 m 的电缆引入段。

线路-变压器单元接线简单、清晰，不易误操作，需用设备少，投资少。它的缺点是供电可靠性不高，当线路、变压器或串联的电器中任一个发生故障或检修时，都要全部停电。适用于小容量三级负荷、小型企业或非生产性用户。

（6）桥式接线

桥式接线是由两条线路、两台主变压器和 3 台断路器构成的接线。它又分为内桥接线和外桥接线（见图 7.7），可供一、二级负荷用户变电所高电压侧使用。

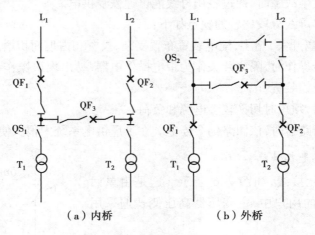

（a）内桥   （b）外桥

图 7.7 桥形接线

1）内桥接线

内桥接线的两回线路 L_1 和 L_1 来自两个独立电源，经过线路断路器 QF_1 和 QF_2 分别接至变压器 T_1 和 T_2 的高压侧，断路器 QF_3 将两回路连接，称为桥断路器。因桥断路器 QF_3 在线路断路器 QF_1 和 QF_2 的变压器侧，故这种主接线称为内桥接线。

内桥接线的特点是线路开断很方便，但变压器切除时要短时影响相应线路的工作。如线路 L_1 要退出运行，只需断路器 QF_1 断开，其他 3 条回路仍继续工作。但若变压器 T_1 要切除，则必须先断开断路器 QF_1，QF_3 和变压器 T_1 低压侧的断路器（图 7.7 中未画出），再断开隔离开关 QS_1，然后接通 QF_1 和 QF_3，使线路 L_1 继续运行，故内桥接线适用于线路长、线路故障多和变压器不需要经常切除的用户。

2）外桥接线

外桥接线的桥断路器 QF_3 跨接在断路器 QF_1 和 QF_2 的线路侧。

外桥接线的特点是变压器切除很方便，但线路切除要短时影响相应变压器的工作。故外桥接线适用于变压器需经常切除的情况。

（7）主接线实例

1）总降压变电所

如图 7.8 所示为某企业总降压变电所主接线图。将 35 kV 的电源电压降至 10 kV 的电压，然后分别送至各个车间变电所，供电范围在几千米之内。通常工厂的供电电压是由地区供电电源电压所决定的。

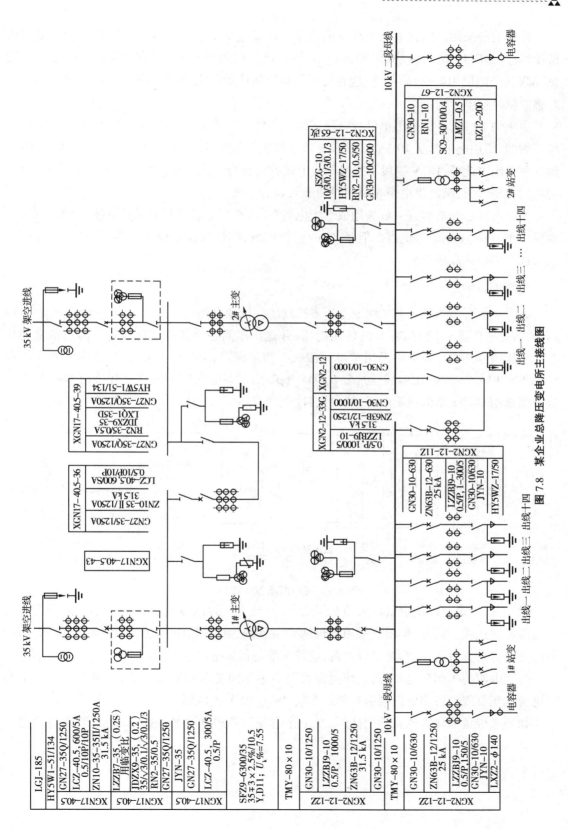

图 7.8　某企业总降压变电所主接线图

该变电所采用双回路电源进线和两台主变压器组成的内桥接线。变电所之所以采用内桥接线,这是因为外桥接线对电网运行可靠性和灵活性相对较差。对这样以高压供电的用户,部颁《全国供用电规则》规定:应在变压器高压侧计量电能,故专门接入电压互感器和电流互感器供计量电能用。

中压侧 10 kV 母线采用单母线分段接线。重要负荷从不同母线段供电,以提高供电可靠性。例如,所用电就是从 10 kV 一段和二段母线上分别引出,所用电也可以从 35kV 和 10kV 侧分别引出。此外,10kV 一段和二段母线上还各自接有一组无功补偿电容器,用于提高企业用电的功率因数,满足供电企业对用户功率因数的要求。

变电所高压配电装置一般选用成套配电装置,成套配电装置具有结构紧凑、可靠性高、占地面积小、建造工期短等优点。但是,它的造价较高、钢材消耗量较大。为了节省投资,该变电所选用固定式高压盘柜。

2)车间变电所

如图 7.9 所示为某企业车间变电所主接线图。该变电所只有一回进线、一台变压器将 10 kV 的电源电压降至 380/220 V 的使用电压,并送至车间各个低压用电设备。高压侧采用线路-变压器单元接线,低压侧采用单母线接线。为了满足消防要求,变压器选用干式变压器 SCB10-630 kVA。高压配电装置选装有负荷开关-熔断器的高压环网真空开关柜 HXGN-10Z。低压侧选用 GGD2 型低压配电屏,均装设自动空气开关。

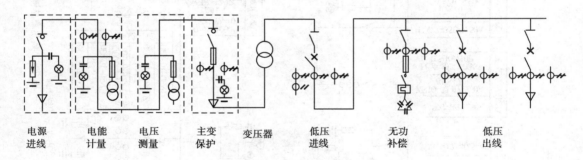

电源   电能   电压   主变   变压器   低压   无功   低压
进线   计量   测量   保护   进线   补偿   出线

图 7.9　变电所典型接线(一)

对一、二级负荷或用电量较大的车间变电所(或全厂性的变电所),应采用两回路进线两台变压器的接线。此时,低压侧采用单母线分段接线,如图 7.10 所示。对一级负荷,变配电所的进线必须有备用电源,对二级负荷,应设法取得低压备用电源。

对双电源的车间变电所,其工作电源可引自本车间变电所低压母线,也可引自邻近车间变电所低压母线。备用电源则引自邻近车间 380/220 V 配电网。

如要求带负荷切换或自动切换时,在工作电源和备用电源的进线上,均需装设自动空气开关。

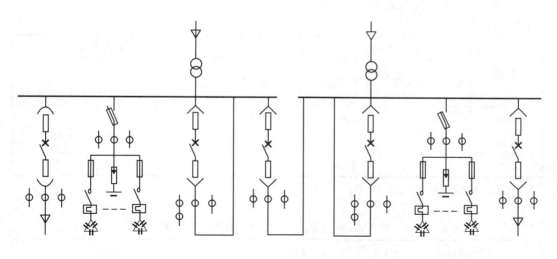

图 7.10　变电所典型接线(二)

7.3　变配电所变压器的选择

变配电所的变压器选择包括类型、电压(变比)、连接组别、容量及台数等的选择。

7.3.1　变压器类型选择

变压器的类型很多,一般的电力用户都应选用三相油浸式自冷或风冷的普通变压器。对人口特别稠密的地方或单位,考虑到防火要求,也可选用干式变压器或使用不燃冷却介质的变压器。有的工业、交通等电力用户,根据生产特点,要选用电炉变压器、矿用变压器、整流变压器等特殊变压器。表7.2 表明了各类变压器性能比较,表7.3 表明了各类变压器的使用范围及参考型号,可供选用时参考。

表 7.2　各类变压器性能比较

类别	油浸式变压器		气体绝缘变压器	干式变压器	
	矿物油变压器	硅油变压器	六氟化硫变压器	普通及非包封绕组变压器	环氧树脂浇铸变压器
价格	低	中	高	高	较高
安装面积	中	中	中	大(小)	小
绝缘等级	A	A 或 H	E	B 或 H	B 或 F
爆炸性	有可能	可能性小	不爆	不爆	不爆
燃烧性	可燃	难燃	不燃	难燃	难燃
耐湿性	良好	良好	良好	弱	优
耐潮性	良好	良好	良好	弱	良好

续表

类别	油浸式变压器		气体绝缘变压器	干式变压器	
	矿物油变压器	硅油变压器	六氟化硫变压器	普通及非包封绕组变压器	环氧树脂浇铸变压器
损耗	大	大	稍小	大	小
噪声	低	低	低	高	低
质量	重	较重	中	重(轻)	轻

注:括号内文字指非包封绕组干式变压器。

表7.3　各类变压器的使用范围及参考型号

变压器形式	适用范围	参考型号
普通油浸式密闭油浸式	一般正常环境的变电所	优先选用 S9～511,S15,S9-M 型配电变压器
干式	用于防火要求较高或潮湿、多尘环境的变电所	SC(B)9～SC(B)11 等系列环氧树脂浇铸变压器 SG10 型非包封线圈干式变压器
密封式	用于具有化学腐蚀性气体、蒸汽或具有导电及可燃粉尘、纤维会严重影响变压器安全运行的场所	S9-M$_a^b$、S11-M.R 型油浸变压器
防雷式	用于多雷区及土壤电阻率较高的山区	SZ 等系列防雷变压器,具有良好的防雷性能,承受单相负荷能力也较强,变压器绕组连接方法一般为 D,yn11 及 Y,zn0

7.3.2　变压器电压(变比)、连接组别及调压方式的选择

(1)变压器电压(变比)的选择

用户变压器一般都是三相双绕组降压变压器。总降压变电所中变压器高压侧的电压,就是电力网对该用户的供电电压。该电压与电力网供电电源点的电压有关,也与变电所的计算负荷和距电源点的距离有关。

车间变压器高压侧的电压就是总降压变压器低压侧的电压。该电压由车间高压负荷的额定电压和车间的总计算负荷确定,有 3,6,10 kV 3 种。车间变压器低压侧的电压由低压用电器的额定电压确定,一般为 380/220 V,在某些大型企业内也可能是 660/380 V,或 110 V。若车间内无高电压负荷,总降压变电所也可直接以上述低压向车间供电。

一般中小用户变压器低压侧的电压都为 380/220 V 级。

（2）变压器连接组别的选择

变压器的连接组别可根据变比和需要确定。若变压器低压侧电压为 380/220 V 电压级，则变压器的连接组别为 Yyn0（即 Y/Y_0-12）；若变压器低压侧电压为 6 ~ 10 kV，则其连接组别为 Yd11（即 Y/△-11）。

（3）变压器调压方式的选择

一般情况下，应采用无载手动调压的变压器。在电压偏差不能满足要求时，35 kV 降压变电所的主变压器应采用有载调压变压器。10(6) kV 配电变压器不宜采用有载调压变压器，但在当地 10(6) kV 电源电压偏差不能满足要求，且用电单位有对电压要求严格的设备，单独设置调压装置在技术经济上不合理时，也可采用 10(6) kV 有载调压变压器。

7.3.3　变压器台数和容量的确定

变电所主变压器的台数和容量应根据地区供电条件、城市规划、负荷性质、用电容量和企业发展等因素综合考虑确定。主变容量一般按 5 ~ 10 年规划负荷来选择，至少留有 15% ~ 25% 的裕量。

变压器是一种静止电器，运行实践证明它的工作是比较可靠的。一般寿命为 20 年，事故率较小，通常不必考虑另设专用备用变压器。

（1）总降压变电所主变压器台数和容量的确定

①有一、二级负荷的变电所中宜装设两台主变压器。当在技术经济上比较合理时，可装设两台以上主变压器。如变电所可由中、低压侧电力网取得足够容量的备用电源时，可装设一台主变压器。

②装有两台及以上主变压器的变电所中，当断开一台时，其余主变压器的容量应保证用户的一、二级负荷，且不应小于 60% 的全部负荷。

③对季节性负荷或昼夜负荷变化较大的宜采用经济运行方式的变电所，技术经济合理时可选择两台或多台主变压器。变电所两台或多台主变压器经济运行的条件见表 7.4。

④三级负荷一般选择一台主变压器，负荷较大时，也可选择两台主变压器。装单台变压器时，其额定容量 S_N 应能满足全部用电设备的计算负荷 S_{js}，考虑负荷发展应留有一定的容量裕度，并考虑变压器的经济运行，即

$$S_N \geq (1.15 ~ 1.4)S_{js}$$

⑤具有 3 种电压的变电所中，如通过主变压器各侧绕组的功率均达到该变压器容量的 15% 以上时，主变压器宜采用三绕组变压器。

⑥变压器过载能力应满足运行要求。

⑦变电所变压器并列运行条件。

两台或多台变压器的变电所，各台变压器通常采取分列运行方式。如需采取变压器并列运行方式时，必须满足表 7.5 的运行条件。

表 7.4　变电所主变压器经济运行的条件

序号	主变压器台数	经济运行的临界负荷	经济运行条件
1	2 台	$S_{cr} = S_N \sqrt{2 \dfrac{P_0 + K_q Q_0}{P_k + K_q Q_r}}$	如 $S < S_{cr}$ 宜一台运行 如 $S > S_{cr}$ 宜两台运行
2	n 台	$S_{cr} = S_N \sqrt{n(n-1) \dfrac{P_0 + K_q Q_0}{P_k + K_q Q_r}}$	如 $S < S_{cr}$ 宜 $n-1$ 台运行 如 $S > S_{cr}$ 宜 n 台运行

注: S_{cr}——经济运行临界负荷,kVA;

S_N—变压器的额定容量,kVA;

S—变电所实际负荷,kVA;

P_0—变压器空载有功损耗(铁损),kW;

Q_0—变压器空载时的无功损耗,kvar, $Q_0 \approx S_N(I_0\%)/100$;

$I_0\%$—变压器空载电流占额定电流的百分值,%;

P_k—变压器负载有功损耗,kW;

Q_r—变压器额定负荷时的无功损耗,kvar, $Q_r \approx S_N(U_k\%)/100\%$;

$U_k\%$—变压器阻抗电压占额定电压的百分值,%;

K_q—无功功率经济当量,kW/kvar,由发电机电压直配的工厂变电所 $K_q = 0.02 \sim 0.04$ kW/kvar,经两级变压的工厂变电所 $K_q = 0.05 \sim 0.08$ kW/kvar,经三级及以上变压的工厂变电所 $K_q = 0.01 \sim 0.15$ kW/kvar,在不计及上述计算条件时,一般取 $K_q = 0.1$ kW/ kvar。

表 7.5　变电所变压器并列运行条件

序号	并列运行条件	技术要求
1	电压和变压比相同	变比差值不得超过 0.5%,调压范围与每级电压要相同
2	连接组别相同	包括连接方式、极性、相序都必须相同
3	短路电压(即阻抗电压)相等	短路电压值不得超过 ±10%
4	容量差别不宜过大	两变压器容量比不宜超过 3:1

(2)车间变电所变压器台数和容量的确定

车间变电所变压器台数和容量的确定原则和总降压变电所基本相同,即在保证电能质量的要求下,应尽量减少投资、运行费用和有色金属耗用量。

车间变电所变压器台数选择原则,对二、三级负荷,变电所只设置一台变压器,其容量可根据计算负荷决定。可考虑从其他车间的低压线路取得备用电源,这不仅在故障下可对重要的二级负荷供电,而且在负荷极不均匀的轻负荷时,也能使供电系统达到经济运行。对一、二级负荷较大的车间,采用两回独立进线,设置两台变压器,其容量确定和总降压变电所相同。当负荷分散时,可设置两个各有一台变压器的变电所。

车间变电所中,变压器容量应根据计算负荷选择,单台变压器容量不宜超过 2 000 kVA。对装设在二层楼以上的干式变压器,其容量不宜大于 630 kVA。对昼夜或季节性波动较大的负荷,供电变压器经技术经济比较,可采用容量不一致的变压器。

在一般情况下,动力和照明宜共用变压器,属下列情况之一时,可设专用变压器:

①照明负荷较大,或动力和照明共用变压器因负荷变动引起的电压闪变或电压升高,严重影响照明质量及灯泡寿命时,可设照明专用变压器。

②冲击性负荷(试验设备、电焊机群及大型电焊设备等)较大,严重影响电能质量时,可设专用变压器。

③在 IT 系统的低压电网中,照明负荷应设专用变压器。

④当季节性的负荷容量较大时(如大型民用建筑中的空调冷冻机等负荷),可设专用变压器。

⑤在民用建筑中出于某些特殊设备的功能需要(如容量较大的 X 射线机等),宜设专用变压器。

例 7.1　某一车间变电所(10 kV/0.4 kV),总计算负荷为 1 350 kVA,其中一、二级负荷为680 kVA。试选择变压器的台数和容量。

解　根据车间变电所变压器台数及容量选择要求,该车间变电所有一、二级负荷,宜选择两台变压器。

任一台变压器单独运行时,要满足 60% ~70% 的负荷,即

$$S_N = (0.6 \sim 0.7) \times 1\,350\ kVA = 810 \sim 945\ kVA$$

且任一台变压器应满足 $S_N \geq 680\ kVA$。因此,可选两台容量均为 1 000 kVA 的变压器,具体型号为 S9-1000/10。

思考与练习题

1. 断路器和隔离开关的操作顺序应如何正确配合,为什么?

2. 用户总降压配电所 110 kV 及以下电压等级的高压侧电气主接线常用的有哪几种基本形式?

3. 用户 10 kV 电压等级的配电室高压侧事采用哪种接线形式?

4. 何谓内桥和外桥接线? 它们各适用什么场合?

5. 有两台变压器,低压侧为单母线分段接线的变电所,低压侧有哪几种运行方式? 各有何特点?

6. 某客户配电室(10 kV/0.4 kV),总计算负荷为 1 560 kVA,其中一、二级负荷为 850 kVA。试选择变压器的台数和容量。

第 **8** 章

变配电站(室)布置

【学习描述】

　　将发电厂变电站的电气主接线付诸工程建设,即将蓝图变成现实后的电工建筑即为配电装置。配电装置的组成:以电气主接线为主要依据,由开关设备、保护设备、测量设备、母线以及必要的辅助设备组成的电力装置,甚至包括变电架构、基础、房屋、通道等集电力、结构、土建等技术于一体的电力设备或设施。

【教学目标】

　　使学生了解配电装置最小安全净距各值的含义;会读屋内、外各种配电装置图,理解成套配电装置各种类型之间的特点。

【学习任务】

　　了解配电装置的定义;了解最小安全净距各值含义及各型高、低压开关柜的结构特点。

8.1　配电装置概述

8.1.1　配电装置的作用

(1) 配电装置

根据电气主接线的接线方式,由开关设备、母线装置、保护和测量电器、必要的辅助设备等构成,按照一定技术要求建造而成的特殊电工建筑物,称为配电装置。

(2) 配电装置的作用

正常运行时,进行电能的传输和再分配,故障情况下迅速切除故障部分恢复运行。

8.1.2　配电装置的类型

按电气设备安装地点,可分为屋内配电装置和屋外配电装置。

按组装方式,可分为装配式配电装置和成套式配电装置。

按电压等级,可分为低压配电装置(1 kV 以下)、高压配电装置(1 ~ 220 kV)、超高压配电装置(330 ~ 750 kV)、特高压配电装置(1 000 kV 和直流 ±800 kV)。

8.1.3　配电装置的基本要求

(1)**安全**

设备布置合理清晰,采取必要的保护措施。

(2)**可靠**

设备选择合理,故障率低,影响范围小,满足对设备和人身的安全距离。

(3)**方便**

设备布置便于集中操作,便于检修、巡视。

(4)**经济**

在保证技术要求的前提下,合理布置、节省用地、节省材料、减少投资。

(5)**发展**

预留备用间隔、备用容量,便于扩建和安装。

8.1.4　配电装置的有关术语和图

(1)**安全净距**

配电装置各部分之间,为了满足配电装置运行和检修的需要,确保人身和设备的安全所必需的最小电气距离,称为安全净距。在这一距离下,无论是在正常最高工作电压,还是在出现内、外过电压时,都不致使空气间隙击穿。

我国《高压配电装置设计技术规程》规定有屋内、屋外配电装置各有关部分之间的最小安全净距,这些距离可分为 A,B,C,D,E 5 类。在各种间隔距离中,最基本的是 A_1 和 A_2 值。

1)A_1 值

A_1 值是指带电部分与接地部分之间的空间最小安全净距。

2)A_2 值

A_2 值是指不同相的带电部分之间的空间最小安全净距。

屋内配电装置安全净距见表 8.1,其示意图如图 8.1 所示。屋外配电装置安全净距见表 8.2,其示意图如图 8.2 所示。

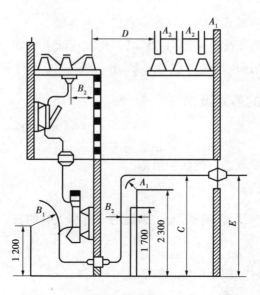

图 8.1 屋内配电装置安全净距示意图

表 8.1 屋内配电装置的安全净距/mm

符号	适用范围	额定电压/kV									
		3	6	10	15	20	35	60	110J	110	220J
A_1	1. 带电部分至接地部分之间 2. 网状和板状遮拦向上延伸线距地2.3 m,与遮拦上方带电部分之间	75	100	125	150	180	300	550	850	950	1 800
A_2	1. 不同相的带电部分之间 2. 断路器和隔离开关的断口两侧带电部分之间	75	100	125	150	180	300	550	900	1 000	2 000
B_1	1. 栅状遮拦至带电部分之间 2. 交叉的不同时,停电检修的无遮拦带电部分之间	825	850	875	900	930	1 050	1 300	1 600	1 700	2 550
B_2	网状遮拦至带电部分之间	175	200	225	250	280	400	650	950	1 050	1 900
C	无遮拦裸导线至地面之间	2 500	2 500	2 500	2 500	2 500	2 600	2 850	3 150	3 250	4 100
D	平行的不同时,停电检修的无遮拦裸导线之间	1 875	1 900	1 925	1 950	1 980	2 100	2 350	2 650	2 750	3 600
E	通向屋外的出线套管至屋外通道的路面	4 000	4 000	4 000	4 000	4 000	4 000	4 500	5 000	5 000	5 500

注:J 系指中性点直接接地系统。

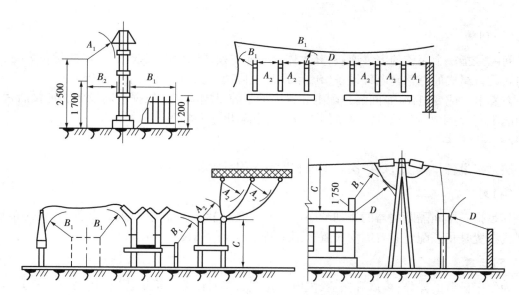

图 8.2 屋外配电装置安全距离示意图

表 8.2 屋外配电装置的安全净距/mm

符号	适用范围	额定电压/kV								
		3~10	15~20	35	60	110J	110	220J	330J	500J
A_1	1. 带电部分至接地部分之间 2. 网状和板状遮拦向上延伸线距地 2.5 m,与遮拦上方带电部分之间	200	300	400	650	900	1 000	1 800	2 500	3 800
A_2	1. 不同相的带电部分之间 2. 断路器和隔离开关的断口两侧带电部分之间	200	300	400	650	1 000	1 100	2 000	2 800	4 300
B_1	1. 栅状遮拦至带电部分之间 2. 交叉的不同时停电检修的无遮拦带电部分之间 3. 设备运输时,其外廓至无遮拦带电部分之间 4. 带电作业时的带电部分至接地部分之间	950	1 050	1 150	1 400	1 650	1 750	2 550	3 250	4 550
B_2	网状遮拦至带电部分之间	300	400	500	750	1 000	1 100	1 900	2 600	3 900
C	1. 无遮拦裸导线至地面之间 2. 无遮拦裸导线至建筑物、构筑物顶部之间	2 700	2 800	2 900	3 100	3 400	3 500	4 300	5 000	7 500
D	1. 平行的不同时停电检修的无遮拦裸导线之间 2. 带电部分与建筑物、构筑物的边沿部分之间	2 200	2 300	2 400	2 600	2 900	3 000	3 800	4 500	5 800

注:J 系指中性点直接接地系统。

（2）间隔

间隔是指一个完整的电气连接，其大体上对应主接线图中的接线单元，以主设备为主，加上附属设备组成的一整套电气设备（包括断路器、隔离开关、TA、TV、端子箱等）。

在发电厂或变电站内，间隔是配电装置中最小的组成部分。根据不同设备的连接所发挥的功能不同，有主变间隔、母线设备间隔、母联间隔、出线间隔等。

（3）层

层是指设备布置位置的层次。配电装置有单层、两层、三层布置。

（4）列

列是指一个间隔断路器的排列顺序。配电装置有单列式布置、双列式布置、三列式布置。双列式布置是指该配电装置纵向布置有两组断路器及附属设备。

（5）通道

为便于设备的操作、检修和搬运，配电装置在布置时设置了维护通道（用来维护和搬运各种电器的通道）、操作通道（设有断路器的操动机构、就地控制屏）、防爆通道（或防爆小室相通）。

（6）配电装置的图

1）平面图

按照配电装置的比例进行绘制，并标出尺寸；图中标出房屋轮廓、配电装置间隔的位置与数量、各种通道与出口、电缆沟等。平面图上的间隔不标出其中所装设备，如图8.3所示。

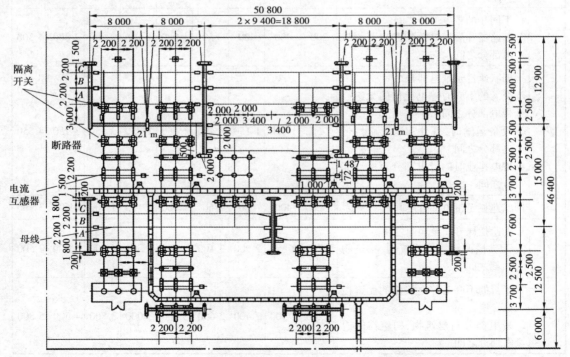

图8.3 110 kV 双列布置中型户外配电装置平面图

2)断面图

按照配电装置的比例进行绘制,用以校验其各部分的安全净距(成套配电装置内部除外);图中表示配电装置典型间隔的剖面,表明间隔中各设备具体的布置以及相互之间的联系,如图8.4、图8.5所示。

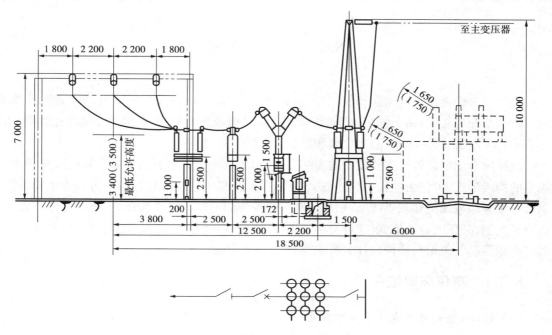

图 8.4　变压器间隔断面图(双列布置的中型 110 kV 配电装置)

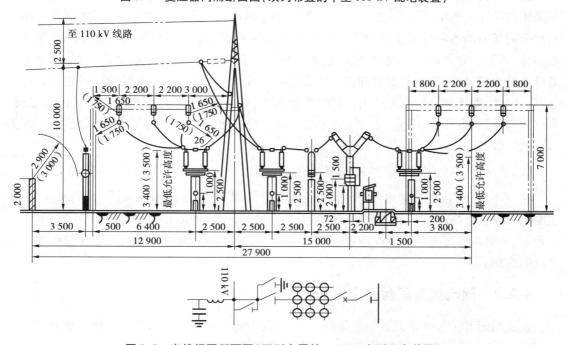

图 8.5　出线间隔断面图(双列布置的 110 kV 中型配电装置)

3)配置图

配置图是一种示意图,可不按照比例进行绘制,主要用于了解整个配电装置中设备的布置、数量、内容;对应平面图的实际情况,图中标出各间隔的序号与名称、设备在各间隔内布置的轮廓、进出线的方式与方向、通道名称等。

8.2 高压开关柜

高压开关柜是按不同用途和使用场合,将所需一、二次设备按一定的电路方案组装而成的一种成套配电装置,用于供配电系统中的馈电、受电及配电的控制、监测和保护,主要安装有高压开关电器、保护设备、监测仪表和母线、绝缘子等。

高压成套配电装置按主要设备的安装方式,可分为固定式和移开式(手车式);按开关柜隔室的构成形式,可分为铠装式、间隔式、箱型、半封闭型等;按其母线系统,可分为单母线型、单母线带旁路母线型和双母线型;根据一次电路安装的主要元器件和用途,可分为断路器柜、负荷开关柜、高压电容器柜、电能计量柜、高压环网柜、熔断器柜、电压互感器柜、隔离开关柜、避雷器柜等。开关柜在结构设计上要求具有"五防"功能。

8.2.1 高压环网柜

(1)HXGN 系列的固定式高压环网柜

高压环网柜是为适应高压环形电网的运行要求设计的一种专用开关柜。高压环网柜主要采用负荷开关和熔断器的组合方式,正常电路通断操作由负荷开关实现,而短路保护由具有高分断能力的熔断器来完成。这种负荷开关加熔断器的组合柜与采用断路器的高压开关柜相比,体积和质量都明显减少,价格也便宜很多。而一般 6～10 kV 的变配电所,负荷的通断操作较频繁,短路故障的发生却是个别的,因此,采用负荷开关-熔断器的环网柜更为经济合理。因此,高压环网柜主要适用于环网供电系统、双电源辐射供电系统或单电源配电系统,可作为变压器、电容器、电缆、架空线等电器设备的控制和保护装置,也适用箱式变电站,作为高压电器设备。

(2)HXGN1-10(SF$_6$)高压环网柜

它由 3 个间隔组成,即电缆进线间隔、电缆出线间隔、变压器回路间隔,如图 8.6 所示。主要电气设备有高压负荷开关、高压熔断器、高压隔离开关、接地开关、电流和电压互感器、避雷器等,并且具有可靠的防误操作设施,有"五防"功能。在我国城市电网改造和建设中得到广泛的应用。

8.2.2 固定式金属封闭高压开关柜

金属封闭开关柜是指开关柜内除进出线外,其余完全被接地金属外壳封闭的成套开关设备,如图 8.7 所示。XGN 系列箱型固定式金属封闭开关柜是我国自行研制开发的新一代产

外形图

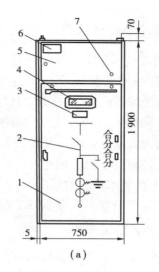

(a)

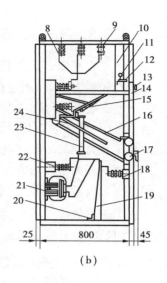

(b)

图 8.6　HXGN1-10 型高压环网开关柜

1—下门;2—模拟电路;3—显示器;4—观察孔;5—上门;6—铭牌;7—组合开关;8—母线;9—绝缘子;

10,14—隔板;11—照明灯;12—端子板;13—旋钮;15—负荷开关;16,24—连杆;17—负荷开关操动机构;

18,22—支架;19—电缆(自备);20—固定电缆支架;21—电流互感器;23—高压熔断器

品,该产品采用 ZN28,ZN28E,ZN12 等多种型号的真空断路器。隔离开关采用先进的 GN30-10 型旋转式隔离开关,技术性能高,设计新颖。柜内仪表室、母线室、断路器室、电缆室用钢板分隔封闭,使之结构更加合理、安全,可靠性高,运行操作及检修维护方便。在柜与柜之间加装了母线隔离套管,避免一个柜子故障时波及邻柜。

外形图

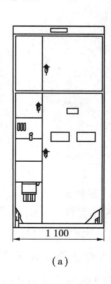

(a)

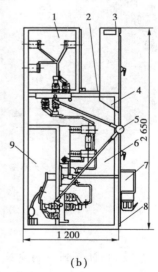

(b)

图 8.7　XGN2-10(Z)固定式箱式柜

1—母线室;2—压力释放通道;3—仪表室;4—组合开关室;5—手力操作及联锁机构;

6—主开关室;7—电磁或弹簧机构;8—接地母线;9—电缆室

8.2.3 手车式(移开式)高压开关柜

手车式高压开关柜是将成套高压配电装置中的某些主要电器设备(如高压断路器、电压互感器和避雷器等)固定在可移动的手车上,另一部分电气设备则装置在固定的台架上。当手车上安装的电气部件发生故障或需检修、更换时,可以随同手车一起移出柜外,再把同类备用手车(与原来的手车同设备、同型号)推入,就可立即恢复供电,相对于固定式开关柜,手车式高压开关柜的故障停电时间大大缩短。因为可以把手车从柜内移开,又称移开式高压开关柜。这种开关柜检修方便安全,恢复供电快,供电可靠性高,但价格较高,主要用于大中型变配电所和负荷较重要、供电可靠性要求较高的场所。

手车式高压开关柜的主要新产品有 JYN 系列、KYN 系列等。

(1)KYN 系列金属铠装移开式高压开关柜

KYN 系列户内金属铠装移开式开关柜是消化吸收国内外先进技术,根据国内特点设计研制的新一代开关设备,如图 8.8 所示。开关柜外壳和隔板由优质钢板制成,分为断路器室、主母线室、电缆室和继电器仪表室,各室由隔板隔离,为使柜体具有承受内部故障电弧的能力,除继电器室外,各电能隔室均有排气通道和汇压窗。断路器采用落地式和中置式示东,一次触头为捆绑式圆触头。具有良好的接地装置和"五防"功能。

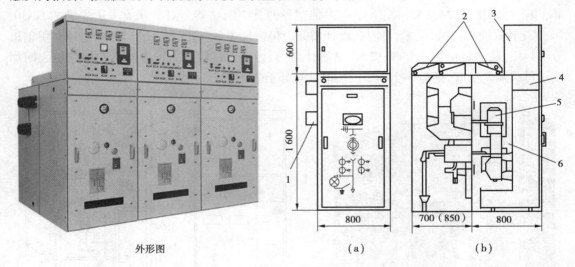

外形图   (a)   (b)

图 8.8　KYN1-10 型移开式铠装柜
1—穿墙套管;2—泄压活门;3—继电器仪表箱;
4—端子室;5—手车;6—手车室

(2)JYN 系列户内交流金属封闭移开式高压开关柜

JYN 系列户内交流金属封闭移开式高压开关柜在高压三相交流 50 Hz 的单母线及单母线分段系统中作为接收和分配电能用的户内成套配电装置。整个柜为间隔型结构,由固定的壳体和可移开的手车组成,如图 8.9 所示。柜体用钢板或绝缘板分隔成手车室、母线室、电缆室和继电器仪表室,而且具有良好的接地装置和"五防"功能。

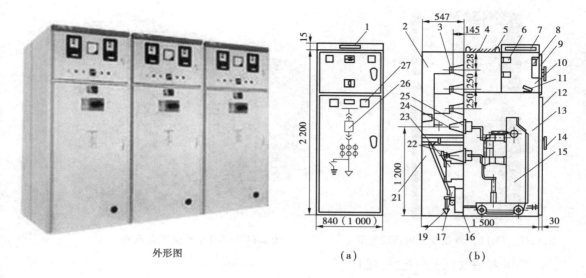

外形图　　　　　　　　　　(a)　　　　　　　　(b)

图 8.9　JYN2-10(Z)移开式间隔柜

1—回路铭牌;2—主母线室;3—主母线;4—盖板;5—吊环;6—继电器;7—小母线室;8—电能表;
9—二次仪表门;10—二次仪表室;11—接线端子;12—手车门;13—手车室;14—门锁;
15—手车(图内为真空断路器手车);16—接地主母线;17—接地开关;19—电缆夹;21—电缆室;
22—下静触头;23—电流互感器;24—上静触头;25—触头盒;26—模拟母线;27—观察窗

8.2.4　低压开关柜

低压成套配电装置包括低压配电屏(柜)和配电箱,它们是按一定的线路方案将有关的低压一、二次设备组装在一起的一种成套配电装置,在低压配电系统中作控制、保护和计量之用。

低压配电屏(柜)按其结构形式,可分为固定式、抽屉式和混合式。

低压配电箱有动力配电箱和照明配电箱等。

(1)低压配电屏(柜)

低压配电屏(柜)有固定式、抽屉式及混合式 3 种类型。其中,固定式的所有电器元件都为固定安装、固定接线;而抽屉式的配电屏中,电器元件是安装在各个抽屉内,再按一、二次线路方案将有关功能单元的抽屉叠装在封闭的金属柜体内,可按需要推入或抽出;混合式的其安装方式为固定和插入混合安装。

1)GGD 固定式低压配电屏

固定式低压配电屏结构简单,价格低廉,故应用广泛。目前,使用较广的有 PGL,GGL,GGD 等系列,如图 8.10、图 8.11 所示。它适用于发电厂、变电所和工矿企业等电力用户作动力和照明配电用。

它的结构合理、互换性好、安装方便、性能可靠,目前的使用较广,但它的开启式结构使在正常工作条件下的带电部件如母线、各种电器、接线端子和导线从各个方面都可触及。因此,只允许安装在封闭的工作室内,PGL 现正在被更新型的 GGL,GGD 和 MSG 等系列所取代。

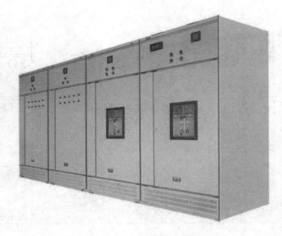

图 8.10　PGL1,2,3 型交流低压配电屏　　　　图 8.11　GGD 交流低压配电柜

2) GCK 抽屉式低压配电屏(柜)

如图 8.12 所示,它具有体积小、结构新颖、通用性好、安装维护方便、安全可靠等优点,因此,被广泛应用于工矿企业和高层建筑的低压配电系统中作受电、馈电、照明、电动机控制及功率补偿之用。国外的低压配电屏几乎都为抽屉式,尤其是大容量的还做成手车式。近年来,我国通过引进技术生产制造的各类抽屉式配电屏也逐步增多。目前,常用的抽屉式配电屏有 BFC,GCL,GCK 等系列,它们一般用作三相交流系统中的动力中心(PC)和电动机控制中心(MCC)的配电和控制装置。

3) 混合式低压配电屏(柜)

混合式低压配电屏(柜)的安装方式既有固定的,又有插入式的,类型有 ZH1,GHL,GCD 等(见图 8.13),兼有固定式和抽屉式的优点。其中,GHK-1 型配电屏内采用了 NT 系列熔断器,ME 系列断路器等先进新型的电气设备,可取代 PGL 型低压配电屏、BFC 抽屉式配电屏和 XL 型动力配电箱。

图 8.12　GCK 低压抽出式开关柜　　　　图 8.13　GCD60-Z 智能型混合式交流低压配电柜

（2）**动力和照明配电箱**

从低压配电屏引出的低压配电线路一般经动力或照明配电箱接至各用电设备,它们是车间和民用建筑的供配电系统中对用电设备的最后一级控制和保护设备。

配电箱的安装方式有靠墙式、悬挂式和嵌入式。靠墙式是靠墙落地安装;悬挂式是挂在墙壁上明装;嵌入式是嵌在墙壁里暗装。

1）动力配电箱

动力配电箱通常具有配电和控制两种功能,主要用于动力配电和控制,但也可用于照明的配电与控制。常用的动力配电箱有 XL,XLL2,XF-10,BGL,BGM 型等。其中,BGL 和 BGM 型多用于高层建筑的动力和照明配电。如图 8.14 所示为 XL 低压封闭式动力配电箱。

XL 型交流低压动力配电箱是全新设计的新型动力配电箱,适用于发电厂及工矿企业中,在交流 50 Hz 额定电压 660 V 及以下的三相三线制和三相四线制系统中做动力配电之用。

其主要组成部分有刀熔开关、塑料外壳式断路器等。

2）照明配电箱

照明配电箱主要用于照明和小型动力线路的控制、过负荷和短路保护。照明配电箱的种类和组合方案繁多,其中 XXM 和 XRM 系列适用于工业和民用建筑的照明配电,也可用于小容量动力线路的漏电、过负荷和短路保护。如图 8.15 所示为 XXM,XRM 型照明配电箱外形图。

图 8.14 XL-21 交流低压动力配电箱

图 8.15 XXM,XRM 系列交流照明配电箱

8.3 变电所的结构与布置

8.3.1 变电所的总体布置

变电所的总体布置主要是指变压器室、高压配电室、低压配电室、电容器室、控制室（值班室）、休息室、工具间等布置方案。对露天变电所来讲,变压器是放置在室外的,不设变压器

室。这里主要介绍室内变电所的总体布置方案。

变电所总体布置方案应满足下列要求：

①35 kV 户内变电所宜采用双层布置，6～10 kV 变电所宜采用单层布置。采用双层布置时，变压器应设在底层；采用单层布置时，变压器宜露天或半露天安装。

②变电所各室的布置应紧凑、合理，便于进出线设备的连接，便于设备的操作、搬运、检修、试验和巡视，还要考虑发展的可能性。

③高低压配电室的位置应便于进出线，变压器室的位置应便于运输、安装和维护。低压配电室应靠近变压器室，电容器室宜与变压器室及相应电压等级的配电室相连。变压器室和电容器室应尽量避免日晒，并尽可能利用自然采光和自然通风。

④当采用两台油浸式变压器时，每台油量为 100 kg 及以上的三相变压器，应设在单独的变压器室内。干式变压器和不带可燃油的高低压配电装置，可设在同一房间内。

⑤从安全角度考虑，配电室、变压器室、电容器室的门应向外开，相邻配电室之间有门时，该门应双向开启或向低压室方向开启。但变电所的门窗不宜直接通向相邻的酸、碱、蒸汽、粉尘和噪声严重的场所。

⑥控制室、值班室应尽量靠近高低压配电室，且有门直通，控制室、值班室的大门应朝外开。控制室、值班室和辅助房间的位置应便于运行人员工作和管理。有些工厂变电所的控制室、值班室是合在一起的，为了值班人员的方便，应设置厕所和上、下水设施。

⑦配电室、控制室、值班室等的地面，宜高出室外地面 150～300 mm。当附设于车间内时，则可与车间的地面相平。

变电所常用的 4 种平面布置方案如图 8.16 所示。

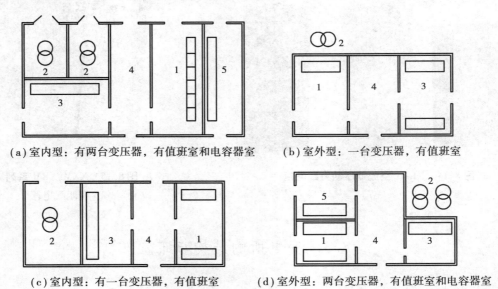

(a)室内型：有两台变压器，有值班室和电容器室　　　(b)室外型：一台变压器，有值班室

(c)室内型：有一台变压器，有值班室　　　(d)室外型：两台变压器，有值班室和电容器室

图 8.16　几种变电所布置方案示例

1—高压配电室；2—变压器室；3—低压配电室；4—值班室；5—高压电容器室

8.3.2　变电所的结构

（1）变压器室

变压器室的结构设计要考虑变压器的安装方式（地平抬高方式或不抬高方式）、变压器的推进方式（宽面推进或窄面推进）、进线方式（架空进线或电缆进线）、进线方向、高压侧进线开关、通风、防火和安全及变压器的容量和外形尺寸等。

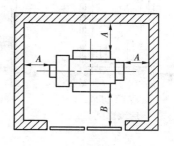

图 8.17　变压器室尺寸图

1）变压器室最小尺寸

变压器室的最小尺寸根据变压器外形尺寸和变压器外廓至变压器室四壁应保持的最小距离而定，依规程规定不应小于表 8.3 所列的数值（见图 8.17）。

表 8.3　变压器外廓与变压器室四壁的最小距离

变压器容量/kVA	320 及以下	400~1 000	1 250 及以上
至后壁和侧壁净距 A/m	0.6	0.6	0.6
至大门净距 B/m	0.6	0.8	1.0

2）变压器室的通风

变压器室的通风方式如图 8.18 所示。变压器室一般采用自然通风，只设通风窗（不设采光窗）。进风窗设在变压器室前门的下方，出风窗设在变压器室的上方，并应有防止雨、雪及蛇、鼠虫等从门、窗及电缆沟进入室内的设施。通风窗的面积根据变压器的容量、进风温度及变压器中心标高至出风窗中心标高的距离等因素确定。按变压器的容量的大小、进风温度的不同，变压器室地坪有抬高和不抬高两种形式。

3）变压器室的布置

变压器室的布置与变压器的安装方式有关。变压器的安装方式有宽面推进安装和窄面推进安装。当变压器为宽面推进安装时，其优点是通风面积大；其缺点是低压引出母线需要翻高，变压器底座轨距要与基础梁的轨距严格对准；其布置特点是开间大，进深浅，变压器的低压侧应布置在靠外边，即变压器的油枕位于大门的左侧。当变压器为窄面推进安装时，其优点是不论变压器有何种形式底座均可顺利安装；其缺点是可利用的进风面积较小，低压引出母线需要多做一个立弯；其布置特点是开间小，进深大，但布置较为自由，变压器的高压侧可根据需要位置在大门的左侧或右侧。

采用哪种安装方式，可根据高压进线方式和方向，低压出线情况，以及建筑物的大小选取。

173

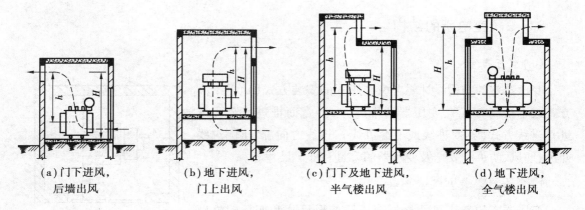

(a) 门下进风，
后墙出风

(b) 地下进风，
门上出风

(c) 门下及地下进风，
半气楼出风

(d) 地下进风，
全气楼出风

图 8.18 变压器室的通风方式

4) 变压器的防火

选用油浸式变压器时,设置储油池或挡油设施是防火措施之一,可燃性油浸式变压器室的耐火等级应为一级,非燃或难燃介质的电力变压器室的耐火等级不应低于二级。此外,变压器室内的其他设施如通风窗材料等应使用非燃材料。

(2)高压配电室

高压配电室的结构主要取决于高压开关柜的数量、布置方式(单列或双列)、安装方式(靠墙或离墙)等因素。为了操作和维护的方便和安全,应留有足够的操作通道和维护通道,考虑到发展还应留有适当数量的备用开关柜或备用位置。高压配电室内各种通道最小宽度见表8.4。

表8.4 高压配电室内各种通道最小宽度(净距)/mm

通道分类	柜后维护通道	柜前操作通道	
		固定式	手车式
单列布置	800(1 000)	1 500	单车长 + 1 200
双列面对面布置	800	2 000	双车长 + 900
双列背对背布置	1 000	1 500	单车长 + 1 200

注:①如果开关柜后面有进(出)线附加柜时,归后维护通道宽度应从其附加柜算起。

②括号内的数值是用于 35 kV 开关柜。

高压配电室高度与开关柜形式及进出线情况有关,采用架空进出线时高度为 4.2 m 以上,采用电缆线进出线时,高压开关室高度为 3.5 m 以上。开关柜下方宜设电缆沟,柜前或柜后也宜设电缆沟。

高压配电室的门应为向外开的防火门,相邻配电室之间有门时,应能双向开启,严禁用门闩。配电室长度超过 7 m 时应设两个门,布置在配电室的两端,长度大于 60 m 时,宜增添一个出口;位于楼上的配电室至少设一个出口通向室外的平台或通道。高压配电室内应犹消防器材。

高压配电室宜设不能开启的自然采光窗,并应设置防止雨水、雪和蛇、鼠虫等从采光窗、通风窗、门、电缆沟等进入室内的设施。高压配电室内高压开关柜的布置如图 8.19 所示。

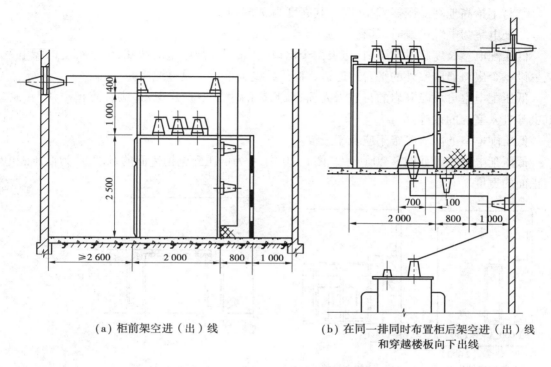

(a) 柜前架空进(出)线　　　　　　　(b) 在同一排同时布置柜后架空进(出)线和穿越楼板向下出线

图 8.19　GBC-35A(F)高压开关柜布置图

(3)低压配电室

低压配电室的结构主要取决于低压开关柜的数量、尺寸、布置方式(单列或双列)、安装方式(靠墙或离墙)等因素。

低压配电室内各种通道宽度不应小于表 8.5 所列值。

表 8.5　低压配电室内各种通道最小净距/mm

布置方式	柜前操作通道	柜后操作通道	柜后维护通道
固定式屏单列布置	1 500	1 200	1 000
固定式双列面对面布置	2 000	1 200	1 000
固定式双列背对背布置	1 500	1 500	1 000
单面抽屉式屏单列布置	1 800	—	1 000
单面抽屉式双列面对面布置	2 300	—	1 000
单面抽屉式双列背对背布置	1 800	—	1 000

低压配电室兼作值班室时,配电屏正面距墙壁不宜小于 3 m。低压配电室的高度应与变压器室综合考虑,一般可参考下列尺寸:

①与抬高地坪变压器室相邻时,其高度为 4~4.5 m。

②与不抬高地坪变压器室相邻时,其高度为 3.5~4 m。

③配电室为电缆进线时,其高度为 3 m。

低压配电室长度超过 7 m 时,应设两个出口,并布置在配电室的两端;位于楼上的配电室至少设一个出口通向室外的平台或通道。低压配电屏下方宜设电缆沟。

低压配电室可设能开启的自然采光窗,但临街的一面不宜开窗,并应有防止雨、雪和蛇、鼠虫等进入室内的设施。

低压配电室的防火等级不应低于三级。

低压配电室布置如图 8.20 所示。图 8.20 中,A 为低压配电柜侧面的宽度,B 为低压配电柜正面的宽度。

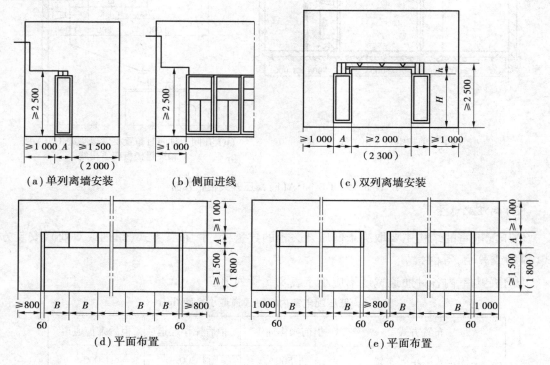

图 8.20 低压配电室的布置

(4) 电容器室

室内高压电容器组宜装设在单独房间内,当容量较小时,可装设在高压配电室内,但与高压开关柜的距离应不小于 1.5 m。低压电容器组一般装设在低压配电室内,容量较大时(3 台或 450 kvar 以上),考虑通风和安全运行,也可设在单独的房间内。

室内高压电容器组有安装在柜内的,也有装配式的。电容器室的结构主要取决于电容器组的数量、布置方式、安装方式(靠墙或离墙)等因素。

电容器柜单列布置时,柜正面与墙面之间的距离不小于 1.5 m;双列布置时,柜面之间的距离不应小于 2.0 m。装配式电容器组单列布置时,网门与墙距离不应小于 1.3 m;双列布置时,网门之间的距离不应小于 1.5 m。

电容器室应有良好的自然通风,长度大于 7 m 的高压电容器室应设两个出口,并宜设在两端,电容器室的门应向外开。电容器室也应该设置防止雨、雪和蛇、鼠虫等从采光窗、通风窗、门、电缆沟等进入室内的设施。

电容器室的耐火等级不应低于二级。

(5)控制室

控制室通常与值班室合在一起,控制屏、中央信号屏、继电器屏、直流电源屏、所用电屏安装在控制室。控制室位置的设置宜朝南,且应有良好的自然采光,室内布置应满足控制操作的方便及运行人员进出的方便,并应设两个可向外的出口,门应向外开。值班室与高压配电室宜直通或经过通道相通。

值班室内还应考虑通信(如电话)、照明等问题。

8.3.3　变电所布置和结构实例

如图 8.21—图 8.23 所示为 35 kV 变电所平面布置(双层)及剖面结构图。该变电所采用室内双层布置,35 kV 配电装置和控制室位于二层,其余均在一层。由于该变电所采用综合自动化设备,按无人值班设计,因此,没有配置值班员休息室。厕所设在转角的下方。变压器室楼顶放置有 35 kV 进线避雷器,用网状栅栏围起来,以保证安全。

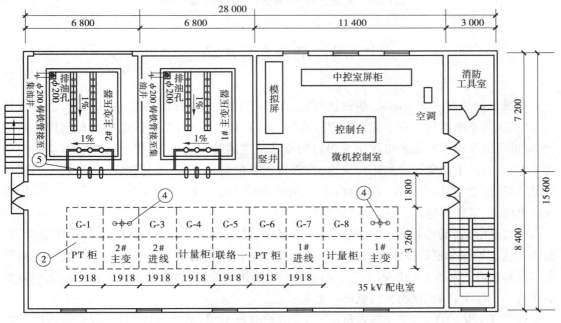

图 8.21　某企业 35 kV 总变电站二层平面布置图

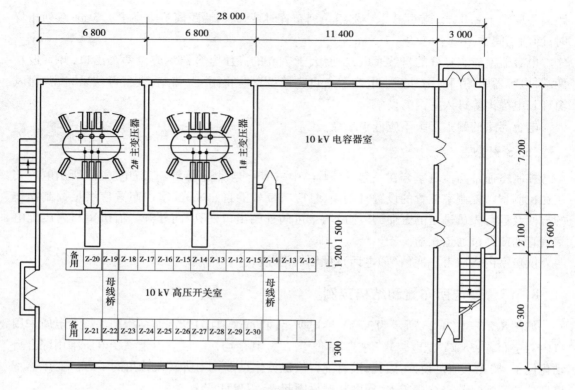

图 8.22 某企业 35 kV 总变电站一层平面布置图

8.4 组 合 式 变 电 站

在城市中的商业繁华地区,建筑物稠密,人口密度大,土地特别贵重,在居民小区,高楼林立,高层建筑不断涌现。在上述地区以及车站、港口、码头等地,低压供电的负荷密度不断增大,对供电的可靠性和质量也提出了很高的要求。在这种情况下,若以某一较大容量的变电所为中心,以低电压向周围的用户供电,将耗费大量的有色金属,电能损耗很大,还不能保证供电质量;反之,若以高电压深入负荷中心,在负荷中心建变电所,就能缩短低压供电半径,提高供电质量,节约有色金属,降低电能损耗。

箱式变电站(简称箱变)是一种由高压设备、变压器室、低压开关设备、无功补偿装置、电能计量装置等按一定的接线方案组合在一个或几个箱体内的紧凑型成套配电装置。它由制造厂成套供应。装于户内的成套变电站全部由电缆进出线,户外成套变电站由高压架空线终端杆的导线接至它的出线套管,低压以电缆引出。

成套变电站的优点,除了深入负荷中心,节约有色金属,减少电能损耗,提高供电质量以外,还因电器封闭、无油,故运行可靠、安全,维护方便,占地面积小,现场安装方便,施工期短,便于迁移、扩建。其缺点是价贵。但因优点突出,故使用日益增多。

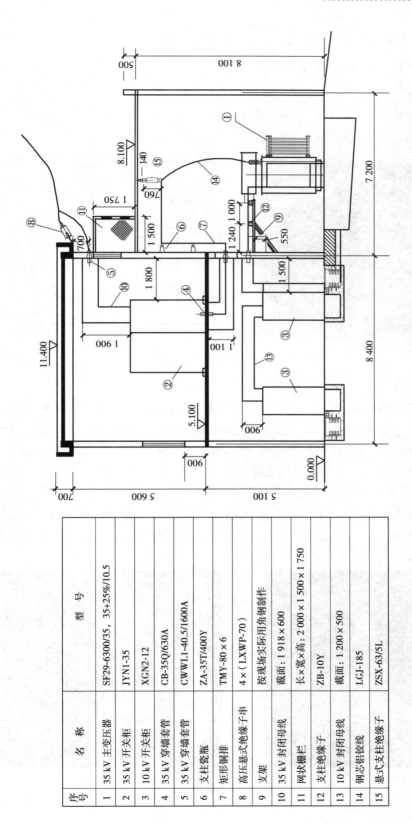

图 8.23　某企业 35 kV 总变电站断面图

序号	名　称	型　号
1	35 kV 主变压器	SF29-6300/35，35±25%/10.5
2	35 kV 开关柜	JYN1-35
3	10 kV 开关柜	XGN2-12
4	35 kV 穿墙套管	CB-35Q/630A
5	35 kV 穿墙套管	CWWL1-40.5/1600A
6	支柱瓷瓶	ZA-35T/400Y
7	矩形铜排	TMY-80×6
8	高压悬式绝缘子串	4×（LXWP-70）
9	支架	按现场实际用角钢制作
10	35 kV 封闭母线	截面：1 918×600
11	网状栅栏	长×宽×高：2 000×1 500×1 750
12	支柱绝缘子	ZB-10Y
13	10 kV 封闭母线	截面：1 200×500
14	钢芯铝绞线	LGJ-185
15	悬式支柱绝缘子	ZSX-63/5L

（1）组合式变压器的结构特点

组合式变压器可分为以下两大类：

1）欧式箱变

欧式箱变如图 8.24 所示，从结构上采用高、低压开关柜及变压器组合方式，该装置一般为"目"字形结构 。可形象比喻为给高、低压开关柜、变压器盖了房子。

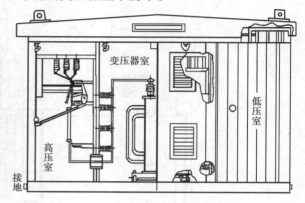

图 8.24　欧式箱变外形及内部布置图

2）美式箱变

美式箱变外形如图 8.25 所示，将变压器本体、开关设备、熔断器、分接开关及相应辅助设备进行组合在一起的变压器。该技术从美国引进的，俗称美式箱变。组合式变压器一般为"品"字形结构。其结构分为前后两部分，前部为接线柜，接线柜内包括高、低压端子、高压负荷开关操作手柄、插入式熔断器操作手柄、高压分接开关操作手柄、油位表、油温计等如图8.27所示；后部是油箱体及散热片，变压器绕组、铁芯、高压负荷开关、插入式熔断器都在变压器油箱体内。箱体采用全密封结构，变压器器身一般采用三相五柱式，连接组别为D,yn11。油浸式负荷开关可分为二工位和四工位两种，分别用于放射性配电系统和环网型配电系统。

图 8.25　美式箱变外形

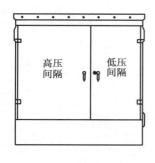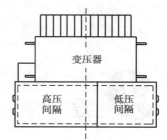

图 8.26　美式箱变布置图

(2) **区别**

欧式箱变内部安装常规开关柜及变压器,产品体积较大。美式箱变采用一体化,安装体积较小。从保护方面,欧式箱变高压侧采用负荷开关加限流熔断器保护。发生一相熔断器熔断时,用熔断器的撞针使负荷开关三相同时分闸,避免缺相运行,要求负荷开关具有切断转移电流能力。低压侧采用负荷开关加限流熔断器保护,美式箱变高压侧采用熔断器保护,而负荷开关只起投切转换和切断高压负荷电流的功能,容量较小。当高压侧出现一相熔丝熔断,低压侧电压降低,塑壳自动空气开关欠电压保护或过电流保护就会动作,低压运行不会发生。

思考与练习题

1. 对配电装置的基本要求是什么?
2. 试述最小安全净距的定义及其分类。
3. 什么是配电装置的配置图、平面图和断面图?
4. 简述 XGN,KYN,JYN 3 种类型开关柜的结构特点。
5. 为什么箱式变电站能在配电系统中获得广泛应用?

第 **9** 章

输配电线路

【学习描述】

　　输配电线路是电力系统的重要组成部分,担负着输送和分配电能的任务(见图9.1)。它按电压等级不同,可分为高压线路和低压线路;按结构形式不同,又可分为架空线路和电缆线路。

　　输电线路按电能性质,可分为交流输电线路和直流输电线路。按电压等级,可分为输电线路和配电线路。一般情况下,线路输送容量越大,输送距离越远,要求输电电压就越高。目前,我国输电线路常见的是220,330,500,750,1 000 kV 交流,以及 ±500, ±800 kV 直流。配电线路的电压等级较多是380/220 V,10 kV,35 kV,110 kV。

【教学目标】

　　熟悉220 kV 及以下架空线、电缆的各种结构,掌握架空线路、电缆的特性及影响线路安全运行的因素。能识别各种输配电线路及运行线路的缺陷。

【学习任务】

　　架空线结构、杆塔基础、架空线专业术语;电缆的结构、电缆分类、电缆型号及表示方法、电缆附件、电缆敷设。

（a）沿高速公路输电走廊的　　　（b）地下电缆沟道敷设的　　　（c）10 kV 架空配电线路
　　高压电力输电线路　　　　　　　电缆线路

图9.1　输配电线路

9.1 架空线路

9.1.1 架空线路的结构

架空线路由导线、绝缘子、金具、杆塔及其基础、避雷线和接地装置等组成,如图9.2、图9.3所示。110 kV 及以上的架空线路上,应全线装设避雷线,以保护全部线路。35 kV 的线路在靠近变电所 1～2 km 的范围内应装设避雷线,作为变电所的防雷措施。10 kV 以下的配电线路,除了雷电活动强烈的地区,一般不需要装设避雷线。

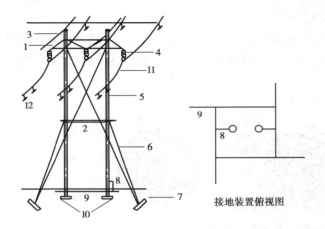

图 9.2　架空线路的组成(门型杆)

1—横担;2—横梁;3—避雷线;4—绝缘子;
5—混凝土杆;6—拉线;7—拉线盘;8—接地引下线;
9—接地装置;10—底盘;11—导线;12—防振锤

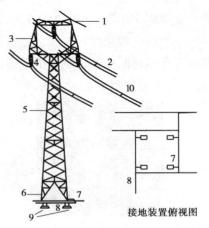

图 9.3　输电线路的组成元件(猫头塔)

1—避雷线;2—双分裂导线;3—塔头;
4—绝缘子;5—塔身;6—塔腿;
7—接地引下线;8—接地装置;
9—基础;10—间隔棒

(1)导线

导线是线路的主体,承担着输送电能的功能。常用导线材料有铜、铝和钢3种。

铜导线具有优良的导电性能和较高的机械强度,且耐腐蚀性能强。但由于铜在工业上用途非常广泛,资源少,价格高,因此,在架空输电线路上很少使用。铜导线一般用于电流密度较大或化学腐蚀较严重地区的配电线路以及用户室内导线。

铝的导电率比铜的低,质量小,价格低,在电阻值相等的条件下,铝线的质量只有铜线的1/2 左右。其缺点是机械强度较低;运行中铝导线的表面形成氧化铝薄膜后,导电性能降低,抗腐蚀性变差。图9.4(a)为铝绞线(LJ),铝绞线在高压配电线路中还有使用。例如,目前6～10 kV 线路,当受力不大,杆距不超过 100～125 m 可用铝绞线。常用的铝绞线规格有LJ-185,LJ-150,LJ-120,LJ-95,LJ-70,LJ-50,LJ-35,LJ-25,LJ-16 等。

钢的机械强度虽高,但导电性能差,抗腐蚀性也差,易生锈,一般都只用作接地线或拉线,不用作导线。GJ-35,GJ-50,GJ-70,GJ-100,GJ-120 型一般用作拉线,而 GJ-20,GJ-25 型一般用作通信线等的承力索。

钢芯铝线(LGJ),钢的机械强度高,铝的导电性能好,导线的内部有几股是钢线,以承受拉力;外部为多股铝线,以传导电流。由于交流电的集肤效应,电流主要在导体外层通过,这就充分利用了铝的导电能力和钢的机械强度,取长补短,互相配合,其横截面结构如图 9.4(b)所示。在 35 kV 及以上的架空线路上,几乎全部采用钢芯铝绞线。作为良导体地线和载波通道用的地线,也有采用钢芯铝线。

钢芯铝绞线按其铝、钢截面比的不同,可分为正常型(LGJ)、加强型(LGJJ)和轻型(LGJQ)3 种。在高压输电线路中,采用正常型的较多。在超高压线路中采用轻型的较多。在机械强度高的地区,如大跨越、重冰区等,采用加强型的较多。常采用的钢芯铝绞线截面主要有 630,400,300,240,185,150,120,95,70,50,35 mm^2。

架空线一般采用裸导线,但敷设在大中城市市区主次干道、繁华街区、新建高层建筑群区及新建住宅区的中低压架空配电线路,以及有腐蚀性物质的环境中的架空线路,宜采用绝缘导线,其截面如图 9.4(c)所示。

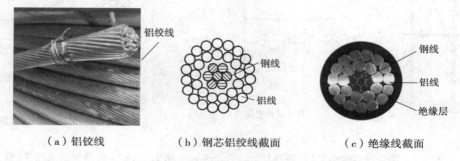

（a）铝铰线　　　　（b）钢芯铝绞线截面　　　　（c）绝缘线截面

图 9.4　架空线裸导线及绝缘线结构图

导线在杆塔上的排列方式:导线和避雷针在杆塔上的位置,称为导线在杆塔上的排列方式。导线排列方式没有绝对固定,常见的有垂直排列、水平排列和三角形排列 3 种。

导线的实际排列方式应考虑线路的回路数、线路运行的可靠性、杆塔荷载分布的合理性以及施工安装、带电作业方便性等因素,还需使塔头结构简单,尺寸小。单回线路的导线常呈三角形、上字形和水平排列,双回线路有伞形、倒伞形、六角形及双三角形排列,如图 9.5 所示。在特殊地段还有垂直排列或三角排列等形式。运行经验表明,单回线路采用水平排列运行可靠性比三角形排列好,特别是重冰区、多雷区和电晕严重的地区。水平排列的线路杆塔高度较低,雷击机会减少;三角形排列的下层导线因故(如不均匀脱冰时)向上跃起时,易发生相间闪络和导线间相碰事故。导线水平排列的杆塔比三角形排列的复杂,造价高,并且所需线路走廊也较大。普通地区根据具体情况可选择水平排列或三角形排列,重冰区、多雷区宜采用水平排列,电压在 220 kV 以下导线截面不太大的线路采用三角形排列较经济。

由于伞形排列不便于维护检修,倒伞形排列防雷性较差,因此,目前双回线路同塔架设时多采用六角形排列。这样可缩短横担长度,减少塔身扭力,获得较满意的防雷保护角,耐雷水平提高。

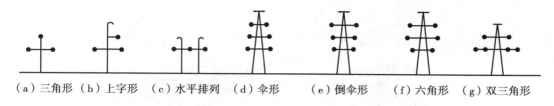

（a）三角形　（b）上字形　（c）水平排列　（d）伞形　　（e）倒伞形　　（f）六角形　（g）双三角形

图 9.5　导体的排列方式

（2）避雷线（架空地线）

避雷线（架空地线）悬挂于杆塔顶部，并在每基杆塔上均通过接地线与接地体相连接，当雷云放电雷击线路时，因避雷线位于导线的上方，雷首先击中避雷线，并将雷电流通过接地体泄入大地，从而减少雷击导线的概率，起到防雷保护作用。

35 kV 线路一般只在进出发电厂或变电站两端架设避雷线，110 kV 及以上线路一般沿全线架设避雷线，避雷线常用镀锌钢绞线。

（3）杆塔

杆塔是支撑导线的支柱，是架空线路的重要组成部分。杆塔应有足够的机械强度，尽可能地经久耐用，价廉，便于搬运和安装。一般情况下，电压等级 35 kV 以下架空输电线路多用水泥电杆，35 kV 及以上电压等级的架空输电线路用"铁塔"，合起来统称"杆塔"。

杆塔按其材料，可分为水泥杆、钢管杆和铁塔等。水泥杆电压是在 110 kV 及以下的输电线路应用最为普遍的一种杆塔。它的优势就是经济，但承载力有限，用作转角杆时因要做多根拉线，占地面积大，故多数线路都是水泥杆和铁塔混合使用，直线杆用水泥杆，转角耐张用铁塔。钢管杆最大的优点是占地少，易安装，但承载力不如铁塔。由于占地少，在城市配电网中广泛应用，如市内变电站出线走廊、市内配电线的转角杆等。因此，220 kV 以上高压输电线路普遍用铁塔，它的承载能力较大，易制造、运输、安装，但占地面积较大。

各种杆塔的采用与输电线路的电压有密切的关系，也与线路导线的线形型等其他一些因素有关。铁塔和钢管杆都是以其质量计价，钢管杆主要特点是占地面积小，在当今城市输电走廊有限的情况下得到普遍应用，但制造较复杂，安装要用大型机械，同样荷重的钢管杆用材略多于铁塔，故价格要相对高一些。

杆塔按其在线路中的不同作用和受力情况，可分为直线杆塔、耐张杆塔、转角杆塔、分支杆塔、终端杆塔、跨越杆塔、电缆终端杆塔、开关杆（负荷开关、分界负荷开关）等。杆塔在架空线路上的应用如图 9.6 所示。

1）直线杆塔

直线杆塔用于线路直线段的途径中，用悬垂绝缘子或 V 形绝缘子支持导线，承受导线自重和风压、覆冰荷重。直线杆塔也称中间杆塔（即两个耐张杆之间的杆塔），一般约占全部杆塔数的 80%。如图 9.7 所示为 220 kV 同杆架设双回线直线铁塔。

2）耐张杆塔

为了防止倒杆事故范围的扩大，减少倒杆数量，在一定距离装设强度较大，能承受导线不

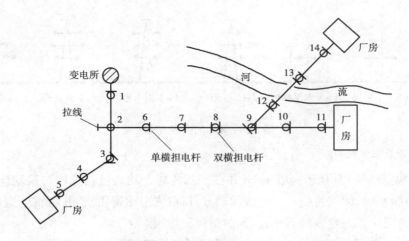

图9.6 杆塔在架空线上的应用

1,5,11,14—终端杆;2,9—分支杆;3—转角杆;4,6,7,10—直线杆(中间杆);
8—分段杆(耐张杆);12,13—跨越杆

平衡拉力的杆塔,称为耐张杆塔。它起到将线路分段和控制事故范围的作用,同时给在施工中分段进行紧线带来很多方便。如图9.8所示为220 kV同杆架设双回线耐张铁塔。

3)转角杆塔

转角杆塔主要用于线路转角处,线路转向内角的补角称为线路转角。转角杆塔除承受导线等的垂直荷载和风压力外,还承受导线的转角合力,合力的大小取决于转角的大小和导线的张力。其转角有30°,60°,90°。如图9.9所示为110 kV转角钢管杆。

4)分支杆塔

它位于分支线路与主干线路相连处。在主干线路方向上多为直线杆和耐张杆,在分支线路上,相当于终端杆,能承受分支线路的全部拉力。如图9.10所示为10 kV分支杆。

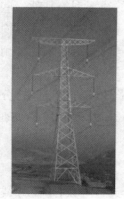

图9.7 220 kV直线铁塔   图9.8 220 kV耐张铁塔   图9.9 110 kV转角钢管杆

5)终端杆塔

位于线路首、末段端,发电厂或变电站出线的第一基杆塔是终端杆塔,线路最末端一基杆塔也是终端杆塔。它是一种能承受单侧导线等的垂直荷载和风压力,以及单侧导线张力的杆塔。

6)电缆终端杆塔

在架空线改为入地敷设电缆终端杆塔时,架空线与电缆终端支架合为一体,把电缆终端支架安装在终端塔上,电缆终端头、避雷器等设备安装在终端支架(平台)上,通过绝缘支撑引线的方式把电缆与架空线连接在一起。如图9.11所示为10 kV电缆终端杆。

图9.10　10 kV分支杆

图9.11　10 kV电缆终端杆

7)换位杆塔

当三相导线的排列不对称时,每相的感抗及线间、线对地的电容不相等,即三相导线的电抗和电纳不相等,造成三相电流不平衡,电压不对称,引起负序和零序电流。其作用是减少电力系统正常运行时电流和电压的不对称,并限制送电电路对通信线路的影响。设计规程《110～750 kV架空输电线路设计规范》(GB 50545—2010)规定,中性点直接接地的电力网,长度超过100 km的输电线路宜换位。换位循环长度不宜大于200 km。中性点非直接接地电力网,为降低中性点长期运行中的电位,可用换位或变换输电线路相序排列的方法来平衡不对称电容电流。

换位的原则是保证各相导线在空间每一位置的长度总和相等。图9.12(a)为换位一个整循环,或称一个全换位,达到首端和末端相序一致。图9.11(b)为两个全换位,达到首端末端相序一致,图中 l 为线路长度。图9.13为直线换位杆塔,图9.14为耐张换位杆塔。

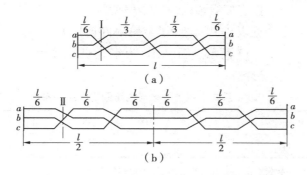

图9.12　输电线路换位循环布置图

187

图9.13　直线杆塔换位

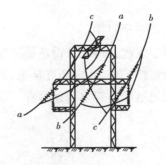

图9.14　耐张杆塔换位

（4）绝缘子

绝缘子是用来支撑或悬吊导线使之与横担、杆塔绝缘的主要元件。绝缘子既要保证导线与杆塔间不发生闪络，又用来固定导线，并承受导线的垂直荷重和水平荷重。绝缘子在运行中应能承受导线垂直方向的荷重及水平方向的拉力。它还要承受日晒、雨淋、气候变化及化学物质的腐蚀。因此，绝缘子既要有良好电气性能，又要有足够的机械强度。绝缘子的好坏对线路的安全运行十分重要。

绝缘子按材料，可分为电工陶瓷绝缘子（俗称瓷瓶）、钢化玻璃制作玻璃绝缘子和硅橡胶制作伞裙的复合绝缘子。复合绝缘子主要由玻璃纤维环氧树脂引拔棒、硅橡胶伞裙和金具3部分组成。它具有良好的憎水性、体积小、质量小、便于安装及不易破碎等特性。

绝缘子按结构，可分为支持绝缘子、悬式绝缘子、防污绝缘子及套管绝缘子。

绝缘子按形状的不同，可分为针式绝缘子、悬式绝缘子和横担绝缘子。

图9.15　瓷质针式绝缘子

1）针式绝缘子

如图9.15所示，针式绝缘子主要用于线路电压不超过35 kV，导线张力不大的直线杆或小转角杆塔。其优点是制造简易，价廉；缺点是耐雷水平不高，容易闪络。

2）悬式绝缘子

如图9.16所示，通常在35 kV及以上架空线路采用。通常把它们组装成绝缘子串使用，悬式绝缘子片数与电压等级关系见表9.1。绝缘子金属附件连接方式，可分为球形和槽形，如图9.17所示。图9.18为钢化玻璃及复合材料的悬式绝缘子外形图。

表9.1　悬式绝缘子片数与线路额定电压关系

线路额定电压/kV	0.4	10	35	110	220
绝缘子片数	1	2	4	7	13

注：耐张绝缘子串一般要多用1～2片，220 kV线路上要多用2片。

悬式绝缘子主要型号有 XP-70,XP-100,XP-120,XP-160,XP-210,XP-300,XP-70C 等。

其特征代号的意义为:X—悬式,P—按机电破坏强度规定负荷(kN),C—槽型连接方式(球头连接方式不表示),W—防污。其主要机电破坏负荷(kN)有 70,100,120,160,210,300 等。

对严重污秽地区,架空电力线路常使用防污型悬式瓷质绝缘子,其高度和普通型相等,但改变了伞盘造型,加大盘径,增加了爬电距离,主要产品型号为 XWP。

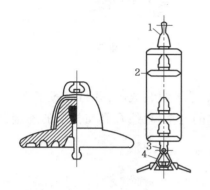 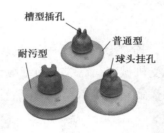 

图 9.16　悬式绝缘子　　　　图 9.17　普通型、耐污型　　图 9.18　钢化玻璃及

1—耳环;2—绝缘子;　　　　　　悬式瓷绝缘子　　　　　复合悬式绝缘子外形图

3—吊环;4—线夹

3)横担绝缘子

它起到绝缘和横担的作用。按材料,可分为瓷横担绝缘子和复合横担绝缘子。它应用于配电网,如图 9.19 所示。

图 9.19　横担绝缘子

(5)金具

金具在架空电力线路中,主要用于支持、固定和接续导线及绝缘子连接成串,也用于保护导线和绝缘子。通常把输电线路使用的金属部件,总称金具。它的类型繁多。下面简单介绍几种金具,详情可查《电力金具产品样本》等有关技术资料。

1)线夹类金具

线夹是用来握住导、地线的金具。线夹分为耐张线夹(见图 9.20)和悬垂线夹(见图9.21)。

图 9.20　耐张线夹

图 9.21　悬垂线夹

2）连接金具类

连接金具又称挂线零件。连接金具主要用于将悬式绝缘子组装成串,并将绝缘子串连接、悬挂在杆塔横担上,它承受机械载荷。线夹与绝缘子串的连接,拉线金具与杆塔的连接,均要使用连接金具。常用连接金具如图 9.22 所示。

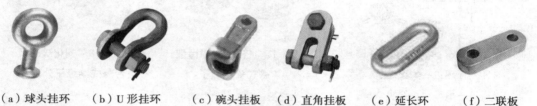

（a）球头挂环　（b）U 形挂环　（c）碗头挂板　（d）直角挂板　（e）延长环　（f）二联板

图 9.22　常用连接金具

3）接续金具类

接续金具用于接续各种导线、避雷线的端头,承担与导线相同的电气负荷,大部分接续金具承担导线或避雷线的全部张力。根据使用和安装方法的不同,接续金具可分为钳压、液压、爆压及螺栓联接等。常用接续金具如图 9.23 所示。

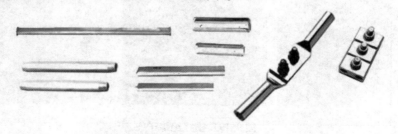

图 9.23　常用接续金具

4）防护类金具

防护类金具主要是用于保护导线、绝缘子,如图 9.24 所示。

防护金具根据防护作用,可分为以下 8 种:

①导线及避雷线的机械防护金具,如护线条、防振锤、间隔棒及悬重锤等。

②绝缘子的电气防护金具,如均压环、屏蔽环和均压屏蔽环。

③光缆用的机械防护金具,如防振锤、护线条、引下线夹及余缆架等。

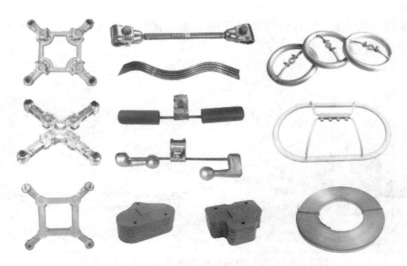

图 9.24　防护金具

④间隔棒。使用在分裂导线上,其作用是防止导线之间的鞭击,抑制微风振动,抑制次档距震荡。

⑤均压环。用来均匀绝缘子上电压分布的环,以使绝缘子每片承受的电压基本均匀。

⑥屏蔽环。用来降低金具上电晕强度的环。

⑦重锤。可抑制悬垂绝缘子串或跳线绝缘子串摇摆过大、直线杆塔上导线和避雷线被上拔。

⑧防震锤。可减小振动的振幅,从而减少导线的振动。

5)拉线金具

拉线金具是用于杆塔至地锚之间连接、固定、调整及保护拉线的金属器件,作为拉线的连接和承受拉力之用。它主要包括可调式 UT 型线夹、钢线卡子和双拉线联板等,如图 9.25 所示。

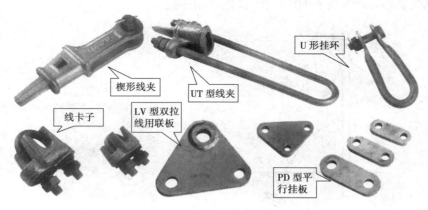

图 9.25　拉线金具

6)特种光缆 OPPC 金具及接头盒

光纤复合相线 OPPC(Optical Phase Conductor)是一种新型的电力特种光缆。它是将光纤单元复合在相线中的光缆,具有相线和通信的双重功能。它主要用于 110 kV 以下电压等级的城郊配电网、农村电网。

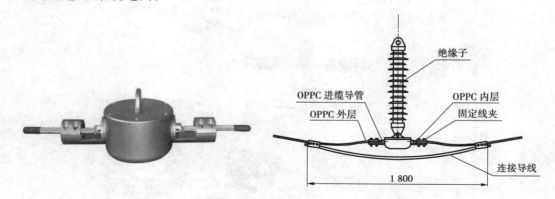

图 9.26　OPPC 中间悬挂式接头盒及安装示意图

（6）拉线

拉线用于平衡杆塔承受的水平风力和导线、避雷线的张力。根据不同的作用,可分为张力拉线和风力拉线两种。风力拉线用于平衡水平风力。10 kV 线路档距较小,钢筋混凝土杆一般均能承受电杆和导线上的水平风力,故可不装设防风拉线。

拉线材料一般用镀锌钢绞线。拉线在杆塔上的布置根据杆塔形式和受力情况,可分为普通拉线、V 形拉线、水平拉线、共同拉线及背拉线。

普通拉线结构如图 9.27（a）所示。它也称落地拉线,应用在终端杆、角度杆、分支（歧）杆及耐张杆等处。它通过连接金具承受电杆的各种应力,下端用拉盘(又称地锚)直接埋于地下,拉线中间装有调整松紧的金具(UT 型线夹),一般混凝土电杆的拉线可不装设拉线绝缘子,但穿越导线的拉线及水平拉线应装设绝缘子,如图 9.27（b）所示。拉线与电杆的夹角不应小于 45°,特殊情况下应不小于 30°。拉线上端是通过拉线抱箍和拉线相连接,下部是通过可调节的拉线金具与埋入地下的拉线棒、拉线盘相连接。

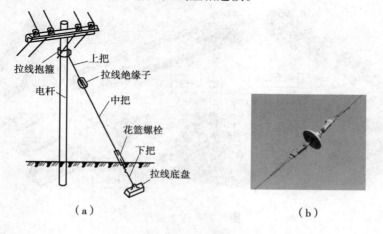

（a）　　　　　　　　　　（b）

图 9.27　拉线结构

　　拉线在正常大风情况下承受导线风压、杆身风压和导线垂直荷载。在事故断线情况下拉线承受导线的断线张力。直线双杆用的 V 形拉线,不能承受导线、避雷线及杆身的风压荷载,而只能承受事故断导线时的断线张力。

9.1.2　杆塔基础

杆塔基础是用来支撑杆塔的,一般受到下压力、上拔力和倾覆力等作用。

(1)钢筋混凝土杆塔基础

　　钢筋混凝土杆塔基础一般采用底盘、卡盘、拉线盘,即"三盘"。如图 9.28 所示,"三盘"通常用钢筋混凝土预制而成,也可采用天然石料制作。

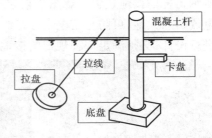

图 9.28　电杆基础三盘示意图

　　底盘用于减小杆根底部地基承受的下压力,防止电杆下沉。卡盘用于增加杆塔的抗倾覆力,防止电杆倾斜。拉线盘用于增加拉线的抗拔力,防止拉线上拔。如图 9.29所示为现场底盘图片。

图 9.29　电杆现场底盘示意图

　　拉线基础(地锚)用于带有拉线杆塔,起着稳定电杆和平衡导线张力的作用。拉线基础分为拉盘基础、重力式拉线基础和锚杆(岩石)拉线基础 3 种。如图 9.30 所示为拉线基础(地锚)图片。

　　卡盘起着稳定电杆的作用,一般用于 35～110 kV 不带拉线的混凝土电杆基础上,如图9.31所示。

图 9.30　拉线基础(地锚)　　　　　　　　图 9.31　卡盘

（2）铁塔基础

铁塔基础的种类繁多,有普通混凝土基础、钢筋混凝土基础、装配式混凝土基础、圆锥形薄壳基础、板条式基础、拉 V 塔基础及金属基础。如图 9.32 所示为铁塔基础示意图。

（3）接地装置

埋设在基础土壤中的圆钢、扁钢、角钢、钢管或其组合式结构,均称接地装置。如图 9.33 所示为杆塔接地装置示意图。它与避雷线或杆塔直接相连,当雷击杆塔或避雷线时,能将雷电流引入大地,可防止雷电击穿绝缘子串的事故发生。接地装置主要根据土壤电阻率的大小进行设计,必须满足规程规定的接地电阻值的要求。

图 9.32　铁塔基础示意图　　　　　　　　图 9.33　杆塔接地装置

9.1.3　输电线路常用术语

（1）档距与弧垂

相邻两基杆塔之间的水平距离,称为档距;导线相邻两个悬挂点之间的水平连线与导线最低点的垂直距离,称为弧垂或弛度,如图 9.34 所示。

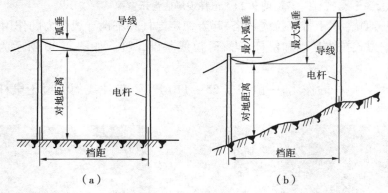

图 9.34　架空线的档距和弧垂

在架空高压送电线路中,悬挂起来的柔性的电线就必然产生弧垂。线路弧垂过大会对线路安全运行产生极大威胁(引发故障跳闸或事故),对地面建筑、树木、交通都会产生安全隐患。运行时间越长,弧垂越大,尤其极限负荷时弧垂会更大。高压线路在施工架线和运行中都会碰到观测导线弧垂的工作,尤其新架线路经过一段运行时间后,导线会有不同程度的下垂,为了安全,就很有必要进行弧垂观测,为安全运行提供可靠的数据。

因金属的塑性变形特性,架空导线受力后一段时间内,其长度比出厂时的生产长度有逐渐增加的现象,称为导线初伸长。初伸长对弧垂的影响:随着架设后时间延长,弧垂会逐渐增大。因此,要在架设时进行补偿(适当减少弧垂数值)。10 kV 以下新架导线的初伸长可采用减小弧垂的方法进行补偿。但弧垂减小的幅值与导线的类型、使用档距、安全系数及载流量均相关。

（2）限距

限距是指导线对地面或对被跨越设施的最小距离。它一般是指导线最低点到地面的最小允许值,如图 9.35 所示。

（3）水平档距

相邻两档距之和的 1/2,称为水平档距,即 $L_K = (L_1 + L_2)/2$,如图 9.35 所示。

（4）垂直档距

相邻两档距间导线最低点之间的水平距离,称为垂直档距,如图 9.35 所示。

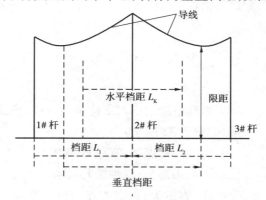

图 9.35 水平档距与垂直档距

（5）杆塔高度

杆塔最高点至地面的垂直距离,称为杆塔高度,如图 9.36 所示。

（6）杆塔呼称高

杆塔最下层横担至地面的垂直距离,称为杆塔呼称高,如图 9.36 所示。

（7）导线悬挂点高度

导线悬挂点至地面的垂直距离,称为导线悬挂点高度,如图 9.36 所示。

（8）跳线

连接承力杆塔(耐张、转角和终端杆塔)两侧导线的引线,称为跳线,也称引流线,如图 9.37所示。

（9）导线的比载

作用在导线上的机械荷载包括自重、冰重和风压。它是指导线单位长度、单位截面积上

图 9.36　杆塔高度、杆塔呼称高、悬挂点高度

图 9.37　跳线

的荷载,其单位为 N/m·mm²)。

(10)导线应力

弧垂越大,其导线应力越小。架设时,要考虑应力安全系数(规程规定,架空线路导线和避雷线应力安全系数不小于 2.5)。

9.2　电　缆

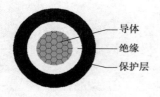

图 9.38　电缆基本结构图

电线电缆的基本结构是由导体、绝缘层和保护层 3 部分组成,如图 9.38 所示。

电缆的特点:具有较好的机械强度、弯曲性能、防腐性能,较长的使用寿命,对周边环境影响较小;供电传输性能稳定,安全可靠,容量大;敷设方便,直埋、穿管、沟道、隧道、竖井(且无落差要求)均可,但不可长期浸泡在水中使用。其缺点是:投资费用大,出故障后查寻难度较大,以及检修费用高等。

9.2.1　电缆结构

(1)导体结构

电缆的导体通常用导电性好,有一定韧性、一定强度的高纯度铜或铝制成。导体截面常用的有圆形和扇形。较小截面(16 mm² 以下)的导体有单根铜丝制成;较大截面(16 mm² 及以上)的导体有多根铜丝分数层绞合制成,绞合时相邻两层的扭绞方向相反。

(2)绝缘层

电缆的绝缘层用来使多芯导体间及导体与护套间相互隔离,并保证一定的电气耐压强度,它应有一定的耐热性能和稳定的绝缘质量。绝缘层的厚度与工作电压有关。一般来说,电压等级越高,绝缘层的厚度也越厚,但并不成正比例。

常用绝缘材料有以下 3 种:

①聚氯乙烯(PVC)绝缘。是一种热塑性材料,电缆最高运行温度只有 70 ℃,常用于低压

电缆。

②交联聚乙烯（XLPE）绝缘。是一种热固性材料，电缆最高运行温度达 90 ℃，高、低压电缆均适用。

③橡胶绝缘。其突出优点是柔软，可挠性好，常用于移动用电场所。

聚氯乙烯在燃烧时会释放出有毒的 HCl 烟雾，防火有低毒性要求时不能使用聚氯乙烯电缆；同等导体截面积的电缆，交联聚乙烯绝缘电缆的载流量要大于聚氯乙烯电缆。

交联聚乙烯绝缘电缆（简称交联电缆）具有以下优点：

①耐热性能。网状立体结构的交联聚乙烯具有十分优异的耐热性能。在 300 ℃ 以下不会分解及碳化，长期工作温度可达 90 ℃，热寿命可达 40 年。

②绝缘性能。交联聚乙烯保持了聚乙烯（PE）原有的良好绝缘特性，且绝缘电阻进一步增大。其介质损耗角正切值很小，且受温度影响不大。

③机械特性。因在大分子间建立了新的化学键，交联聚乙烯的硬度、刚度、耐磨性和抗冲击性均有提高，从而弥补了聚乙烯（PE）易受环境应力而龟裂的缺点。

④耐化学特性。交联聚乙烯具有较强的耐酸碱和耐油性，其燃烧产物主要为水和二氧化碳，对环境的危害较小，满足现代消防安全的要求。

（3）电缆护层

电缆护层使电缆绝缘不受损伤，并满足各种使用条件和环境的要求，可分为内护层和外护层，如图 9.39 所示。

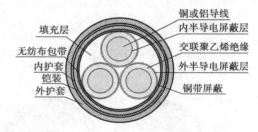

图 9.39　三芯电缆结构

1）内护层

内护层是包覆在电缆绝缘上的保护覆盖层，具有防止绝缘受潮、机械损伤以及光和化学侵蚀性媒质等作用，同时还可流过短路电流。常用内护层有非金属的聚乙烯护套、聚氯乙烯护套和金属皱纹铝护套等。

2）外护层

外护层是包覆在电缆内护层外面的保护覆盖层，主要起机械加强和防腐蚀作用。常用外护层由金属钢带铠装或金属丝铠装再加聚氯乙烯或聚乙烯护套组成，如图 9.40 所示。

图 9.40　丝带、钢带铠装电缆

（4）屏蔽层

6 kV 级及以上电缆应具有导体屏蔽和绝缘屏蔽。导体屏蔽由半导电材料组成，绝缘屏蔽

197

由非金属半导电层与金属层组合而成。如图 9.39 所示为交联聚乙烯绝缘、有屏蔽和绝缘屏蔽的三芯电缆。

标称截面 500 mm^2 及以上电缆导体屏蔽应有半导电带和挤包半导电层复合组成;35 kV 等级及标称截面 500 mm^2 及以上的电缆的金属屏蔽应采用铜丝屏蔽结构。金属层包覆在多芯电缆的每个绝缘线芯或单芯电缆上时应采用非磁性材料。额定电压为 12 kV 及以下电缆的半导电绝缘屏蔽层应采用可剥离的非金属半导电层。35 kV 电缆的绝缘线芯上应直接挤包与绝缘线芯紧密结合或可剥离的非金属半导电层。

9.2.2　电缆的分类

(1)按电压等级分类

电缆都是按一定电压等级制造的。国内常用电压等级为 0.38,10,20,35,110,220,330,500 kV。一般将电压等级 1 kV 及以下的称为低压,3～35 kV 称为中压,110～330 kV 称为高压。

(2)按导电线芯标称截面分类

目前,国内电缆常用线芯标称截面系列为 2.5,4,6,10,16,25,35,50,70,95,120,150,184,240,300,400,500,630,800 直至 2 500 mm^2。

(3)按线芯分类

按线芯,电力电缆导电芯线有单芯—五芯 5 种,如图 9.41 所示。

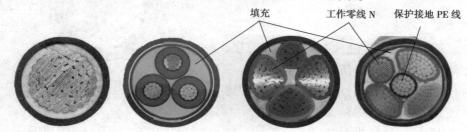

图 9.41　电缆四种典型结构

①单芯电缆。用于传送单相交流电、直流电及特殊场合(高压电机引出线)。110 kV 及其以上电压等级电缆多为单芯。

②二芯电缆。用于传送单相交流电或直流电。

③三芯电缆。用于三相交流电网中,广泛用于 35 kV 以下的电缆线路。

④四芯电缆。用于低压配电线路、中性点接地的 TN-C 方式供电系统。第四芯接工作零线(N)。

⑤五芯电缆。用于低压配电线路、中性点接地的 TN-S 方式供电系统。第五芯接保护接地线(PE)。

9.2.3　电力电缆型号及产品表示方法

电力电缆的型号主要由以下 5 个部分组成:

用汉语拼音第一个字母的大写表示导体材料、绝缘种类、内护层材料及结构特点。

导体材料:铜—T(一般省略);铝—L。电缆在正常使用时,导体长期允许工作温度不超过 90 ℃;短路时(最大短路持续时间 5 s),导体最高温度不超过 250 ℃。

绝缘材料:聚氯乙烯—V;聚乙烯—Y;交联聚乙烯—YJ;橡胶—X。

数字表示外护层:有两位数字:第一位表示铠装材料;第二位表示外护层材料。第一位数字—钢带铠装(2),细钢丝铠装(3),粗钢丝铠装(4)。第二位数字——聚氯乙烯(2),聚乙烯(3)。

标称电压:用 U_0/U 来表示。U 是电缆设计时导体与导体之间的线电压;U_0 是电缆设计时导体对金属屏蔽之间的电压(即导体对地电压)。

例如,YJV 表示交联聚乙烯绝缘(YJ),聚氯乙烯护套(V),铜芯电缆(T 铜芯省略)。

又如,YJLV22 表示交联聚乙烯绝缘(YJ),聚氯乙烯护套(V),钢带铠装(2),铝芯电缆(L)。

再如,交联聚乙烯绝缘铜带屏蔽双钢带铠装聚氯乙烯护套电力电缆,额定电压为 26/35 kV,3 芯,标称截面 240 mm²,表示为 YJV22-26/35　3 ×240。

常用电缆的型号及截面如图 9.42 所示。

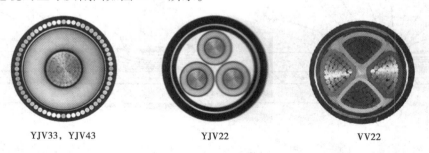

YJV33，YJV43　　　　　　YJV22　　　　　　　　VV22

(a)铜芯交联聚乙烯绝缘细/粗丝带铠装、聚乙烯护套电缆　　　(b)铜芯交联聚乙烯绝缘、钢带铠装、聚氯乙烯护套电缆　　　(c)铜芯交联聚氯乙烯绝缘、钢带铠装、聚氯乙烯护套电缆

图 9.42　常用电缆型号及截面结构

9.2.4　电缆附件

(1)电缆附件定义

除电缆本体以外所有的安装用材料,统称电缆附件,如终端头、中间接头、电缆安装用的金具、电缆卡子、绝缘材料等。

电缆线路两端与其他电气设备相连接的电缆附件,称为终端头。用于户外的称为户外终端头;用于户内的称为户内终端头。两根电缆相连接的电缆附件,称为中间接头。

（2）**高压电缆电场**

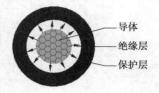

图9.43 电缆基本电场分布

高压电缆每一相线芯外均有一接地的(铜)屏蔽层,导电线芯与屏蔽层之间形成径向分布的电场。正常电缆的电场只有从(铜)导线沿半径向(铜)屏蔽层的电力线,没有芯线轴向的电场(电力线),电场分布是均匀的。图9.43中,箭头表示电场的电力线。

在做电缆头时,剥去了屏蔽层,改变了电缆原有的电场分布,将产生对绝缘极为不利的切向电场(沿导线轴向的电力线)。在剥去屏蔽层芯线的电力线向屏蔽层断口处集中,因此,在屏蔽层断口处就是电缆最容易击穿的部位。

电缆附件结构中,如果不采用电应力控制,便会发生放电,这时电缆屏蔽层或隔离层末端的寿命便取决于屏蔽层端部处的电应力及主要电介质的放电电阻,一般寿命不超过1年。因此,对中高压电缆屏蔽切断处均需采用电应力控制措施。解决电应力分布的方法主要有两种:一种是使用改变屏蔽切断处几何形状的模制电应力锥;另一种是在屏蔽切断处使用应力管,即参数型电应力控制,它是利用材料的阻抗、电阻-电容特性来改善电应力分布。

如图9.44所示为应力管的电场分布情况。应力管是利用材料参数来控制电场应力,它对材料要求很高。制备应力管的材料必须同时满足:体积电阻率在$10^9 \sim 10^{11}\ \Omega \cdot cm$;介电常数大于25。这两个条件要同时满足是比较困难的,因为这两项电气参数受每道生产工序影响都很大,对材料、工艺等均有较苛刻的要求,可靠性较差。

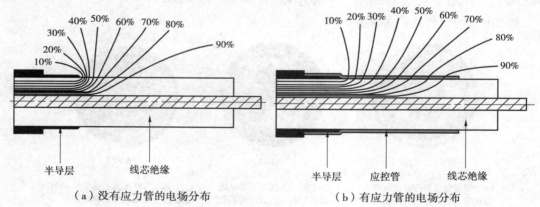

（a）没有应力管的电场分布　　　　（b）有应力管的电场分布

图9.44 应力管缓解电场应力分布

应力锥则利用部件几何形状来控制电场应力,对材料电气性能参数要求不高,体积电阻率在$1 \sim 100\ \Omega \cdot cm$即可满足。几何形状通过模具成型很容易得到保障,参数基本不会发生偏差。因此,应力锥结构的电缆附件比应力管结构的电缆附件可靠性要高得多。应力锥缓解电场应力分布如图9.45所示。

（3）**中低压电缆附件**

目前,中低压电缆附件使用得比较多的主要有热收缩附件、预制式附件和冷缩式附件。各电缆附件安装结构如图9.46所示。它们分别有以下特点:

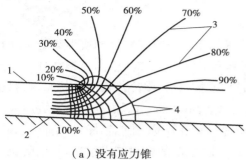

（a）没有应力锥

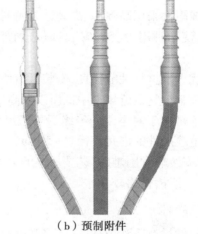

（b）装有应力锥

图 9.45 应力锥缓解电场应力分布

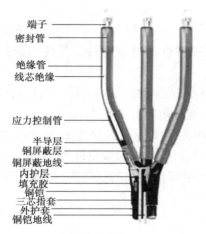

端子
密封管

绝缘管
线芯绝缘

应力控制管

半导层
铜屏蔽层
铜屏蔽地线
内护层
填充胶
铜铠
三芯指套
外护套
铜铠地线

（a）热缩附件

（b）预制附件

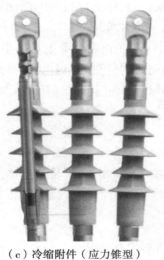

（c）冷缩附件（应力锥型）

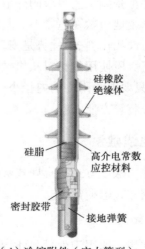

硅橡胶
绝缘体

硅脂

高介电常数
应控材料

密封胶带

接地弹簧

（d）冷缩附件（应力管型）

图 9.46 电缆附件安装结构

1）热收缩附件

热缩材料又称高分子形状"记忆"材料。它主要是利用结晶或半结晶的线性高分子材料经高能射线照射或化学交联后成为三维网状结构而具有形状"记忆效应"的新型高分子功能材料。交联高分子在高弹态间具有弹性,施加外力拉伸或扩张后,骤冷使其维持状态,材料虽经扩张形变但具有"记忆效应",当温度升高到软化点以上,形变马上消除,立即恢复到原来的形状。其使用条件为 - 30 ~ 100 ℃。其主要优点是轻便,安装容易,性能较好,价格便宜。热收缩附件因弹性较小,运行中热胀冷缩时可能使界面产生气隙,故密封技术很重要,以防止潮气侵入。

2）预制式附件

预制电缆附件采用高弹性、高韧性的特种硅橡胶,与电缆本体按一定过盈配合在工厂整体预制成型,使用时用力套进安装部位,国外又称推进式电缆附件。其使用条件为 - 50 ~ 200 ℃。

其主要优点是材料性能优良,安装更简便、快捷,无须加热即可安装,弹性好,能使界面性能得到较大改善。它是近年来中低压以及高压电缆采用的主要形式。

存在的不足在于对电缆的绝缘层外径尺寸要求高,通常过盈量为 2 ~ 5 mm(即电缆绝缘外径要大于电缆附件的内孔直径 2 ~ 5 mm)。当过盈量过小,电缆附件将出现故障;过盈量过大,电缆附件安装非常困难(工艺要求高),特别在中间接头上问题突出,安装既不方便,又常成为故障点。此外,价格较贵。

3）冷缩式附件

冷缩型附件材料是利用高抗撕、高弹性硅橡胶优异的弹性,用螺旋管状塑料支撑材料将原始状态的附件扩张到工艺要求的外形尺寸,安装就位后,把支撑材料一圈圈连续抽掉,附件依靠橡胶弹性紧紧地包敷在电缆上。其使用条件为 - 50 ~ 200 ℃。

与预制式附件相比,它的优势是安装更为方便,只需在正确位置上抽出电缆附件内衬芯管即可安装完工。所使用的材料从机械强度上比预制式附件更好,对电缆的绝缘层外径尺寸要求也不太高,只要电缆附件的内径小于电缆绝缘外径 2 mm 就完全能够满足要求。同时,冷缩式附件施工安装较方便。

9.2.5 电缆敷设

电力电缆常用敷设方式有直埋式敷设、预制式砖砌电缆沟敷设、排管电缆沟敷设、隧道电缆敷设及非开挖方式电缆敷设。

（1）直埋式敷设

直埋敷设方式一般用于少量、临时性或不十分重要线路的敷设。电缆直埋一般要求进行样洞开挖,在敷设路径每 40 ~ 50 m 挖一样的洞,在转弯处和跨路口处都应挖设,以确定电缆路径的可行性。

直埋电缆沟的挖设,一般深度为 80 cm;宽度为:1 根电缆 40 ~ 50 cm,2 根电缆 60 cm;电缆条数增加按比例放宽。其断面图如图 9.47 所示。

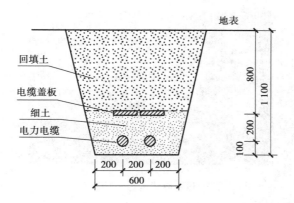

图 9.47　直埋电缆断面图

电缆敷设后先在上覆盖 10 cm 细土或砂,再盖上电缆保护板,覆土后应在相关位置埋设电缆标桩。其优点是:敷设方便,节省材料和人工。其缺点是:维护不便,如果要维护,就需要把覆土挖开,仅建议用在不考虑维护或能接受这种维护方式的地方。直埋时,一般是需要垫黄沙的。

（2）预制式砖砌电缆沟敷设

盖板搭盖至少为 10 cm,理想的为 15 cm。如无支架,注意电缆间距。如图 9.48、图 9.49 所示为电缆砖砌沟断面图及现场电缆沟道图片。

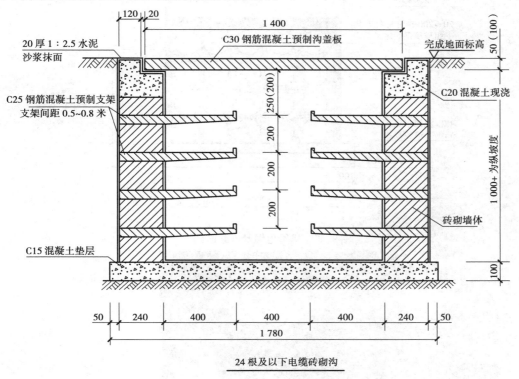

图 9.48　电缆砖砌沟道断面图

图 9.49　电缆沟道现场图片

（3）排管电缆沟敷设

排管敷设方式通道具有利用率高,避免相邻电缆故障影响等排管敷设方式的优点。但存在电缆外护套故障查找、修复困难,造价偏高,以及不易施工排管敷设的缺点。如图 9.50、图 9.51 所示为排管电缆敷设断面图及现场图片。穿管敷设时,在线路转弯角度较大或者直线段距离较长的时候都需要考虑设置电缆井。目前,穿管的管材用得较多的有铸铁管、钢管、聚乙烯管、尼龙管及碳素管等。单芯电缆穿金属管时,要注意涡流的影响。

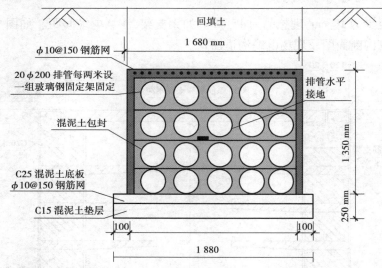

图 9.50　排管电缆敷设断面图

图 9.51　排管电缆敷设现场图片

（4）隧道敷设

隧道电缆敷设如图 9.52、图 9.53 所示。该敷设方式具有可敷设回路数多，易于巡检等优点，但造价较高。

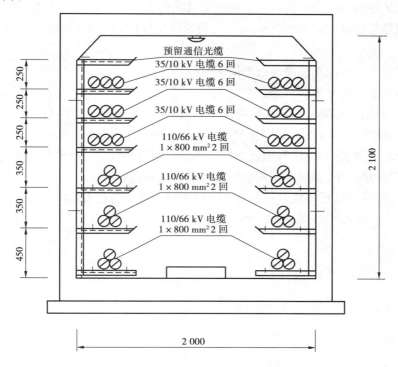

图 9.52 隧道电缆断面图

图 9.53 隧道电缆现场图片

思考与练习题

1. 架空输电线路主要由哪些元件组成？
2. 杆塔的用途是什么？杆塔按用途分为哪几大类？

3.悬式绝缘子按其绝缘介质材料一般分为哪几种形式?

4.金具按其不同的用途和性能,一般可分为哪些类型?

5.什么是钢筋混凝土杆的基础的"三盘"? 它们各有什么作用?

6.什么是架空线的限距? 简述比载的概念及其种类。

7.输电线路导体排列的方式有哪些? 三相导线换位的目的是什么? 在何种情况下需要进行换位?

8.架空线路弧垂过大对线路运行的影响有哪些?

9.电缆的基本结构分为哪几部分?

10.电缆主要附件有哪些? 什么叫电缆中间接头?

11.解释电缆 YJV32-0.6/1 kV-3 * 150 + 70 型号所表达的意义?

12.交联聚乙烯绝缘的电缆和聚氯乙烯绝缘的电缆有何区别? 交联电缆的优点是什么?

13.电缆附件结构中,如果不采用电应力控制会有什么后果?

14.电力电缆常用敷设方式有哪几种? 各种敷设方式的特点有哪些?

第 **10** 章

短路电流计算

【学习描述】

　　短路是指不同相之间,相对中线或地线之间的直接金属性连接或经小阻抗连接。短路电流的热效应使设备急剧发热,可能导致设备过热损坏;短路电流产生电动力,可能使设备永久变形或严重损坏;短路时系统电压大幅度下降,严重影响用户的正常工作;短路可能使电力系统的运行失去稳定;不对称短路产生的不平衡磁场,会对附近的通信系统及弱电设备产生电磁干扰,影响其正常工作。讨论和计算供配电系统在短路故障情况下的电流,供母线、电缆、设备的选择和继电保护整定计算之用,是保证电气设备承受短路危害所必需的计算。

【教学目标】

　　使学生熟悉主要电气设备的等值电路和参数,掌握供配电系统的三相短路电流。

【学习任务】

　　了解短路的原因和危害、无穷大容量电源、标幺值、三相短路的暂态过程会计算三相短路电流。

10.1　短路认识

10.1.1　短路的类型、原因及危害

　　供配电系统在运行中常会发生各种故障,其中危害最大的故障就是短路。所谓短路,是指系统中相与相之间,相与地之间的非正常连接。供配电系统短路故障的基本类型有以下 4 种:三相短路,用符号 $k^{(3)}$ 表示;两相短路,用符号 $k^{(2)}$ 表示;单相接地,用符号 $k^{(1)}$ 表示;两相短路接地,用符号 $k^{(1,1)}$ 表示。各种短路故障类型如图 10.1 所示。

　　上述各种短路中,三相短路属对称短路,其他短路属不对称短路。因此,三相短路可用对称三相电路分析,不对称短路采用对称分量法分析,即把一组不对称的三相量分解成 3 组对称的正序、负序和零序分量来分析研究。在电力系统中,发生单相短路的可能性最大,发生三相短路的可能性最小,但通常三相短路的短路电流最大,危害也最严重,因此,短路电流计算

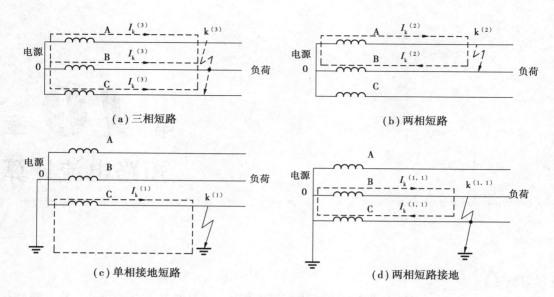

(a) 三相短路　　　　　　　　　　　　　　　(b) 两相短路

(c) 单相接地短路　　　　　　　　　　　　　(d) 两相短路接地

图 10.1　电力系统短路故障的类型

的重点是三相短路电流计算。

　　供配电系统发生短路的主要原因是电气设备载流导体的绝缘破坏,如架空线路的绝缘子串被击穿或短接。造成绝缘破坏的主要原因是绝缘老化、遭受雷击、设备容量不足而长期过载、受外力的破坏等。其他如运行人员误操作(带负荷拉、合隔离开关,检修后忘拆除地线合闸等),架空线路断线或倒杆,以及鸟、鼠等动物的危害等也是造成短路故障的原因。

　　在电力系统的所有元件中,架空线路是最易发生短路故障的,尽管其相间距离和相对地距离较大。这是线路长而运行环境又较差的缘故。电力系统在发生短路时,短路处可能是导体间或导体与地间的直接连接,也可能是通过电弧电阻连接。前者称为金属性短路,后者称为非金属性短路。

　　短路故障对电力系统的安全运行有十分严重的威胁。电力系统在发生短路故障时,故障处的短路电流可达到额定电流的几倍至几十倍,在 6 ~ 10 kV 额定容量较大的电力网中,短路电流可达几十至几百千安。当巨大的短路电流流过导体时,将使导体严重过热使绝缘损坏甚至可能使导体熔化,或因短路电流产生的电动力使设备变形或损坏。发生短路时往往还会产生电弧,从而可能烧毁设备并可能引起火灾。

　　电力系统在发生不对称接地短路故障时,将会产生零序和负序电流,造成对邻近的通信线路和电子装置的干扰,还会使发电机振动和局部过热。在某些情况下还会引起铁磁谐振或工频电压升高。

　　发生短路时,由于短路回路的阻抗很小,产生的短路电流较正常电流大数十倍,有时可能高达数万甚至数十万安培。同时,系统电压降低,离短路点越近,电压降低越大;三相短路时,短路点的电压可能降到零。因此,短路将造成严重危害。

　　①短路产生很大的热量,导体温度升高,将绝缘损坏。

　　②短路产生巨大的电动力,使电气设备受到机械损坏。

　　③短路使系统电压严重降低,电气设备正常工作受到破坏。例如,异步电动机的转矩与外施电压的平方成正比,当电压降低时,其转矩降低使转速减慢,造成电动机过热而烧坏。

④短路造成停电,给国民经济带来损失,给人民生活带来不便。

⑤严重的短路将影响电力系统运行的稳定性,使并联运行的同步发电机失去同步,严重的可能造成系统解列,甚至崩溃。

⑥单相短路产生的不平衡磁场,对附近的通信线路和弱电设备产生严重的电磁干扰,影响其正常工作。

由上述可知,短路产生的后果极为严重,在供配电系统的设计和运行中应采取有效措施,设法消除可能引起短路的一切因素,使系统安全可靠地运行。同时,为了减轻短路的严重后果和防止故障扩大,需要计算短路电流,以便正确地选择和校验各种电气设备、计算和整定保护短路的继电保护装置及选择限制短路电流的电气设备(如电抗器)等。

10.1.2　短路计算和分析的目的

考虑到短路故障对电力系统运行的严重危害性,为了保证系统的正常运行,在设计和运行中应使电力系统能克服短路故障造成的危害。为此,要进行一系列的短路电流计算,为选择电力系统的接线方式和电气设备,选择和整定继电保护装置等准备必要的技术数据。事实上短路分析和计算一直是电力系统计算的基本问题之一,由于短路计算对电力系统的设计、制造、安装、调试、运行和维护等方面都有影响,因此,必须了解短路电流产生和变化的基本规律,掌握短路分析和计算的基本方法。

在工程实际中,短路计算的目的主要如下:

(1)选择电气设备

电气设备在运行中必须满足动稳定和热稳定性的要求,而设备的动稳定和热稳定性校验则是以短路计算结果为依据的。

(2)选择合适的电气主接线方案

有时在设计电气主接线时,可能因短路电流太大而须选择重型的电气设备,使投资较大,技术经济性不好,此时就须采取限制短路电流的措施或其他方法选择可靠而经济的主接线方案。

(3)为继电保护的整定计算提供依据

在继电保护装置的设计中,常须多种运行方式下的短路电流值作为整定计算和灵敏度校验的依据。

10.2　无限大容量供电系统三相短路分析

10.2.1　无限大容量供电系统的概念

三相短路是电力系统最严重的短路故障,三相短路的分析计算又是其他短路分析计算的基础。短路时,发电机中发生的电磁暂态变化过程很复杂,为了简化分析,假设三相短路发生在一个无限大容量电源的供电系统。所谓"无限大容量系统",是指端电压保持恒定,没有内部阻抗和容量无限大的系统。实际上,任何电力系统都有一个确定的容量,并有一定的内部阻抗。当供配电系统容量较电力系统容量小得多,电力系统阻抗不超过短路回路总阻抗的 5% ~ 10%,或短路点离电源的电气距离足够远,发生短路时电力系统母线电压降低很小,此时可将电力系统看作无限大容量系统,从而使短路电流计算大为简化。供配电系统一般满足上述条件,可视为无限大容量供电系统,据此进行短路分析和计算。

10.2.2 无限大容量供电系统三相短路暂态过程

如图 10.2 所示为电源为无限大容量系统的供电系统发生三相短路的系统图和三相电路图。图 10.2 中,r_K,x_K 为短路回路的电阻和电抗,r_1,x_1 为负载的电阻和电抗。因三相电路对称,故可用单相等值电路图进行分析,如图 10.2(c)所示。如图 10.3 所示为无限大容量系统发生三相短路时的短路电流波形图。

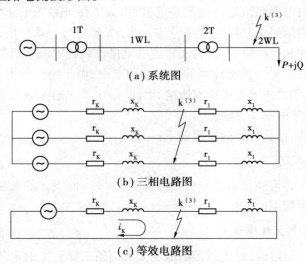

（a）系统图

（b）三相电路图

（c）等效电路图

图 10.2　无限大容量系统三相短路

（1）正常运行

设电源相电压为 $U_\phi = U_{\phi m}\sin(\omega t + \alpha)$,正常运行电流为

$$i = I_m\sin(\omega t - \phi + \alpha) \tag{10.1}$$

式中,电流幅值为

$$I_m = \frac{U_{\phi m}}{|Z|} = \frac{U_{\phi m}}{\sqrt{(r_k + r_1)^2 + (x_k + x_1)^2}}$$

阻抗角为

$$\varphi = \arctan^{-1}\frac{x_k + x_1}{r_k + r_1}$$

（2）三相短路分析

设在图 10.2 中 k 点发生三相短路。电路被分为两个独立回路,短路点左侧是一个与电源相连的短路回路,短路点右侧是一个无电源的短路回路。无源回路中的电流由原来的数值

衰减到零。有源回路短路后,因回路阻抗减少,故电流要增大,但因电路内存在电感,电流不能发生突变,从而产生一个非周期分量电流,非周期分量电流也不断衰减,电流最终达到稳态短路电流。下面分析短路电流的变化,短路电流 i_k 应满足微分方程

$$r_k i_k + L_k \frac{\mathrm{d} i_k}{\mathrm{d} t} = U_{\phi m} \sin(\omega t + \alpha) \tag{10.2}$$

式(10.2)是非齐次一阶微分方程,其解为

$$i_k = I_{zm} \sin(\omega t - \varphi_k + \alpha) + i_{fz0} \mathrm{e}^{-\frac{t}{\tau}} \tag{10.3}$$

式中　$I_{zm} = \dfrac{U_{\phi m}}{\sqrt{r_k^2 + x_k^2}}$ ——短路电流周期分量幅值,$I_{zm} = \dfrac{U_{\phi m}}{\sqrt{r_k^2 + x_k^2}}$;

$\varphi_k = \arctan^{-1} \dfrac{x_k}{r_k}$ ——短路回路阻抗角,$\varphi_k = \arctan^{-1} \dfrac{x_k}{r_k}$;

$\tau = \dfrac{L_k}{r_k}$ ——短路回路时间常数,$\tau = \dfrac{L_k}{r_k}$;

i_{fz0} ——短路电流非周期分量初值。

i_{fz0} 由初始条件决定,即在短路瞬间 $t = 0$ 时,短路前工作电流与短路后短路电流相等,即 $i_{[0]} = i_0$,则

$$I_m \sin(\alpha - \varphi) = I_{zm} \sin(\alpha - \varphi_k) + i_{fz0} \tag{10.4}$$

$$i_{fz0} = I_m \sin(\alpha - \varphi) - I_{zm} \sin(\alpha - \varphi_k) \tag{10.5}$$

将式(10.5)代入式(10.3),得

$$i_k = I_{zm} \sin(\omega t + \alpha - \varphi_k) + [I_m \sin(\alpha - \varphi) - I_{zm} \sin(\alpha - \varphi_k)] \mathrm{e}^{-\frac{t}{\tau}} \tag{10.6}$$

由式(10.6)可知,三相短路电流由短路电流周期分量 i_z 和非周期分量 i_{zf} 组成。三相短路电流的周期分量由电源电压和短路回路阻抗决定,在无限大容量系统条件下,其幅值不变,又称稳态分量。三相短路电流的非周期分量,按指数规律衰减,最终为零,又称自由分量。

(3) 最严重三相短路时的短路电流

下面讨论在电路参数确定和短路点一定情况下,产生最严重三相短路的短路电流(即最大瞬时值)的条件。由式 10.6 可知,短路电流非周期分量初值最大时短路电流瞬时值也最大。

分析式(10.6)可以得出最严重短路电流的条件如下:

①短路前电路空载或 $\cos \phi = 1$ 。

②短路瞬间电压过零,即 $t = 0$ 时,$\alpha = 0°$ 或 $180°$ 。

③短路回路纯电感,即 $\phi_K = 90°$ 。

将 $I_m = 0$,$\alpha = 0°$,$\phi_K = 90°$ 代入式(10.6),得

$$i_k = -I_{zm} \cos \omega t + I_{zm} \mathrm{e}^{-\frac{t}{\tau}} = -\sqrt{2} I_z \cos \omega t + \sqrt{2} I_z \mathrm{e}^{-\frac{t}{\tau}}$$

式中　I_z ——短路电流周期分量有效值。

短路电流非周期分量最大时的短路电流波形如图 10.3 所示。在实际供电系统中,出现上述情况的概率很小,但是它所引起的短路后果将是最严重的。短路电流计算也是计算最严重三相短路时的短路电流。顺便指出,上述结果是三相短路时其中的一相,并不是各相都会

出现最严重情况,只有在短路时,电压过零的那一相才会出现最严重情况。另外还要指出,在实际短路发生后,并不能在电路中分别测出短路电流周期分量和非周期分量,实际测得的是两者叠加后完整的短路电流波形。引入周期分量和非周期分量的目的,仅仅是为了分析问题的方便和清晰。

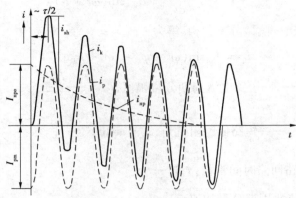

图 10.3　最严重三相短路时的电流波形图

10.2.3　无限大容量供电系统三相短路的有关物理量

(1)短路电流周期分量有效值

由式(10.3)短路电流周期分量幅值 I_{zt} 可得短路电流周期分量有效值 I_p。无限大容量供电系统三相短路时,电源电压不变。式中,电源电压为线路额定电压的 1.05 倍,即线路首末两端电压的平均值,称线路平均额定电压,用 U_{av} 表示,从而短路电流周期分量有效值为

$$I_z = \frac{U_{av}}{\sqrt{3}\,|Z_k|} \tag{10.7}$$

其中

$$U_{av} = 1.05U_N$$

则

$$|Z_k| = \sqrt{r_k^2 + x_k^2}$$

式中　Z_k——短路回路总阻抗,$|Z_k| = \sqrt{r_k^2 + x_k^2}$,Ω。

(2)次暂态短路电流

次暂态短路电流是短路电流周期分量在短路后第一个周期的有效值,用 I'' 表示。在无限大容量系统中,短路电流周期分量不衰减,即

$$I'' = I_z = I_{zt} = I_\infty \tag{10.8}$$

(3)短路全电流有效值

因短路电流含有非周期性分量,故短路全电流不是正弦波。短路过程中短路全电流的有效值 $I_{k(t)}$,是指以该时间 t 为中心的一个周期内,短路全电流瞬时值的均方根值,即

$$I_{k(t)} = \sqrt{\frac{1}{T}\int_{t-\frac{T}{2}}^{t+\frac{T}{2}} i_k^2 \mathrm{d}t} = \sqrt{\frac{1}{T}\int_{t-\frac{T}{2}}^{t+\frac{T}{2}} (i_z + i_{fz})^2 \mathrm{d}t} \tag{10.9}$$

式中　i_k——短路全电流瞬时值；

　　　T——短路全电流周期；

　　　i_z——短路电流周期分量的瞬时值；

　　　i_{fz}——短路电流非周期分量的瞬时值。

为了简化上式计算,假设短路电流非周期分量 i_{fz} 在所取周期内恒定不变,即其值等于在该周期中心的瞬时值 $i_{fz(t)}$；周期分量 i_z 的幅值也为常数,其有效值为 $I_{z(t)}$。在该周期内非周期分量的有效值即为该时间 t 时的瞬时值 $i_{fz(t)}$；周期分量有效值为 $I_{z(t)}$。

作如上假设后,式(10.9)经运算,短路全电流有效值为

$$I_{k(t)} = \sqrt{I_{z(t)}^2 + I_{fz(t)}^2} \tag{10.10}$$

(4)短路冲击电流和冲击电流有效值

短路冲击电流 i_{sh} 是短路全电流的最大瞬时值,由图10.4可知,短路全电流最大瞬时值出现在短路后半个周期,即 $t = 0.01\mathrm{s}$ 时,由式(10.7)得

$$i_{sh} = i_{z(0.01)} + i_{fz(0.01)} = \sqrt{2}I_z(1 + e^{-\frac{0.01}{\tau}}) = \sqrt{2}k_{sh}I_z \tag{10.11}$$

式中,$k_{sh} = 1 + e^{-\frac{0.01}{\tau}}$ 为短路电流冲击系数。对纯电阻性电路,$k_{sh} = 1$；对纯电感性电路,$k_{sh} = 2$。因此,$0 \le k_{sh} \le 2$。

短路冲击电流有效值 I_{sh} 是短路后第一个周期的短路全电流有效值。由式(10.10)可得

$$I_{sh} = \sqrt{I_{z(0.01)}^2 + I_{fz(0.01)}^2}$$

或

$$I_{sh} = \sqrt{1 + 2(k_{sh} - 1)^2}I_z \tag{10.12}$$

为计算方便,在高压系统发生三相短路时,一般可取:$k_{sh} = 1.8$,因此

$$i_{sh} = 2.55I_z \tag{10.13}$$

$$I_{sh} = 1.52I_z \tag{10.14}$$

在低压系统发生三相短路时,可取 $k_{sh} = 1.3$,因此

$$i_{sh} = 2.84I_z \tag{10.15}$$

$$I_{sh} = 1.09I_z \tag{10.16}$$

(5)稳态短路电流有效值

稳态短路电流有效值是指短路电流非周期分量衰减完后的短路电流有效值,用 I_∞ 表示。在无限大容量系统中,$I_\infty = I_z$。

因此,无限大容量系统发生三相短路时,短路电流的周期分量有效值保持不变。在短路电流计算中,通常用 I_k 表示周期分量的有效值(以下简称短路电流),即

$$I'' = I_z = I_\infty = I_k = \frac{U_{av}}{\sqrt{3}|Z_k|} \tag{10.17}$$

(6)三相短路容量

三相短路容量是选择断路器时,校验其断路能力的依据。所谓三相短路容量,可由下式定义,即

$$S_k = \sqrt{3} U_{av} I_k \tag{10.18}$$

式中 S_k——三相短路容量,MVA;

U_{av}——短路点所在级的线路平均额定电压,kV;

I_k——短路电流,kA。

综上所述,无限大容量系统发生三相短路时,求出短路电流周期分量有效值,即可计算有关短路的所有物理量。

10.3 无限大容量供电系统三相短路电流的计算

供配电系统通常具有多个电压等级。用常规的有名值计算短路电流时,必须将所有元件的阻抗归算到同一电压级才能进行计算,显得麻烦和不便。因此,通常采用标幺值,以简化计算,便于比较分析。故本节仅讲述短路电流标幺值计算方法,有名值计算方法请参见相关书籍。

10.3.1 标幺制

用相对值表示元件的物理量,称为标幺制。任意一个物理量的有名值与基准值的比值称为标幺值,标幺值没有单位,即

$$标幺值 = \frac{实际值(任意单位)}{基准值(与有名值同单位)} \tag{10.19}$$

标幺值实际就是某个物理量的有名值与选定的同单位的基准值的比值,也就是对基准值的倍数值。显然,同一个物理量当选取不同的基准值时,其标幺值也就不同。当描述一个物理量的标幺值时,必须同时说明其基准值为多大,否则仅一个标幺值是没有意义的。

采用标幺值进行计算时,第一步的工作是选取各物理量的基准值。电力系统的各电气量基准值的选择必须符合电路基本关系,即

$$\left.\begin{array}{l} S_B = \sqrt{3} U_B I_B \\ U_B = \sqrt{3} I_B Z_B \\ Z_B = \dfrac{1}{Y_B} \end{array}\right\} \tag{10.20}$$

式中 S_B——三相功率的基准值;

U_B, I_B——线电压、线电流的基准值;

Z_B, Y_B——每相阻抗、导纳的基准值。

上面5个基准值中只有两个是独立的,通常选定 S_B, U_B 为功率和电压的基准值,其他3个基准值可按电路关系派生出来。

基值选定以后便可计算各物理量的标幺值,其值分别为

$$
\left.\begin{aligned}
U_* &= \frac{U}{U_B} \\
I_* &= \frac{I}{I_B} \\
Z_* &= \frac{Z}{Z_B} = \frac{R+jX}{Z_B} = \frac{R}{Z_B} + j\frac{X}{Z_B} = R_* + jX_* \\
S_* &= \frac{S}{S_B} = \frac{P+jQ}{S_B} = \frac{P}{S_B} + j\frac{Q}{S_B} = P_* + jQ_*
\end{aligned}\right\}
\tag{10.21}
$$

基准值的选取是任意的,但为了计算方便,通常取 100 MVA 为基准容量,取线路平均额定电压为基准电压,即 $U_B = U_{av} \approx 1.05\ U_N$。线路的额定电压和基准电压对照值见表 10.1。

表 10.1　线路的额定电压和基准电压/kV

额定电压 U_N	0.38	6	10	35	110	220	500
基准电压 U_d	0.4	6.3	10.5	37	115	230	525

因基准容量从一个电压等级换算到另一个电压等级时,其数值不变,而基准电压从一个电压等级换算到另一个电压等级时,故其数值就是另一个电压等级的基准电压。

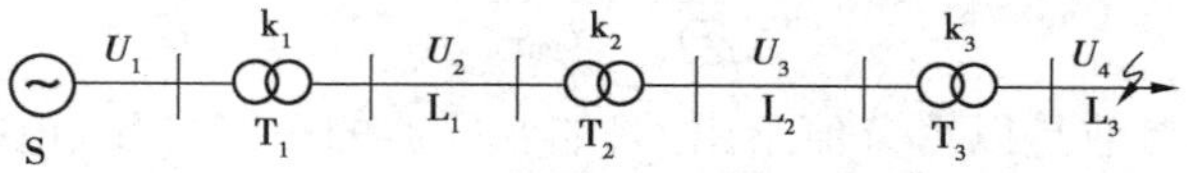

图 10.4　简单多电压级电力系统

下面用如图 10.4 所示的多级电压的供电系统加以说明。短路发生在 L_3,选基准容量为 S_B,各级基准电压分别为 $U_{B1} = U_{av1}$,$U_{B2} = U_{av2}$,$U_{B3} = U_{av3}$,$U_{B4} = U_{av4}$,则系统 S 的电抗 X'_S 归算到短路点所在电压等级的电抗 X_S 为

$$
X_S = X'_S(k_1 \cdot k_2 \cdot k_3)^2 = X'_S \left(\frac{U_{av2}}{U_{av1}} \cdot \frac{U_{av3}}{U_{av2}} \cdot \frac{U_{av4}}{U_{av3}} \right)^2
$$

其标幺值电抗为

$$
X_S^* = \frac{X_S}{Z_B} = X_S \frac{S_B}{U_{b4}^2} = X'_S \left(\frac{U_{av2}}{U_{av1}} \cdot \frac{U_{av3}}{U_{av2}} \cdot \frac{U_{av4}}{U_{av3}} \right)^2 \frac{S_B}{U_{av4}^2} = X'_S \frac{S_B}{U_{av4}^2}
$$

即

$$
X_S^* = X'_S \frac{S_B}{U_{av4}^2}
$$

以上分析表明,用基准容量和元件所在电压等级的基准电压计算的阻抗标幺值,与将元件的阻抗换算到短路点所在的电压等级,再用基准容量和短路点所在电压等级的基准电压计算的阻抗标幺值相同,即变压器的变比标幺值等于1,从而避免了多级电压系统中阻抗的换算。短路回路总电抗的标幺值可直接由各元件的电抗标幺值相加而得。这也是采用标幺制计算短路电流所具有的计算简单、结果清晰的优点。

在电力系统的实际计算中,对直接电气联系的网络,在制订标幺值的等值电路时,各元件

的参数必须按统一的基准值进行归算。然而,从手册或产品说明书中查得的电机和电器的阻抗值,一般都是以各自的额定容量(或额定电流)和额定电压为基准的标幺值(额定标幺阻抗)。由于各元件的额定值可能不同,因此,必须把不同基准值的标幺阻抗换算成统一基准值的标幺值。

进行换算时,先把额定标幺阻抗还原为有名值。例如,对电抗,有

$$X = X_{*N} \frac{U_N^2}{S_N}$$

若统一选定的基准电压和基准功率分别为 U_B,S_B,那么,以此为基准的标幺电抗值应为

$$X_{*B} = X \frac{S_B}{U_B^2} = X_{*N} \frac{U_N^2}{S_N} \cdot \frac{S_B}{U_B^2} = X_{*N} \frac{S_B}{S_N} \left(\frac{U_N}{U_B}\right)^2 \tag{10.22}$$

式(10.22)可用于发电机和变压器的标幺电抗的换算。对系统中用来限制短路电流的电抗器,它的额定标幺电抗是以额定电压和额定电流为基准值来表示的。因此,它的换算公式为

$$X = X_{*N} \frac{U_N}{\sqrt{3} I_N}$$

$$X_{*B} = X_{*N} \frac{U_N}{\sqrt{3} I_N} \frac{\sqrt{3} I_B}{U_B} = X_{*N} \frac{I_B}{I_N} \frac{U_N}{U_B} \tag{10.23}$$

还有一些设备的参数是以百分值给出的,如变压器的短路电压、电抗器的电抗等。此时,首先将百分值化为以额定参数为基准值的标幺值,然后再进行标幺值的换算。

显然,同一基准的标幺值与百分值之间的关系为

$$标幺值 = \frac{百分值}{100}$$

10.3.2 短路回路元件的标幺值阻抗

计算短路电流时,需要计算短路回路中各个电气元件的阻抗及短路回路的总阻抗。

(1)线路的电阻标幺值和电抗标幺值

线路给出的参数是长度 $l(km)$、单位长度的电阻 r_0 和电抗 $x_0(\Omega/km)$。其电阻标幺值和电抗标幺值分别为

$$R_L^* = \frac{R_L}{Z_B} = r_0 l \frac{S_B}{U_B^2} \tag{10.24a}$$

$$X_L^* = \frac{X_L}{Z_B} = x_0 l \frac{S_B}{U_B^2} \tag{10.24b}$$

式中　S_B——基准容量,MVA;

　　　U_B——线路所在电压等级的基准电压,kV。

线路的 R_0,x_0 可查阅相关资料,x_0 也可采用表10.2所列的平均值。

表 10.2　电力线路单位长度的电抗平均值

线路名称	$x_0/(\Omega \cdot km^{-1})$
35 ~ 220 kV 架空线路	0.4
3 ~ 10 kV 架空线路	0.38
0.38/0.22 kV 架空线路	0.36
35 kV 电缆线路	0.12
3 ~ 10 kV 电缆线路	0.08
1 kV 以下电缆线路	0.06

（2）变压器的电抗标幺值

变压器给出的参数是额定容量 S_N（MVA）和阻抗电压 $U_K\%$，由于变压器绕组的电阻 R_T 较电抗 X_T 小得多，在变压器绕组电阻上的压降可忽略不计，因此，其电抗标幺值为

$$X_T^* = \frac{X_T}{Z_B} = \frac{U_k\%}{100} \cdot \frac{U_B^2}{S_N} \cdot \frac{S_B}{U_B^2} = \frac{U_k\%}{100} \cdot \frac{S_B}{S_N} \tag{10.25}$$

（3）电抗器的电抗标幺值

电抗器给出的参数是电抗器的额定电压 $U_{k.N}$、额定电流 $I_{k.N}$ 和电抗百分数 $X_k\%$，其电抗标幺值为

$$X_k^* = \frac{X_k}{Z_B} = \frac{X_k\%}{100} \cdot \frac{U_{kN}^2}{\sqrt{3}I_N} \cdot \frac{S_B}{U_B^2} \tag{10.26}$$

式中　U_B——电抗器安装处的基准电压。

（4）电力系统的电抗标幺值

电力系统的电抗相对很小，一般不予考虑，看作无限大容量系统。但若供电部门提供电力系统的电抗参数，常计及电力系统电抗，再看作无限大容量系统，这样计算的短路电流更为精确。

1）已知电力系统电抗有名值 X_S

系统电抗标幺值为

$$X_S^* = X_S' \frac{S_B}{U_B^2} \tag{10.27}$$

2）已知电力系统出口断路器的断流容量 S_C

将系统变电所高压馈线出口断路器的断流容量看作系统短路容量来估算系统电抗，即

$$X_S^* = X_S \frac{S_B}{U_B^2} = \frac{U_B^2}{S_C} \cdot \frac{S_B}{U_B^2} = \frac{S_B}{S_C} \tag{10.28}$$

3)已知电力系统出口处的短路容量 S_K

系统的电抗标幺值由下式决定

$$X_S^* = \frac{S_B}{S_K} \tag{10.29}$$

（5）短路回路的总阻抗标幺值

短路回路的总阻抗标幺值 Z_k^* 由短路回路总电阻标幺值 R_k^* 是和总电抗标幺值 X_k^* 决定，即

$$|Z_k^*| = \sqrt{R_k^2 + X_k^2} \tag{10.30}$$

若 $R_k^* < \frac{1}{3}X_k^*$ 时，可忽略电阻，即 $Z_k^* = X_k^*$。通常高压系统的短路计算中，因总电抗远大于总电阻，故只计算电抗而忽略电阻；在计算低压系统短路时往往需计算电阻。

例 10.1 计算如图 10.5 所示输电系统各元件的标幺值电抗，并标于等值电路中。

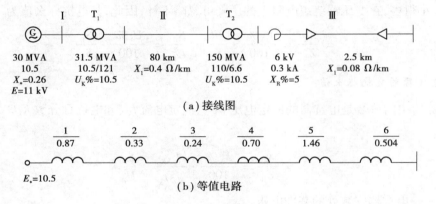

图 10.5 计算用图

解 选取 $S_B = 100$ MVA，基准电压等于平均额定电压，即 $U_{BI} = 10.5$ kV，$U_{BII} = 115$ kV，$U_{BIII} = 6.3$ kV，

$$X_{G*} = 0.26 \times \frac{100}{30} = 0.87$$

$$X_{T1*} = \frac{10.5}{100} \times \frac{100}{31.5} = 0.33$$

$$X_{L*} = 0.4 \times 80 \times \frac{100}{115^2} = 0.24$$

$$X_{T2*} = \frac{10.5}{100} \times \frac{100}{15} = 0.7$$

$$X_{R*} = \frac{5}{100} \times \frac{100}{\sqrt{3} \times 7.26 \times 0.3} = 1.53$$

$$X_{C*} = 2.5 \times 0.08 \times \frac{100}{6.3^2} = 0.504$$

10.3.3　三相短路电流计算

无限大容量系统发生三相短路时,短路电流的周期分量的幅值和有效值保持不变,短路电流的有关物理量 I'',I_{sh},i_{sh},I_∞ 和 S_k 都与短路电流周期分量有关。因此,只要算出短路电流周期分量的有效值,短路其他各量按前述公式很容易求得。

(1)三相短路电流周期分量有效值

$$I_k = \frac{U_{av}}{\sqrt{3}Z_k} = \frac{U_B}{\sqrt{3}Z_k^* Z_B} = \frac{U_B}{\sqrt{3}Z_k^*} \cdot \frac{S_B}{U_B^2} = \frac{S_B}{\sqrt{3}U_B} \cdot \frac{1}{Z_k^*} \qquad (10.31)$$

因 $I_B = \dfrac{S_B}{\sqrt{3}U_B}$,$I_k = I_k^* I_B$,故式(10.31)即为

$$I_k = \frac{I_B}{Z_k^*} = I_B I_k^* \qquad (10.32)$$

$$I_k^* = \frac{1}{Z_k^*} \qquad (10.33)$$

式(10.33)表示,短路电流周期分量有效值的标幺值等于短路回路总阻抗标幺值的倒数。实际计算中,由短路回路总阻抗标幺值求出短路电流周期分量有效值的标幺值(简称短路电流标幺值),再计算短路电流的有效值。

(2)冲击短路电流

冲击短路电流和冲击短路电流有效值为

$$i_{sh} = \sqrt{2}K_{sh}I_k \qquad (10.34)$$

$$I_{sh} = \sqrt{1 + 2(K_{sh} - 1)^2}I_k \qquad (10.35)$$

或

$$i_{sh} = 2.55I_k \qquad I_{sh} = 1.52I_k \qquad (\text{高压系统}) \qquad (10.36)$$

$$i_{sh} = 1.84I_k \qquad I_{sh} = 1.09I_k \qquad (\text{低压系统}) \qquad (10.37)$$

(3)三相短路容量

三相短路容量计算为

$$S_k = \sqrt{3}U_{av}I_k = \sqrt{3}U_B \frac{I_B}{Z_k^*} = S_B S_k^* \qquad (10.38)$$

或

$$S_k = \frac{S_B}{Z_k^*} \qquad (10.39)$$

式(10.39)表示,三相短路容量在数值上等于基准容量与三相短路电流标幺值或三相短路容量标幺值的乘积,三相短路容量标幺值等于三相短路电流的标幺值。

在短路电流具体计算中,首先应根据短路计算要求画出短路电流计算系统图,该系统图应包含所有与短路计算有关的元件,并标出各元件的参数和短路点;其次画出计算短路电流的等效电路图,每个元件用一个阻抗表示,电源用一个小圆表示,并标出短路点,同时标出元件的序号和阻抗值,一般分子标序号,分母标阻抗值。

然后选取基准容量和基准电压,计算各元件的阻抗标幺值,再将等效电路化简,求出短路回路总阻抗的标幺值。简化时电路的各种简化方法都可以使用,如串联、并联、△-Y 或 △-Y 变换、等电位法等。

最后按前述公式,由短路回路总阻抗标幺值计算短路电流标幺值,再计算短路各量,即短路电流、冲击短路电流和三相短路容量。

例 10.2 如图 10.6 所示的系统,电源为无穷大电源。当取 $S_B = 100$ MVA,$U_B = U_{av}$,冲击系数 $K_{sh} = 1.8$ 时,问:在 k 点发生三相短路时的冲击电流是多少?

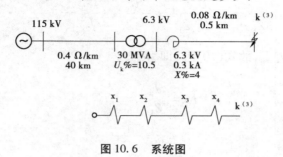

图 10.6 系统图

解 取 $S_B = 100$ MVA,$U_B = U_{av}$。

1)作等值电路图

2)计算参数

$x_1 = 0.4 \times 40 \times 100/115^2 = 0.121$

$x_2 = (10.5/100) \times (100/30) = 0.35$

$$x_3 = \frac{4}{100} \times \frac{6.3}{\sqrt{3} \times 0.3} \times \frac{100}{6.3^2} = 1.222$$

$x_4 = 0.08 \times 0.5 \times 100/6.3^2 = 0.101$

3)计算短路电流和冲击电流

$$x_{\sum} = x_1 + x_2 + x_3 + x_4 = 0.121 + 0.35 + 1.222 + 0.101 = 1.794$$

$$I'' = 1/x_{\sum} = 1/1.794 = 0.557$$

有名值为

$$I'' = 0.557 \times \frac{100}{\sqrt{3} \times 6.3} \text{ kA} = 5.105 \text{ kA}$$

冲击电流为

$$i_{sh} = \sqrt{2} k_{sh} I'' = \sqrt{2} \times 1.8 \times 5.105 \text{ kA} = 12.994 \text{ kA}$$

10.3.4 电动机对三相短路电流的影响

供配电系统发生三相短路时,从电源到短路点的系统电压下降,严重时短路点的电压可降为零。接在短路点附近运行的电动机的反电势可能大于电动机所在处系统的残压。此时,电动机将与发电机一样,向短路点馈送短路电流。同时,电动机迅速受到制动,它所提供的短路电流很快衰减,一般只考虑电动机对冲击短路电流的影响,如图 10.7 所示。

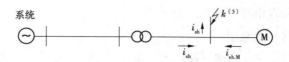

图 10.7　电动机对冲击短路电流的影响示意图

电动机提供的冲击短路电流可计算为

$$i_{\text{sh.M}} = \sqrt{2} K_{\text{sh.M}} \cdot \frac{E_{\text{M}}''^*}{X_{\text{M}}''^*} I_{\text{N.M}} \tag{10.40}$$

式中　$k_{\text{sh.M}}$——电动机的短路电流冲击系数,低压电动机取 1.0,高压电动机取 1.4~1.6;

$E_{\text{M}}''^*$——电动机的次暂态电势标幺值;

$X_{\text{M}}''^*$——电动机的次暂态电抗标幺值;

$E_{\text{M}}''^*/X_{\text{M}}''^*$——电动机的次暂态短路电流标幺值;

$I_{\text{N.M}}$——电动机额定电流。

E_{M}'' 和 X_{M}'' 的数值见表 10.3。

表 10.3　电动机有关参数

电动机种类	同步电动机	异步电动机	调相机	综合负载
$E_{\text{M}}''^*$	1.1	0.9	1.2	0.8
$X_{\text{M}}''^*$	0.2	0.2	0.16	0.35

实际计算中,只有当高压电动机单机或总容量大于 1 000 kW,低压电动机单机或总容量大于 1 00 kW,在靠近电动机引出端附近发生三相短路时,才考虑电动机对冲击短路电流的影响。

因此,考虑电动机的影响后,短路点的冲击短路电流为

$$i_{\text{sh.}\sum} = i_{\text{sh}} + i_{\text{sh.M}} \tag{10.41}$$

10.4　两相和单相短路电流的计算

实际中除了需要计算三相短路电流,还需要计算不对称短路电流,用于继电保护灵敏度的校验。不对称短路电流的计算一般要采用对称分量法,这里介绍无限大容量系统两相短路电流和单相短路电流的实用计算方法。

10.4.1　两相短路电流的计算

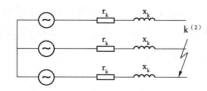

图 10.8　无限大容量系统两相短路

如图 10.8 所示的无限大容量系统发生两相短路时,其短路电流可计算为

$$I_k^{(2)} = \frac{U_{\text{av}}}{2 |Z_k|} \tag{10.42}$$

式中　U_{av}——短路点的平均额定电压;

221

U_{d}——短路点所在电压等级的基准电压；

Z_{k}——短路回路一相总阻抗。

将式(10.42)和式(10.7)三相短路电流计算公式相比，可得两相短路电流与三相短路电流的关系，并同样适用于冲击短路电流，即

$$I_{\mathrm{k}}^{(2)} = \frac{\sqrt{3}}{2} I_{\mathrm{k}}^{(3)} \qquad (10.43)$$

$$i_{\mathrm{sh}}^{(2)} = \frac{\sqrt{3}}{2} i_{\mathrm{sh}}^{(3)} \qquad (10.44)$$

$$I_{\mathrm{sh}}^{(2)} = \frac{\sqrt{3}}{2} I_{\mathrm{sh}}^{(3)} \qquad (10.45)$$

因此，无限大容量系统短路时，两相短路电流较三相短路电流小。

10.4.2 单相短路电流的计算

在工程计算中，大接地电流系统或低压三相四线制系统发生单相短路时，单相短路电流可计算为

$$I_{\mathrm{k}}^{(1)} = \frac{U_{\mathrm{av}}}{\sqrt{3}\,|Z_{\mathrm{P-0}}|} \qquad (10.46)$$

式中　U_{av}——短路点的平均额定电压；

U_{B}——短路点所在电压等级的基准电压；

$Z_{\mathrm{P-0}}$——单相短路回路相线与大地或中线的阻抗。

同时，有

$$|Z_{\mathrm{P-0}}| = \sqrt{(R_{\mathrm{T}} + R_{\mathrm{P-0}})^2 + (X_{\mathrm{T}} + X_{\mathrm{P-0}})^2} \qquad (10.47)$$

式中　R_{T}，X_{T}——变压器单相的等效电阻和电抗；

$R_{\mathrm{P-0}}$，$X_{\mathrm{P-0}}$——相线与大地或中线回路的电阻和电抗。

在无限大容量系统中或远离发电机处短路时，单相短路电流较三相短路电流小。

10.5　低压系统短路电流的计算

10.5.1 低压系统短路电流的计算特点

低压系统(指额定电压在 1 kV 以下)的短路电流的计算，从计算原理上来说与高压系统是一样的。但低压系统有与高压系统不同的特点。下面对低压系统短路电流计算的特点加以说明。考虑了这些特点以后，可套用高压系统短路电流的计算方法。

低压系统短路电流计算的特点如下：

①低压系统中元件的电阻电抗远比高压系统的大，故短路电流计算用的网络中必须考虑

电阻的影响。因此在计算短路电流时,应以阻抗模 $|Z| \approx \sqrt{R^2 + X^2}$ 来代替电抗。只有在元件的电阻不及电抗的 1/3 时,才可不计电阻。

当低压网络是由截面小于 120 mm² 的电缆构成时,因线路中 $R \gg X$,故为了计算方便,也可只计及电阻而略去电抗。

②一般用电单位的电源来自地区大中型电力系统,其变压器的容量远小于高压系统的容量,因而变压器和低压回路的阻抗远大于高压系统的等值阻抗。如果低压系统中变压器容量不超过供电电源容量的 3%,则在变压器低压侧发生短路时,可认为变电所高压侧电压保持不变,低压侧短路电流的周期分量不衰减,即将变压器的高压母线视为无限大系统。其计算方法也与无限大容量系统的情况一样。

③当电路电阻较大,短路电流直流分量衰减较快,一般可以不考虑直流分量。只有在离配电变压器低压侧很近处,如低压侧 20 m 以内大截面线路上或低压配电屏内部发生短路时,才需要计算直流分量。

④低压网络的线路一般不长,因此在进行变压器低压侧近处短路电流时计算时,对长度 10 m 以上的电缆或母线,变比在 300/5 以下的电流互感器的一次线圈,自动开关的过流脱扣线圈等的阻抗都应予考虑。但短路点的电弧电阻、导线连接点、开关设备和电器的接触电阻可忽略不计。

⑤由于低压系统的电压等级往往只有一种(平均额定电压为 400 V),因此一般不必用标幺制而采用有名制更方便。也不需要运算曲线。

10.5.2　三相和两相(不接地)短路电流的计算

在 220/380 V 网络中,一般以三相短路电流为最大。一台变压器供电的低压网络三相短路电流计算电路如图 10.9 所示。

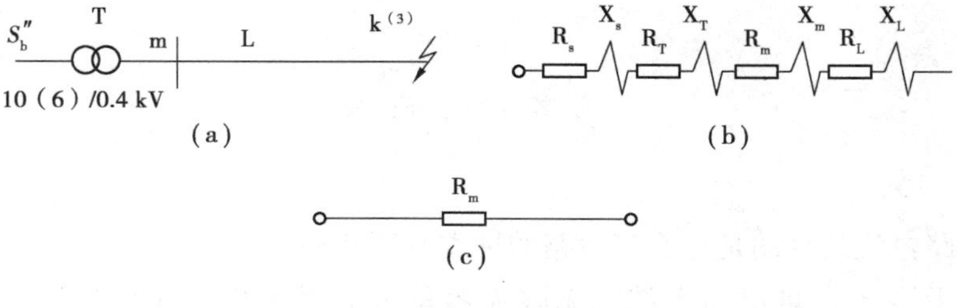

图 10.9　低压网络短路电流计算图

低压网络三相起始短路电流交流分量有效值可计算为

$$I'' = \frac{1.05 U_N / \sqrt{3}}{\sqrt{R_k^2 + X_k^2}} = \frac{230}{\sqrt{R_k^2 + X_k^2}} \quad \text{kA} \tag{10.48}$$

式中　U_N——网络标称电压(线电压),V,220/380 V 网络为 380 V;

Z_k, R_k, X_k——短路电路总阻抗、总电阻、总电抗,mΩ;

R_S, X_S—— 变压器高压侧系统的电阻、电抗(归算到 400 V 侧),mΩ;

只要 $\sqrt{R_T^2 + X_T^2} \big/ \sqrt{R_S^2 + X_S^2} + \geq 2$,变压器低压侧短路时的短路电流交流分量不衰减,即三

相短路电流稳态值 $I_k = I''$。

冲击电流的计算中,因低压系统的等值电阻较大,故短路电流非周期分量的衰减比高压系统快得多。在容量为 1 000 kVA 以下的变压器低压侧短路时,可不计非周期分量的衰减时间,实际上不超过 0.03 s。因此,在离变压器低压侧较远的地方短路时,可不计非周期分量的影响。一般只在变压器出线的母线,中央配电盘或其他很接近变压器的地方短路时,才在第一个周期内考虑非周期分量的影响。

冲击电流的计算与高压系统一样,但冲击系数 K_{sh} 比高压系统的小。一般可由等值网络中的电阻和电抗算出时间常数 T_a 和 K_{sh} 来,也可由表 10.4 中查出。对容量在 100 ~ 1 000 kVA,电压比在 3 ~ 10/0.4 kV 的变压器,其冲击系数为 1.25 ~ 1.55。在粗略的计算时,可取 $K_{sh} = 1.3$。

电动机反馈对短路电流峰值的影响,仅当短路点附近所接用电动机额定电流之和大于短路电流的1%($\sum I_N > 0.01I''$)时,才考虑其影响。异步电动机启动电流倍数可取6~7,异步电动机的短路电流峰值系数可取 1.3。由异步电动机馈送的短路电流峰值的计算见高压系统计算式(10.28)。

低压网络两相短路电流 $I''_{(2)}$ 与三相短路电流 $I''_{(3)}$ 的关系也和高压系统相同,即

$$I''_{(2)} = 0.866I''_{(3)}$$

两相短路稳态电流 $I_\infty^{(2)}$ 与三相短路稳态电流 $I_\infty^{(3)}$ 的比值也和高压系统相同。在远离发电机短路时,$I_\infty^{(2)} = 0.866I_\infty^{(3)}$;在发电机出口处短路时,$I_\infty^{(2)} = 1.5I_\infty^{(3)}$。

低压网络单相短路电流的计算十分复杂,实际工程中也很少计算,略去不讲。读者如有兴趣,可查阅相关设计手册。

为了减少计算工作量,有的设计手册中备有各种条件下短路电流值表格或曲线,应用时可按具体条件直接查短路电流值。

思考与练习题

1. 计算短路电流的目的是什么?短路的种类有哪几种?

2. 什么是无限大容量电力系统?无限大容量电力系统中发生短路时,短路电流如何变化?

3. 什么是短路电流周期分量、非周期分量、冲击短路电流、母线残压?

4. 什么是标幺值?标幺值的特点有哪些?

5. 某厂一 10/0.4 kV 车间变电所装有一台 S9-800 型变压器($\Delta u_k\% = 5$),由厂 10 kV 高压配电所通过一条长 0.5 km 的 10 kV 电缆($x_0 = 0.08$ Ω/km)供电(见图 10.10)。已知高压配电所 10 kV 母线 k-1 点三相短路容量为 52 MVA,试计算该车间变电所 380V 母线 k-2 点发生三相短路时的短路电流。

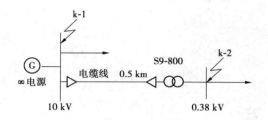

图 10.10　某计算电路图

6. 某供电系统如图 10.11 所示。已知电力系统出口处的短路容量为 $S_k = 250$ MVA，试求工厂变电所 10 kV 母线上 k-1 点短路和两台变压器并联运行、分列运行两种情况下低压380 V 母线上 k-2 点短路的三相短路电流和短路容量。

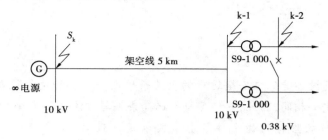

图 10.11　系统计算电路图

第**11**章
电气设备选择

【学习描述】

　　正确地选择电气设备是保证安全运行的重要条件之一。各种电气设备和载流导体由于用途与工作条件不完全相同,因此,它们各自的选择条件与方法也不完全相同,但是对它们在正常工作中的可靠与短路时的稳定性等基本要求是一致的,故选择电气设备的一般条件相同。

【教学目标】

　　熟悉电气设备选择的一般条件,了解各种电气设备的选择效验项目;能计算选择常用的电气一次设备。

【学习任务】

　　常用电气设备的主要参数,以及热稳定和动稳定;正确选择电气设备。

11.1　载流导体的发热和电动力

　　当电力系统中发生短路故障时,电气设备要流过很大的短路电流,在短路故障被切除前的短时间内,电气设备和载流导体要承受短路电流产生的发热和电动力的作用。为了防止电气设备和载流导体被短路电流的热效应和电动力效应损坏,必须进行短路电流的电动力和发热进行计算。

11.1.1　导体的发热过程

　　导体投入运行后,导体的温度由最初温度(环境温度 θ_0)开始上升,经过 t_0 时间后达到稳定温度(正常工作时的温度 θ_w)。如在 t_1 时刻发生短路,短路电流大而且持续时间短,导体产生的巨大热量来不及向周围介质散布,因导体产生的全部热量都用来使导体温度迅速升高。在 t_k 时间内,温度升高到 θ_k,短路在 t_2 时间被切除,导体退出运行,温度由 θ_k 逐渐下降到 θ_0 (见图11.1)。

11.1.2　长期负荷电流发热

电气设备由正常工作电流引起的发热称为长期发热,发热温度不得超过一定的限值,称为长期发热最高允许温度。

我国生产的各种电气设备,除熔断器、消弧线圈和避雷器外,其基准环境温度为 40 ℃,导体正常最高允许温度(长期发热),

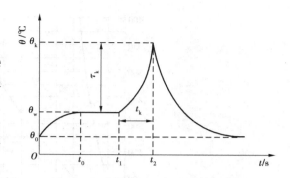

图 11.1　短路前后导体温度变化

一般不超过 70 ℃;计及太阳辐射(日照)影响时,钢芯铝绞线及管形导体,可按 +80 ℃;当导体接触面处有镀(搪)锡的可靠覆盖层时,可提高到 +85 ℃。短时最高允许温度(通过短路电流时),对硬铝和铝锰合金可取 200 ℃,硬铜可取 300 ℃。聚氯乙烯绝缘电缆为 70 ℃,聚乙烯绝缘为 70 ℃,交联聚乙烯绝缘电缆为 90 ℃。

当实际环境温度为 θ_0,通过载流导体的负荷电流为 I_{fh} 时,稳定温度 θ_{f} 可计算为

$$\theta_{\mathrm{f}} = (\theta_{\mathrm{y}} + \theta_0)\left(\frac{I_{\mathrm{fh}}}{I_{\mathrm{y}}}\right)^2 \tag{11.1}$$

式中　θ_{y}——长期最高允许温度,℃;

　　　I_{y}——按 θ_0 时校正后的长期允许电流,A;

　　　I_{fh}——导体长期通过的负荷电流,A。

11.1.3　短路电流的热效应

短时发热的特点是绝热过程:短路电流大而且持续时间短,导体产生的巨大热量来不及向周围介质散布,因而导体产生的全部热量都用来使导体温度迅速升高。根据导体短时发热的特点,在时间 dt 内,列出热平衡方程式后经推导,得

$$A_{\mathrm{d}} = \frac{1}{S^2}Q_{\mathrm{O,K}} + A_{\mathrm{f}} \tag{11.2}$$

A_{d} 和 A_{f} 是仅与导体材料的参数及温度有关,为了简化 A_{d} 和 A_{f} 的计算,已按各种材料的平均参数,作出 $\theta = f(A)$ 的曲线(见图 11.2),$Q_{\mathrm{K}} = \int_o^k i_K^2 \mathrm{d}t$。$t_{\mathrm{K}}$,短路电流存在的时间;$i_{\mathrm{K}}$,短路期间的全电流瞬时值;$Q_{\mathrm{K}}$ 与短路电流发出的热量成比例,称为短路电流热效应。

当已知导体温度 θ 时,可方便地查出与之对应的 A_{θ};反过来,由 A_{θ} 也可方便查出导体温度 θ。

根据 $\theta = f(A)$ 曲线,计算最高温度 θ_{d} 的步骤如下:

①求出导体正常工作时的温度 θ_{f}。θ_{f} 与 θ_0 和电流 I 有关。

②由 θ_{f} 和导体材料曲线,查得 A_{f}。

③计算短路电流热效应 Q_{K}。

④由 A_{f}、Q_{K} 得到 A_{d};

⑤最后查 $\theta = f(A)$ 曲线,由 $A_{\mathrm{d}} \Rightarrow \theta_{\mathrm{d}}$。

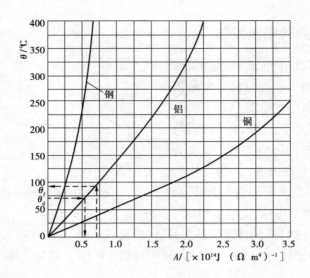

图 11.2 $\theta = f(A)$ 曲线

检查是否超过导体短时最高允许温度。

在实际应用中,并不通过用式(11.2)和图 11.2 来计算导体短时最高允许温度 Q_d 以校验导体是否短时过热。在式(11.2)中,若已知 $\theta_f \rightarrow A_f$;$\theta_d \rightarrow A_d$ 将导体短时发热最高允许温度时 A_f、A_d 代入式(11.2)可求出 Q_K,此时 Q_K 是对应短时发热最高允许温度的值,只要实际短路电流 i_K 对应的短路电流热效应不大于短时发热最高允许温度下的 Q_K 计算值,则导体就不会过热。

11.2 电气设备和载流导体选择的一般条件

在选择中压配电设备时,应保证中压配电设备在正常工作条件下能可靠工作,在短路故障时不被损坏,即按长期工作条件选择参数,按环境条件选择结构类型,按短路情况进行校验。

11.2.1 按正常工作条件选择电器

(1)根据额定电压选择

电器的额定电压是在其铭牌上所标出的线电压值。此外,电器还有一个技术参数为最大工作电压,即电器在长期运行中所能承受的最高电压值。一般电器的最大工作电压比其额定电压高 10% ~ 15%。例如,额定电压为 110 kV 及以上的断路器、隔离开关、互感器的最大工作电压比其额定电压高 10%;又如,额定电压为 3 ~ 35 kV 的断路器、隔离开关、支持绝缘子的最高工作电压比其额定电压高 5%。在选择电器时,必须保证电器实际承受的最高电压不超过其最大工作电压,否则会造成电器因绝缘击穿而损坏。为此,根据额定电压选择电器时应满足以下条件:电器的额定电压 UN 不小于电器装设地点电网的额定电压 U_{NC},即

$$U_N \geqslant U_{NC}$$

(11.3)

（2）根据额定电流选择

电器的额定电流 I_N 应不小于安装设备回路的最大工作电流 I_{max}，即

$$I_N \geqslant I_{max} \tag{11.4}$$

不同工作回路的最大工作电流计算方法如下：同步发电机、调相机、三相电力变压器最大工作电流为其额定电流值的 1.05 倍；电动机的最大工作电流为其额定电流值。

11.2.2　热稳定和动稳定

短路电流通过电器时，会引起电器温度升高，并产生巨大的电动力。当通过电器的短路电流越大、时间越长，电器所受到的影响越严重。校验电器和载流导体的热稳定和动稳定时，应考虑各种短路最严重情况。

（1）动稳定

动稳定是指电器通过短路电流时，其导体、绝缘和机械部分不因短路电流的电动力效应引起损坏，而能继续工作的性能。电器的动稳定电流 i_p 是指电器根据动稳定的要求所允许通过的最大短路电流。为保证电器的动稳定，在选择电器时应满足电器的动稳定电流 i_p（产品目录中给出的极限通电流峰值）不小于通过电器的最大三相冲击短路电流 $i_{sh}^{(3)}$ 的条件，即

$$i_p \geqslant i_{sh}^{(3)} \tag{11.5}$$

（2）热稳定

热稳定是指电器通过短路电流时，电器的导体和绝缘部分不因短路电流的热效应使其温度超过它的短路时最高允许温度，而造成损坏的性能。

载流导体的短时（最长持续时间不超过 5 秒）最高允许温度为：铝及铝锰合金为 200 ℃；铜为 300 ℃；10 ~ 35 kV。聚氯乙烯绝缘电缆为 160 ℃，聚乙烯绝缘为 130 ℃，交联聚乙烯 250 ℃。对高压电气设备，一般不直接给出设备的最高允许温度限值，只给出有关热稳定的参数。

我国短路采用热效应的使用方法，则

$$Q_k \approx Q_z + Q_{fz} \tag{11.6}$$

即认为短路电流的热效应 Q_k 等于短路电路周期分量的热效应 Q_z 和短路电流非周期分量热效应 Q_{fz} 之和。

1）周期分量热效应

Q_z 可计算为

$$Q_z = \frac{I''^2 + 10I_{z(t/2)}^2 + I_{zt}^2}{12} \times t \tag{11.7}$$

式中　Q_z——短路电流周期分量热效应，$kA^2 \cdot s$；

I''——次暂态短路电流，kA；

$I_{z\frac{t}{2}}$——$\frac{t}{2}$ s 时周期分量有效值；

I_{zt}——ts 时周期分量有效值，kA；

t——短路电流持续时间，s。

当有多之路向短路点供给短路电流时，I''，$I_{z\frac{t}{2}}$，I_{zt} 分别为各支路短路电流之和，然后利用式

(10.7)求得 Q_z。绝不能先求出各支路的周期分量热效应,然后再相加。

2)非周期分量热效应

Q_{fz} 计算为

$$Q_{fz} = \frac{T_a}{\omega}(1 - e^{-\frac{2\omega t}{T_a}})I''^2 = TI'' \tag{11.8}$$

式中　Q_{fz}——短路电流非周期分量热效应,kA^2·s;

　　　　T——等效时间,s。

当为多支路向短路点供给短路电流时,在用式(10.8)计算式时,I'' 为各支路电流之和,T_a 取多支路的等效时间常数。等效时间常数 T_a 可将短路电点的 i_{fzt} 代入式 $i_{fzt} = -\sqrt{2}I''e^{-\frac{\omega t}{T_a}}$,衰减时间常数 $T_a = \frac{X_\sum}{R_\sum}$。

不同短路点等效时间常数的推荐值见表11.1,非周期分量等效时间见表11.2。

表 11.1　不同短路点等效时间常数的推荐值

短路点	T_a	短路点	T_a
汽轮发电机端	80	高压侧母线(主变压器在 10~100 MVA)	35
水轮发电机端	60	远离发电厂的短路点	15
高压侧母线(变压器在 100 MVA 以上)	40	发电机出线电抗器之后	40

表 11.2　非周期分量等效时间/s

短路点	T	
	$t \leq 0.1$	$t > 0.1$
发电机出口及母线	0.15	0.2
发电机升高电压母线及出线;发电机电压出线电抗器后	0.08	0.1
变电所各级电压母线及出线	0.05	

如果短路持续时间 $t > 1$ s 时,导体的发热量由周期分量热效应决定。在此情况下,可不计非周期分量热效应的影响,此时 $Q_d = Q_z$。

电器制造厂家根据国家有关规定,一般提供电器的2 s热稳定电流(如需要可提供3 s,4 s或1 s热稳定电流)。为保证电器的热稳定,在选择电器时应满足电器所允许的热效应($Q_P = I_t^2 \times t$)不小于短路电流通过电器时短路电流的最大热效应 Q_k 的条件,即

$$I_t^2 t \geq Q_k \tag{11.9}$$

式中　Q_k——短路时的最大热效应;

　　　　I_t——t_s 热稳定电流。

(3)按电器工作的特殊要求校验

根据各种电器的用途、工作特点等进行特殊项目的校验。例如,高压断路器应校验其断

230

路能力,互感器应校验准确度,支持绝缘子应效验其端子的允许机械负荷等。

11.2.3　常用电气设备的选择及效验项目

供配电系统中的各种电气设备因工作原理和特性不同,故选择效验的项目也有所不同。常用高低压设备的选择效验项目见表 11.3。

表 11.3　高低压一次设备的选择效验项目

设备名称	选择项目			效验项目		
	额定电压 /kV	额定电流 /kA	安装地电户内/户外	热稳定	动稳定	开断能力 /kA
高压断路器	√	√	√	√	√	√
高压负荷开关	√	√	√	√	√	√
高压隔离开关	√	√	√	√	√	
高压熔断器	√	√	√	√		√
电流互感器	√	√	√	√	√	
电压互感器	√	√	√			
母线	√	√	√	√	√	
电缆、绝缘导线	√	√		√		
支持绝缘子	√		√	√		
穿墙套管	√	√	√	√		
低压断路器	√	√		(√)	(√)	√
低压负荷开关	√	√		(√)	(√)	√
高压刀开关	√	√		(√)	(√)	√
低压熔断器	√	√				√

注:1. "√"表示选择及效验的项目。

2. 低压设备一般都是户内的,其热稳定和动稳定通常可不效验。

需要指出的是,效验电气设备的动、热稳定的短路电流应考虑其产生在最大运行方式情况下。

11.3　单条矩形母线的选择

35 kV 及其以下电压等级的配电装置,一般采用矩形母线。矩形母线通常安装在支持绝缘子之上,母线的绝缘是由支持绝缘子来保证的,因此,选择矩形母线时可不考虑按额定电压选择的要求。

选择矩形母线的一般的条件如下：

11.3.1 按最大工作电流选择母线截面

按最大工作电流选择母线截面时，应满足对应标称截面的母线的长期允许电流 I_{Ny}。不小于回路的最大工作电流 I_{max} 条件，即

$$I_{Ny} \geq I_{max} \tag{11.10}$$

$$I_{Ny} = k_\theta \times I_N$$

式中　k_θ——环境温度校正系数，详见表 11.4；

　　　I_N——环境温度为 25 ℃时母线的长期允许电流。

表 11.4　环境温度校正系数值

实际环境温度/℃	20	25	30	35	40	45	50
k_θ 值	1.05	1.00	0.94	0.88	0.81	0.74	0.67

在实际中，每一导体的标称截面对应一规定环境温度下的允许电流，反之，每一电流应对应于导体截面。选母线即根据负荷电流选定导体的截面。

11.3.2 按经济电流密度选择母线截面

当母线较长或传输容量较大时，按经济电流密度选择母线截面。根据母线的年最大负荷利用小时数 T_{max}，查出经济电流密度 J，可计算母线经济截面为

$$S_2 = \frac{I_w}{J} \qquad mm^2 \tag{11.11}$$

式中　S_2——经济截面，mm^2；

　　　I_w——回路工作电流，A；

　　　J——经济电流密度，A/mm^2。

在如图 11.3 所示铝质矩形、槽形和组合导线的经济电流密实际选择中，应首先计算出经济截面，再按经济截面选取与之最相近的标准截面 S_{N2} 为所选定的截面。需要强调指出：当按经济电流密度选择的标准截面为 S_{N2}，若其小于按最大工作电流选择的标准截面 S_{N1} 时，必须以 S_{N1} 为选定的标准截面，否则不能满足正常发热的要求，会造成正常运行时母线温度超过长期工作允许温度值而引发事故。

11.3.3 校验动稳定

母线固定在支持绝缘子之上，当母线通过三相冲击短路电流时，母线因承受最大电动力而产生弯曲变形，如果母线的应力超过其允许应力必然造成母线损坏。因此，校验母线动稳定的条件是母线的允许应力 σ_y 不小于短路电流所产生的最大应力 σ_{max}，即

$$\sigma_y \geq \sigma_{max} \tag{11.12}$$

各种母线的允许应力见表 11.5。

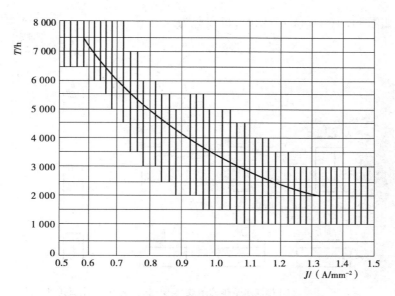

图 11.3　铝质矩形、槽形和组合导线的经济电流密

表 11.5　母线的允许应力

母线材料	允许应力/$(\text{N} \cdot \text{m}^{-2})$	母线材料	允许应力/$(\text{N} \cdot \text{m}^{-2})$
硬铜	140×10^6	铝	70×10^6
铝锰合金管	90×10^6	钢	98×10^6

温度变化时,会引起母线长度的相应变化。为避免因母线自然伸缩而使固定母线的支持绝缘子承受过大的弯曲力矩,母线通常不硬性固定在支持绝缘子上,仅仅在经过穿墙套管和电气设备的引下线等部分采用硬性固定。为此,一般可将母线视为一个多跨距的自由梁;又因短路电流所产生的电动力沿母线全长均匀分布,故母线则成为一均匀荷重的多跨距自由梁。根据材料力学中的分析,得知母线所受的最大弯矩 M 值如下:

跨距数为 1 和 2 时,则

$$M = \frac{FL}{8} \qquad \text{N} \cdot \text{m} \tag{11.13}$$

跨距数大于 2 时,则

$$M = \frac{FL}{10} \qquad \text{N} \cdot \text{m} \tag{11.14}$$

式中　F——母线所承受的最大电动力,N;

　　　L——同一相母线两个相邻绝缘子之间的距离,m。

母线截面系数(抗弯矩)W 之值与三相母线的相对位置有关。当母线布置如图 11.4(a)所示时,母线截面系数 W 为

$$W = \frac{b^2 h}{6} \tag{11.15}$$

母线布置如图 11.4(b)、(c)所示时,母线截为

$$W = \frac{bh^2}{6}$$ (11.16)

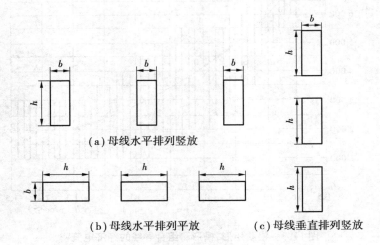

(a) 母线水平排列竖放

(b) 母线水平排列平放   (c) 母线垂直排列竖放

图 11.4   母线的各种布置情况

母线最大计算应力 σ_{max} 的计算式为

$$\sigma_{max} = \frac{M}{W}   \text{Pa}$$ (11.17)

式中 M——母线的最大弯矩,N·m;

W——截面系数,m^3。

当母线的最大计算应力超过母线的允许应力时,采用减小同一相母线中两个相邻绝缘子之间距离是减少母线计算应力最有效且较经济的方法之一。当母线的计算应力等其允许应力时,同一相中两个相邻绝缘子之间的最大允许距离称为母线的最大允许跨距,记为 L_{max},其表示式为

$$\sigma_p = \frac{\dfrac{fL_{max}^2}{10}}{W}   \text{Pa}$$ (11.18)

式中 σ_p——母线允许应力,Pa;

f——单位长度母线上的最大电动力,N/m;

W——截面系数,m^3;

L_{max}——最大允许跨距,m,则

$$L_{max} = \sqrt{\frac{10 \times \sigma_p \times W}{f}}$$ (11.19)

如果校验母线动稳定不合格时,可根据最大允许跨距重新选择相邻绝缘子之间的距离。当相邻绝缘子之间的距离不大于最大允许跨距时,母线的动稳定必然合格。当母线动稳定不合格,还可采用以下措施减小母线应力:

①改变母线的布置方法增大截面系数,如将三相水平排列的母线由立放改为平放。

②大母线截面,使母线截面系数增大。

③增加母线相间距离 a 值,使最大电动力减小。

④ 减小短路电流值,使最大电动力减小等。

11.3.4　校验热稳定

母线热稳定的合格条件为

$$\theta_{dp} \geqslant \theta_k \tag{11.20}$$

式中　θ_k——短路时母线的最高温度,℃;

　　　θ_{dp}——母线短路时的最高允许温度,℃。铝及铝锰合金为 200 ℃;铜为 300 ℃。

如果校验母线热稳定不合格,可采用如下措施:增加母线的截面积,减少短路电流数值及其通过母线的时间,等等。

在根据热稳定条件选择母线时,为了迅速地确定最小截面,可首先计算出按热稳定要求的最小允许截面 S_{min}。最小允许截面 S_{min} 是指短路电流通过母线后母线的温度恰好升高到短路时的最高允许温度时所要求最小的母线截面积,即

$$S_{min} = \frac{\sqrt{Q_k}}{C} \tag{11.21}$$

式中　C——母线热稳定系数,其值见表 11.6。

表 11.6　不同工作温度下裸母线的 C 值

工作温度/℃	40	45	50	55	60	65	70	75	80	85	90	100	105
硬铝及铝合金	99	97	95	93	91	89	87	85	83	82	81	75	73
硬铜	186	183	181	179	176	174	171	169	166	164	161	157	155

显然可见,选取的母线标准截面积 S 不小于最小允许截面 S_{min} 时,其热稳定必然合格,即

$$S \geqslant S_{min} \tag{11.22}$$

选择每相具有多条母线时,检验动稳定除考虑相间电动力之外,还应计及同相母线的条间电动力,其具体计算方法本书从略。

11.4　支持绝缘子的选择

支持绝缘子按下列条件选择:

①额定电压。

②安装场所(户内或户外)。

③校验动稳定。

选择支持绝缘子动稳定合格的条件为

$$F_y \geqslant F_{max} \tag{11.23}$$

式中　F_y——绝缘于允许荷重,N;

　　　F_{max}——最大计算电动力,N。

支持绝缘子(抗弯)破坏荷重是指支持绝缘子的下端固定,支持绝缘子上帽的水平方向施加外力,在弯曲力矩作用下使支持绝缘子产生破坏的最小外力值。为保证支持绝缘子使用中的安全,取绝缘子的允许(抗弯)荷重为其破坏荷重的 60% 。如果母线在绝缘子顶部立放时,(见图 11.5(b)),电动力 F 作用在母线的中间,电动力 F 对绝缘子产生的弯曲力矩为 $F \times H$,其力臂 H 大于常规规定绝缘子破坏荷重作用时的力臂 H。为此,将实际电动力 F 根据对绝缘子作用力矩相等的原则折算到绝缘子上帽顶端的作用力便是计算电动力。因此,电动力 F_{max} 应计算为

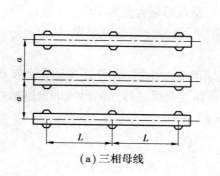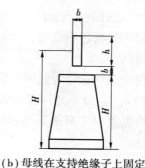

（a）三相母线　　　　　　　（b）母线在支持绝缘子上固定

图 11.5　支持绝缘子受力示意图

$$F_{max} = F \frac{H}{H'} \tag{11.24}$$

式中　F——三相短路时最大电动力,N;

　　　H'——绝缘子高度,cm;

　　　H——母线中点至绝缘子底部距离,cm;$H = H' + \dfrac{h}{2}$;

　　　h——母线高度,cm。

如果母线采用平放,H 与 H' 之间相差仅为母线厚度的 1.5 倍,因母线厚度远小于绝缘子的高度,故可取 $H = H'$,即 $F_{max} = F$。

例 11.1　某 10 kV 屋内配电装置中,环境温度为 25 ℃,母线采用三相水平排列,相间距离 $a = 25$ cm,同相两个相邻绝缘子距离 $L = 100$ cm,跨距数大于 2。通过母线短路电流值:$I''^{(3)} = 30$ kA,$I_{0.8} = 26$ kA,$I_{1.6} = 23$ kA。短路电流通过时间 $t = 1.6$ s。回路最大工作电流为 450 A。试选择该回路采用矩形铝母线的截面(不考虑按经济电流密度选择)和支持绝缘子型号。

解　1)选择母线

母线三相水平排列,选择母线平放布置方式,如图 11.4(b)所示。

查设计手册初步选定铝母线截面 $S_1 = (40 \times 4)$ mm^2。查得其额定电流 $I_{N1} = 480$ A,$I_{max} = 450$ A,满足 $I_{N1} \geqslant I_{max}$ 的选择条件。

①校验热稳定

因为 $I_{max} \approx I_{N1}$,所以短路之前母线温度 $\theta_N = 70$ ℃,查曲线图 11.2,得 $A_i = 0.6 \times 10^{16}$ J/($\Omega \cdot$ m^4)。

由短路热效应 Q_k 为

$$Q_k = \frac{I''^2 + 10I_{z(t/2)}^2 + I_{k \cdot zt}^2}{12} \times t$$

$$= \frac{30^2 + 10 \times 26^2 + 23^2}{12} \times 1.6 \text{ KA}^2 \cdot \text{S} = 1\,092 \text{ kA}^2 \cdot \text{S}$$

由式得

$$A_k = A_i + \frac{1}{S^2} \times Q_k$$

$$A_k = 0.6 \times 10^{16} + \frac{1}{(40 \times 4 \times 10^{-6})^2} \times 1\,092 \times 10^6$$

查曲线图 11.2,得 $\theta_k > 400$ ℃,热稳定不合格。

计算最小允许截面,短路之前母线温度。$\theta_N = 70$ ℃,查表 10.6 得 $C = 87$,则

$$S_{max} = \frac{\sqrt{Q_k}}{C} = \frac{\sqrt{1\,090 \times 10^6}}{87} \text{ mm}^2 = 379 \text{ mm}^2$$

查设计手册,再选定 $S_2 = (63 \times 6.3) \text{ mm}^2$,$I_{N2} = 910$ A,因 $S_2 > S_{max}$,故热稳定合格。

②校验动稳定

单位电动力为

$$f = 1.73 \times \left[i_{im}^{(3)} \right]^2 \times \frac{10^7}{a}$$

$$= 1.73 \times (\sqrt{2} \times 1.8 \times 30\,000)^2 \times \frac{10^{-7}}{0.25} \text{ N/m}$$

$$= 4\,035 \text{ N/m}$$

最大弯矩为

$$M = \frac{fL^2}{10} = \frac{4\,035 \times 1^2}{10} \text{ N} \cdot \text{m} = 403.5 \text{ N} \cdot \text{m}$$

截面系数为

$$W = \frac{bh^2}{6} = \frac{0.006\,3 \times 0.063^2}{6} \text{ m}^3 = 4.17 \times 10^{-6} \text{ m}^3$$

计算应力为

$$\sigma_{max} = \frac{M}{W} = \frac{403.5}{4.17 \times 10^{-6}} \text{ N/m}^2 = 96.8 \times 10^6 \text{ N/m}^2$$

因计算应力 σ_{max} 大于铝母线的允许应力 70×10^6 Pa,故动稳定不合格。可采用减小同一相两个相邻绝缘子之间距离的方法来达到动稳定合格的要求。为此,计算最大跨距为

$$L_{max} = \sqrt{\frac{10\sigma_p W}{f}} = \sqrt{\frac{10 \times 70 \times 10^6 \times 4.17 \times 10^{-6}}{4\,035}} \text{ m} = 0.85 \text{ m}$$

选取同一相两个相邻绝缘子的距离为 0.8 m 时,则动稳定合格。

如果要求母线相间距离 $a = 0.25$ m,而同一相两个相邻绝缘子距离 $L = 1$ m 的条件不变,可采用增加母线截面的方法达到动稳定的要求。这时,母线最小截面系数 w_{max} 为

$$W_{max} = \frac{M}{\sigma_p} = \frac{403.5}{70 \times 10^6} \text{ m}^3 = 5.76 \times 10^{-6} \text{ m}^3$$

查设计手册,选择$(63 \times 10)\,mm^2$ 矩形铝母线,其截面系数为

$$W' = \frac{bh^2}{6} = \frac{0.01 \times 0.063^2}{6}\,m^3 = 6.62 \times 10^{-6}\,m^3$$

因$(63 \times 10)\,mm^2$ 矩形铝母线的截面系数大于最小截面系数,故动稳定合格。

2)选择绝缘子

查设计手册,初步选用 ZB-10 型支持绝缘子,其主要技术参数如下:额定电压 $U_N = 10\,kV$,户内式,抗弯破坏荷重 $F = 7\,335\,N$。

绝缘子允许荷重为

$$F_P = 0.6F = 0.6 \times 7\,335\,N = 4\,401\,N$$

绝缘子计算荷重为

$$F_{max} = fL = 4\,035 \times 0.8\,N = 3\,228\,N$$

因绝缘子计算荷重小于 ZB-10 型支持绝缘子允许荷重,故动稳定合格。

11.5　高压开关设备的选择

高压断路器、负荷开关、隔离开关和熔断器的选择条件基本相同,除了按电压、电流、装置类型选择,效验热、动稳定性,对高压断路器、负荷开关和熔断器还应效验其开断能力。

11.5.1　高压断路器选择

(1)高压断路器的种类和形式

选择高压断路器的种类和形式与其安装场所、配电装置的结构等条件有关,同时还应考虑开断时间、频度、使用寿命等技术参数。根据我国目前高压断路器生产的情况,一般配电装置中 6~35 kV 选用真空断路器,35 kV 也可选用六氟化硫断路器;110 kV 及以上选用六氟化硫断路器。

(2)按额定开断电流选择

断路器额定开断电流不小于断路器触头刚刚分开时所通过的短路电流。断路器实际开断时间(t_0)等于继电保护装置动作时间(t_p)和断路器固有动作时间(t_i)之和,即 $t_0 = t_p + t_i$。一般可按 $t_0 = 0.2\,s$ 或 $t_0 = 0\,s$ 考虑。实际计算中一般根据次暂态电流来进行选择,即

$$I_{OFF} \geq I''\tag{11.25}$$

式中　I_{OFF},I''——断路器额定开断电流和断路器安装处的电路最大短路电流的次暂态值。

(3)按机械负荷选择

断路器端子允许的机械负荷不大于断路器引线在正常运行和短路时所承受的最大电动力。

高压断路器接线端子允许的水平机械负荷见表 11.7。

表 11.7　高压断路器接线端子允许的水平机械负荷

断路器额定电压/kV	10 及以下	35 ~ 63	110	220 ~ 330
端子允许水平机械负荷/N	250	500	750	1 000

(4)选择操动机构

根据断路器的类型和操作电源及其回路的要求,选择与断路器相配套使用的操动机构。一般供配电系统的高压断路器都选配弹簧储能操动机构。

11.5.2　高压隔离开关选择

高压隔离开关应根据配电装置布置的特点和使用要求选择其类型。根据安装地点选用户内式或户外式;根据操作控制的要求,选择配用的操动机构。隔离开关一般采用手动操动机构。户内 8 000 A 以上隔离开关,户外 220 kV 及以上电压等级的隔离开关,宜采用电动操动机构。其余选择与校验的项目参见表 11.1。

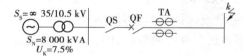

图 11.6　供电系统图

例 11.2　试选择如图 11.6 所示变压器 10.5 kV 侧高压断路器 QF 和高压隔离开关 QS。已知图 k 点短路时 $I_k = I_\infty = 4.8$ kA,继电护动作时间 $t_p = 1$ s。拟采用快速开断的高压断路器,其固有分闸时间 $t_i = 0.1$ s,采用弹簧操作机构。

解　变压器计算电流按变压器的额定电流计算为

$$I_{js.B} = \frac{S_N}{\sqrt{3}\,U_N} = \frac{8\,000}{\sqrt{3} \times 10.5}\ A = 439.9\ A$$

短路电流的冲击值为

$$i_{sh} = 2.55 I'' = 2.55 \times 4.8\ A = 12.24\ kA$$

断路器实际开断时间为

$$t_0 = t_p + t_i = 1\ s + 0.1\ s = 1.1\ s$$

根据上述计算数据结合具体的情况和选择条件,初步选 ZN_{28}-12 型 630 A 的真空断路器和 GN_{19}-12 型 630 A 型的隔离开关。断路器及隔离开关的选择计算结果见表 11.8,经校验完全符合要求,断路器配 CT8 型弹簧操作机构,隔离开关配 CS6-1 型手动操作机构。

表 11.8　断路器及隔离开关的选择结果

计算数据		ZN_{28}-12 型断器		GN_{19}-12/630 A 型隔离开关
工作电压	10 kV	额定电压	10 kV	$U_N = 10$ kV
最大工作电流	439.9 A	额定电流	630 A	$I_N = 630$ A
短路电流	4.8 kA	额定开断电流	16 kA	—
短路冲击电流	12.24 kA	极限过电流峰值	50 kA	$i_{max} = 50$ kA
热稳定效验	$(4.8^2\ kA) \times 1.1\ s =$ $25.34\ kA^2 \cdot s$	热稳定值	$(50^2\ kA) \times 3\ s =$ $7\,500\ kA^2 \cdot s$	$I_t^2 t = (20\ kA)^2 \times 4\ s =$ $1\,600\ kA^2 \cdot s$

11.5.3 高压熔断器的选择

高压熔断器有户内和户外型两种,额定电压不超过 35 kV。户内型熔断器主要有 RN1 型和 RN2 型。RN1 型用于线路和变压器的短路保护;RN2 型用于电压互感器的短路保护。户外型跌落式熔断器需效验断流能力上下限值,应使被保护线路的三相短路的冲击电流小于其上限值,而两相短路电流大于其下限值。熔断器没有触头,而且分断短路电流后熔体熔断,故不必效验动稳定和热稳定,仅需效验断流能力。

(1)额定电压选择

对一般的高压熔断器,其额定电压必须大于或等于电网的额定电压。对充填石英砂具有限流作用的熔断器,则只能用在等于其额定电压的电网中,因为这种类型的熔断器能在电流达最大值之前就将电流截断,致使熔断器熔断时产生过电压。

(2)按额定电流选择

对熔断器,其额定电流应包括熔断器载流部分与接触部分发热所依据的电流,以及熔体发热所依据的电流两部分。前者称为熔断器外壳额定电流,后者称为熔体的额定电流。同一熔断器可装配不同额定电流的熔体,但要受熔断器外壳额定电流的限制,因此,熔断器额定电流的选择包括这两部分电流的选择。

1)熔断器外壳额定电流的选择

为了保证熔断器载流及接触部分不致过热和损坏,高压熔断器外壳的额定电流 I_{NFT} 应大于或等于熔体的额定电流 I_{NFT}。

2)熔体额定电流选择

①考虑到变压器正常过负荷能力(20% 左右)、变压器励磁涌流和保护范围以外的短路以及电动机自启动等冲击电流,保护 35 kV 及以下供配电系统的高压熔断器,其熔体的额定电流可选择为

$$I_{NFT} = (1.5 \sim 2.0)I_{1N} \tag{11.26}$$

式中 I_{1N}——变压器一次侧额定电流。

②用于保护电力电容器的高压熔断器,当系统电压升高或波形畸变引起回路电流增大或运行过程中产生涌流时不应误动作,其熔体额定电流可选择为

$$I_{NFT} = KI_{NC} \tag{11.27}$$

式中 K——可靠系数(对限流式高压熔断器,当一台电力电容器时 $K = 1.5 \sim 2.0$;当一组电力电容器时,$K = 1.3 \sim 1.8$)。

I_{NC}——电力电容器回路的额定电流,A。

③熔体的额定电流应按高压熔断器的保护熔断特性选择,并满足保护的可靠性、选择性和灵敏度要求。

④熔断器开断电流校验为

$$I_{OFF} \geq I_{sh}(或 I'') \tag{11.28}$$

选择非限流熔断器时,用短路冲击电流的有效值 I_{sh} 进行校验。限流熔断器在电流达最大值之前电路已切断,可不计非周期分量影响而采用 I'' 进行校验。

选择熔断器时应保证前后两级熔断器之间、熔断器与电源侧继电保护之间以及熔断器与负荷侧继电保护之间动作的选择性。在此前提下,当本段保护范围内发生短路故障时,应能在最短的时间内切断故障,当电网接有其他接地保护时,回路中最大接地电流与负荷电流值之和不应超过最小熔断电流。

对于保护电压互感器用的高压熔断器只需按额定电压及开断电流两项来选择。

11.6　低压开关设备的选择

11.6.1　低压断路器的选择

低压断路器应根据低压断路器负荷的大小、重要程度、短路电流大小、使用环境及安装条件等因素综合考虑决定造型。

(1)低压断路器的种类和类型

低压断路器也称自动空气开关,常用于配电线路和电气设备的过载、欠压、失压和短路保护。

1)按用途分类

①配电用断路器。主要用于电源总开关和靠近变压器的干线和支线,具有瞬时、短延时以及长延时保护,电流较大。

②电动机保护用断路器。主要用于保护鼠笼型和绕线型电动机,具有瞬时以及长延时保护。

③照明用断路器。主要用于照明线路、发电厂及变电所的二次回路,具有瞬时及长延时保护,电流较小。

④漏电保护用断路器。电流多为 200 A 以下,漏电电流达到 30 mA 时,自动分断,确保人身安全。

2)按结构形式分类

①塑壳式。

②框架式。其保护方案和操作方式较多,装设地点较为灵活,也称万能式断路器。

(2)低压断路器脱扣电流的整定

①低压断路器过流脱扣器额定电流的选择。过流脱扣器额定电流应大于或等于线路的计算电流,即

$$I_{NZ} \geqslant I_{js} \tag{11.29}$$

式中　I_{NZ}——过流脱扣器额定电流,A;

　　　I_{js}——线路的计算电流,A。

②瞬时和短延时脱扣器的动作电流的整定。瞬时和短延时脱扣器的动作电流应躲过线

路的尖峰电流,即

$$I_{dz3} \geq K_3(K_{qd}I_{qd1} + I_{js(n-1)}) \quad (11.30)$$

式中　I_{dz3}——瞬时和短延时脱扣器的动作电流整定值;

　　　K_3——可靠系数,取 1.2;

　　　K_{qd}——电动机启动电流系数。对动作时间在 0.02 s 以上的框架断路器取 1,对动作时间在 0.02 s 以下的塑壳断路器取 1.7;

　　　I_{qd1}——线路中启动电流最大的一台电动机的启动电流,A;

　　　$I_{js(n-1)}$——除启动电流最大的一台电动机以外的线路计算电流;A。

短延时脱扣器的动作时间一般有 0.2 s,0.4 s 和 0.6 s。选择时,应按保护装置的选择性来选取,使前一级保护动作时间比后一级长一个时间级差。

③长延时脱扣器的动作电流的整定。长延时,脱扣器的动作电流应大于或等于线路的计算电流,即

$$I_{dz1} \geq K_1I_{js} \quad (11.31)$$

式中　I_{dz1}——长延时脱扣器的动作电流整定值;

　　　K_1——可靠系数,取 1.1。

长延时脱扣器用于过负荷保护,动作时间应躲过允许过负荷的持续时间,其动作特性通常是反时限特性的。

过电流脱扣器的动作电流,按照其额定电流的倍数来整定,即选择过电流脱扣器的整定倍数 K。过电流脱扣器动作电流应不大于整定倍数 × 过电流脱扣器的额定电流,即

$$KI_N \geq I_{dz}$$

④过电流脱扣器与导线允许电流的配合。为使断路器在线路过负荷或短路时,能可靠地保护导线或电缆,防止其因过热而损坏,过电流脱扣器的整定电流与导线或电缆的允许电流(修正值)应配合为

$$I_{dz} \leq K_fI_y \quad (11.32)$$

式中　I_y——导线或电缆的允许载流量;

　　　K_f——导线或电缆允许短时过负荷系数。对瞬时和短延时脱扣器,一般取 4.5,对长延时脱扣器,取 1。

(3)低压断路器保护灵敏度和断流能力的校验

①低压断路器保护灵敏度校验

为了保证低压断路器的瞬时或短延时过电流脱扣器在系统最小运行方式下发生故障时能可靠动作,其保护灵敏度应满足

$$K_s^{(2)} = \frac{I_{kmin}^{(2)}}{I_{dz3}} \geq 2 \quad (11.33)$$

$$K_s^{(1)} = \frac{I_{kmin}^{(1)}}{I_{dz3}} \geq 1.5 \sim 2 \quad (11.34)$$

式中　$I_{k\,min}^{(2)},I_{k\,min}^{(1)}$——在最小运行方式下线路末端发生两相或单相短路时的短路电流;

　　　$K_s^{(2)}$——两相短路时的灵敏度,一般取 2;

$K_s^{(1)}$——单相短路时的灵敏度,对框架开关和装于防爆车间的开关一般取 2,对塑壳开关一般取 1.5。

②低压断路器断流能力的校验

对动作时间在 0.02 s 以上的框架断路器,其极限分断电流应不小于通过它的最大三相短路电流的周期分量有效值,即

$$I_{OFF} \geqslant I_k^{(3)} \tag{11.35}$$

式中　I_{OFF}——框架断路器其极限分断电流;

　　　$I_k^{(3)}$——三相短路电流的周期分量有效值。

对动作时间在 0.02 s 以下的塑壳断路器,其极限分断电流应不小于通过它的最大三相短路电流冲击值,即

$$I_{OFF} \geqslant I_{sh}^{(3)}$$

或

$$i_{OFF} \geqslant i_{sh}^{(3)} \tag{11.36}$$

式中　i_{OFF},I_{OFF}——塑壳断路器极限分断电流峰值、有效值;

　　　$i_{sh}^{(3)}$,$I_{sh}^{(3)}$——三相短路电流冲击值、冲击有效值。

例 11.3　已知某供电线路的计算电流为 420 A,采用导线的长期允许电流为 450 A(已修正),线路首端的三相短路电流为 11.2 kA。供电线路中最大一台电动机的额定电流为100 A,启动倍数 $K_{qd} = 6$。试选择用于电源端的低压断路器的型号及规格。

解　1)选择低压断路器型号及规格

选择 MW-06 型框架断路器作为供电线路的过载和短路保护,其额定电流为

$$I_N = 630 \text{ A} > I_{js} = 420 \text{ A}$$

选过流脱扣器的额定电流为

$$I_{NZ} = 630 \text{ A} > I_{js} = 420 \text{ A}$$

故满足要求。

2)脱扣器动作电流的整定

由式(11.30)得

$$I_{dz3} \geqslant K_3(K_{qd}I_{qd1} + I_{js(n-1)}) = 1.2 \times [1.0 \times 6 \times 100 \text{ A} + (420 - 100) \text{ A}] = 1\,104 \text{ A}$$

选瞬时脱扣电流整定倍数为 3 倍,即

$$I_{dz} = 3 \times 630 \text{ A} = 1\,890 \text{ A}$$

3)校验断流能力

MW-06 的极限开断电流 I_{OFF} 为 25 kA,三相短路电流 $I_k^{(3)}$ 为 11.2 kA,则

$$I_{OFF} = 25 \text{ kA} > 11.2 \text{ kA}$$

故满足要求。

4)校验过电流脱扣器与被保护线路的配合

由式(11.32)要求 $I_{dz} \leqslant K_f I_y$,即

$$I_{dz} = 1\,890 \text{ A} < 4.5 \times 450 \text{ A} = 2\,025 \text{ A}$$

故符合要求。

综上所述,选择 MW-06 型框架式断路器是满足要求的。

11.6.2 低压刀开关的选择

低压刀开关选择和校验时应注意以下两点:

①极数和类型。单极、双极、三极,单投、双投,操作手柄或操作机构形式,有无灭弧罩,有无速断触头,等等。

②开断能力。一般低压刀开关,多用于工厂配电设备中,作为不频繁手动接通和切断电路或隔离作用。对带各种杠杆操作机构的单投或双头刀开关,主要装在配电屏或动力配电箱,以切断额定电流以下的负荷电流。

11.7 互感器的选择

11.7.1 电流互感器的选择

(1)形式的选择

根据电流互感器安装的场所和使用条件,选择电流互感器的绝缘结构(浇注式、瓷绝缘和油浸式等)、安装方式(户内、户外、装入式及穿墙式等)、结构形式(多匝式、单匝式和母线式等)等。一般 6~20 kV 户内配电装置中的电流互感器多采用户内式瓷绝缘或树脂浇注绝缘结构;6~20 kV 户内配电装置中额定电流大于 2 000 A 的电流互感器多采用母线式;35 kV 及其以上的电流互感器多采用油浸式或油浸瓷箱式瓷绝缘结构。

(2)按额定电压选择

电流互感器的额定电压不小于装设电流互感器回路所在电网的额定电压。

(3)按额定电流选择

电流互感器的一次额定电流不小于装设回路的最大持续工作电流。电流互感器的二次额定电流,可根据二次负荷的要求分别选择 5A,1A 或 0.5A。

(4)按准确度级选择

电流互感器的准确度级应符合其二次测量仪表的要求。

(5)校验二次负荷

电流互感器的准确度与二次负荷有关,为保证电流互感器工作时的准确度符合要求,校验电流互感器的二次负荷不超过(某准确度下)允许的最大负荷。

电流互感器(测量用)的二次负荷包括二次测量仪表、二次电缆和接触电阻等几部分的电阻。当电流互感器的二次负荷不平衡时,应按最大一相的二次负荷校验。

校验二次负荷的公式如下:

按容量校验为

$$S_2 \leqslant S_{N2}$$

按阻抗校验为

$$Z_2 \leqslant Z_{N2} \tag{11.37}$$

式中 S_2——电流互感器二次的最大一相负荷, VA;

S_{N2}—— 电流互感器的二次额定负荷, VA;

Z_2—— 电流互感器二次的最大一相负荷, Ω;

Z_{N2}—— 电流互感器的额定二次负荷, Ω。

计算电流互感器二次的最大一相负荷时, 通常略去阻抗中的电抗, 只计其电阻。电流互感器二次的最大一相负荷可表示为

$$Z_2 = r_y + r_{j0} + r \tag{11.38}$$

式中 r_y——测量仪表电流线圈的电阻, Ω;

r_{j0}——二次电缆及导线的电阻, Ω;

r——连接导线的接触电阻, 一般取 0.1 Ω。

分析式(11.37)、式(11.38)可知, 为满足二次负荷的要求应计算出恰当的二次电缆及导线的电阻(或截面), 其计算公式为

$$r_{j0} \leqslant Z_{N2} - (r_y + r)$$

或

$$r_{j0} \leqslant \frac{S_{N2} - I_{N2}^2 (r_y + r)}{I_{N2}^2} \tag{11.39}$$

因 $r_{j0} = \rho L / S_{j0}$, 根据式(11.31), 二次电缆截面 $S_{j0}(\mathrm{mm}^2)$ 的计算公式为

$$S_{j0} \geqslant \frac{\rho L_j}{Z_{N2} - (r_y + r)} \times 10^6 \tag{11.40}$$

式中 ρ——导线的电阻率, $\Omega \cdot \mathrm{m}$; 铜导线为 1.75×10^{-8};

L_j——连接导线的计算长度, m。

连接导线的计算长度 L_j 与电流互感器至仪表端子之间实际距离 L_1 以及电流互感器接线方式有关。当只有一只电流互感器时, 因往返导线中的电流相等, 故取 $L_j = 2L_1$; 当 3 只电流互感器采用星形接线时, 因中线中无电流, 故取 $L_j = L_1$ 当两只电流互感器采用不完全星形时, 因公共线中的电流 $-\dot{I}_B$ 与 $\dot{I}_A$、$\dot{I}_C$ 相电流相位相差为 60°, 故取

$$L_j = \sqrt{3} L_1$$

在发电厂或变电所中, 互感器用连接导线应采用钢芯控制电缆, 根据机械强度要求, 导线截面不得小于 1.5 mm^2。

(6) **校验热稳定**

电流互感器的热稳定能力用热稳定倍数 K_h 表示, 热稳定倍数 k_h 等于互感器 1 s 热稳定电流与一次额定电流 I_{N1} 之比, 故热稳定条件为

$$(K_h I_{N1})^2 \times t \geqslant Q_k \tag{11.41}$$

式中 Q_k——短路热效应;

t——短路电流持续时间,为 1 s。

(7)校验动稳定

电流互感器的内部动稳定能力用动稳定倍数 K_m 表示,动稳定倍数 K_m 等于互感器内部允许通过的极限电流(峰值)与 $\sqrt{2}$ 倍一次额定电流(I_{N1})之比。故互感器内部动稳定条件为

$$(K_m \times \sqrt{2} \times I_{N1}) \geqslant i_{im}^{(3)} \qquad (11.42)$$

此外,还应校验电流互感器外部动稳定(即一次侧瓷绝缘端部受电动力的机械动稳定)。电流互感器外部动稳定条件为

$$F_f \geqslant F_{max} \qquad (11.43)$$

式中 F_f——电流互感器一次测端部允许作用力;

F_{max}——电流互感器一次侧瓷绝缘端部所受最大电动力。

例 11.4 试选择如图 11.7 所示电路的 10 kV 线路用电流互感器。已知:线路最大工作电流为 390 A;电流表为 1T1-A 型,消耗功率为 3 VA;有功电能表为 DS1 型,电流线圈消耗功率为 0.5 VA;功电能表 DX1 型,电流线圈消耗功率为 0.5 VA;电流互感器至仪表间距离为 20 m;母线相间距离为 0.4 m;互感器端部与最近支持绝缘子间距离为 0.8 m;互感器二次额定电流为 5 A;该支路通过的最大短路电流为 $I'' = I_{1.5} = I_3 = 17$ kA;短路电流通过时间为 3 s。

解 根据已知条件,初步选定 LFC-10-00-0.5/3 型互感器,其主要参数如下:额定电压 10 kV,额定电流 400 A,额定变比 400/5,0.5 级二次额定负荷 0.6 Ω,1 s 热稳定倍数 $K_h = 75$,动稳定倍数 $K_m = 165$,瓷帽端部允许最大力 $F_f = 763$ N。

根据图 11.7 可知,A 相负荷最大。1T1-A 型电流表电阻为 $r_2 = S_1/I_{N2}^2 = 3/5^2$ Ω $= 0.12$ Ω,DS1 型有功电能表电阻为 $r_2 = S_1/I_{N2}^2 = 0.5/5^2$ Ω $= 0.02$ Ω,DX1 型无功电能表电阻为 $r_3 = 0.02$ Ω,A 相仪表线圈总电阻 $r_y = r_1 + r_2 + r_3 = 0.12$ Ω $+ 0.02$ Ω $+ 0.02$ Ω $= 0.16$ Ω。

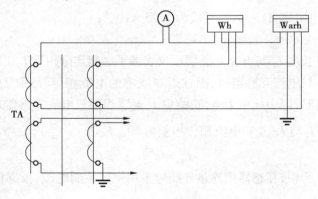

图 11.7 电路图

互感器允许二次导线电阻为

$$r_{j0} = Z_{N2} - r_y - r = 0.6 \text{ Ω} - 0.16 \text{ Ω} - 0.1 \text{ Ω} = 0.34 \text{ Ω}$$

因采用不完全星形接线,故计算长度为

$$L_j = \sqrt{3} \times L_1 = \sqrt{3} \times 20 \text{ m} = 34.6 \text{ m}$$

因此,二次电缆截面为

$$S_{j0} \geqslant \frac{\rho L_j}{r_{j0}} \times 10^6 = \frac{1.75 \times 10^{-8} \times 34.6}{0.34} \times 10^6 \text{ mm}^2 = 1.78 \text{ mm}^2$$

选用标准截面为 2.5 mm² 的铜导线。

校验热稳定：

短路热效应为

$$Q_k = I^2 t = 17 \text{ kA}^2 \times 3 \text{ s} = 867 \text{ kA}^2 \cdot \text{s}$$
$$(K_h I_{N1})^2 t = (75 \times 0.4)^2 \times 1 = 900 \text{ kA}^2 \cdot \text{s}$$
$$(K_h I_{N1})^2 t > 867 \text{ kA}^2 \cdot \text{s}$$

故热稳定合格。

校验内部动稳定如下：

该支路通过的最大冲击短路电流为

$$i_{im} = 2.55 \times I'' = 2.55 \times 17 \text{ kA} = 43.4 \text{ kA}$$
$$K_m \sqrt{2} I_{N1} = 165 \times \sqrt{2} \times 0.4 \text{ kA} = 93.3 \text{ kA}$$

互感器内部允许通过的极限电流(峰值)大于该支路通过的最大冲击短路电流,内部动稳定合格。

校验外部动稳定如下：

$$F_{max} = 1.73 \times i_{im}^2 \frac{L}{a} \times 10^{-7}/2 = 1.73 \times 43\ 400^2 \times \frac{0.8}{0.4} \times 10^{-7}/2 \text{ N} = 332 \text{ N}$$

电流互感器一次侧瓷绝缘端部所受最大电动力小于电流互感器一次测瓷绝缘端部所允许的最大电动力,故外部动稳定合格。

选择项目全部合格,故选用 LFC-10-400-0.5/3 型电流互感器。

11.7.2　电压互感器的选择

(1)形式的选择

根据电压互感器安装的场所和使用条件选择电压互感器的绝缘结构和安装方式。一般6～20 kV 户内配电装置中多采用油浸或树脂浇注绝缘的电磁式电压互感器;35 kV 配电装置中宜选用电磁式电压互感器;110 kV 及其以上的配电装置中尽可能选用电容式电压互感器。

在形式选择时,还应根据接线和用途的不同,确定单相式、三相式、三相五柱式、一个或多个副绕组等不同形式的电压互感器。

(2)按额定电压选择

为保证测量准确性,电压互感器一次额定电压应在所安装电网额定电压的90%～110%。

电压互感器二次额定电压应满足测量、继电保护和自动装置的要求。通常一次绕组接于电网线电压时,二次绕组额定电压选为 100 V;一次绕组接于电网相电压时,二次绕组额定电压选为 $100/\sqrt{3}$ V。当电网为中性点直接接地系统时,互感器辅助副绕组额定电压选为100 V;当电网为中性点非直接接地系统时,互感器辅助副绕组额定电压选为 100/3 V。

(3)按容量和准确度级选择

电压互感器按容量和准确度级选择的原则与电流互感器的选择相似,要求互感器二次最

大一相的负荷 S_2 不超过设计要求准确度级的额定二次负荷 S_{N2},而且 S_2 应该尽量接近 S_{N2},因 S_2 过小也会使误差增大。

电压互感器的二次负荷 S_2 可计算为

$$S_2 = \sqrt{\left(\sum S_0 \cos\varphi\right)^2 + \left(\sum S_0 \sin\varphi\right)^2} = \sqrt{\left(\sum P_0\right)^2 + \left(\sum Q_0\right)^2} \qquad (11.44)$$

式中 S_0, P_0, Q_0——同一相仪表和继电器电压线圈的视在功率、有功功率、无功功率;

$\cos\varphi$——同一相仪表和继电器电压线圈的功率因数。

统计电压互感器二次负荷时,首先应根据仪表和继电器电压线圈的要求,确定电压互感器的接线,并尽可能将负荷分配均匀。然后计算各相负荷,取其最大一相负荷与互感器的额定容量比较。在计算各相负荷时,要注意互感器与负荷的接线方式。当互感器接线与负荷接线不一致时(见图11.8),计算如下:

当电压互感器绕组三相星形接线负荷为 V 形接线时,已知每相负荷的总伏安数和功率因数,互感器每相二次绕组所供功率为:

A 相有功功率

$$P_A = \frac{1}{\sqrt{3}} S_{ab} \cos(\varphi_{ab} - 30°)$$

A 相无功功率

$$Q_A = \frac{1}{\sqrt{3}} S_{ab} \sin(\varphi_{ab} - 30°)$$

B 相有功功率

$$P_B = \frac{1}{\sqrt{3}} \left[S_{ab} \cos(\varphi_{ab} + 30°) + S_{ab} \cos(\varphi_{bc} - 30°) \right] \qquad (11.45)$$

B 相无功功率

$$Q_B = \frac{1}{\sqrt{3}} \left[S_{ab} \sin(\varphi_{ab} + 30°) + S_{bc} \sin(\varphi_{bc} - 30°) \right]$$

C 相有功功率

$$P_C = \frac{1}{\sqrt{3}} S_{bc} \cos(\varphi_{bc} + 30°)$$

C 相无功功率

$$Q_C = \frac{1}{\sqrt{3}} S_{bc} \sin(\varphi_{bc} + 30°)$$

当电压互感器绕组 V 形接线、负荷为三相星形接线时,已知每相负荷为 S,总功率因数为 $\cos\varphi$,互感器每相二次绕组所供功率为:

AB 相有功功率

$$P_{AB} = \sqrt{3} S \cos(\varphi + 30°)$$

AB 相无功功率

$$Q_{AB} = \sqrt{3} S \sin(\varphi + 30°) \qquad (11.46)$$

BC 相有功功率

$$P_{BC} = \sqrt{3}S \cos(\varphi - 30°)$$

BC 相无功功率

$$Q_{BC} = \sqrt{3}S \sin(\varphi - 30°)$$

电压互感器不校验动稳定和热稳定。

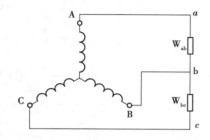 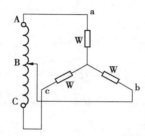

（a）互感器绕组三相星形接线，负荷为 V 形接线；　（b）互感器绕组 V 形接线，负荷为三相星形接线

图 11.8　计算电压互感器负荷接线用电路

例 11.5　试选择图 11.9 中 10 kV 母线用电压互感器。已知电压互感器所接仪表如下：DS1 型有功功率表 1 只（每个电压线圈消耗功率为 0.6 VA）；DX1 型无功功率表 1 只（每个电压线圈消耗功率为 0.6 VA）；DS1 型有功电能表 6 只（每个电压线圈消耗功率为 1.5 VA）；DX1 型无功电能表 2 只（每个电压线圈消耗功率为 1.5 VA）；16L1-Hz 频率表 1 只（电压线圈消耗功率为 0.5 VA）；1 只母线电压表和 3 只绝缘监察用电压表（每个电压线圈消耗功率为 0.2 VA）。

解　根据已知条件，初步选定 JSJW-10 型电压互感器，其主要参数：额定电压 10 kV，额定变比 $\dfrac{10}{\sqrt{3}}/\dfrac{0.1}{\sqrt{3}}/\dfrac{0.1}{3}$ kV，0.5 级二次额定容量为 120 VA。

根据如图 11.9 所示接线将互感器二次负荷列于表 11.9 中。

表 11.9　电压互感器二次负荷统计

仪表名称	每个线圈消耗功率/VA	仪表线圈 cos φ	仪表线圈 sin φ	仪表数	互感器二次负荷 A 相 P_a	B 相 P_b	C 相 P_c	AB 相 P_{ab}	AB 相 Q_{ab}	BC 相 P_{bc}	BC 相 Q_{bc}
有功功率表	0.6	1		1				0.6		0.6	
无功功率表	0.6	1		1				0.6		0.6	
有功电能表	1.5	0.38	0.925	6				3.42	8.33	3.42	8.33
无功电能表	1.5	0.38	0.925	2				1.14	2.78	1.14	2.78
频率表	0.5	1		1				0.5			
电压表	0.2	1		4	0.2	0.2	0.2			0.2	
合计					0.2	0.2	0.2	6.26	11.1	5.96	11.1

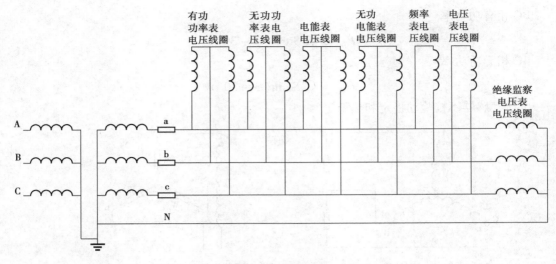

图 11.9 接线图

根据表 11.9 和式(11.38)求得互感器不完全星形负荷为

$$S_{ab} = \sqrt{P_{ab}^2 + Q_{ab}^2} = \sqrt{6.26^2 + 11.1^2} \text{ VA} = 12.74 \text{ VA}$$

$$S_{BC} = \sqrt{P_{bc}^2 + Q_{bc}^2} = \sqrt{5.96^2 + 11.1^2} \text{ VA} = 12.6 \text{ VA}$$

$$\cos \varphi_{ab} = P_{ab}/S_{ab} = 6.26/12.74 = 0.49, \varphi_{ab} = 60.7°$$

$$\cos \varphi_{bc} = P_{bc}/S_{bc} = 5.96/12.6 = 0.47, \varphi_{bc} = 61.8°$$

电压互感器 A 相负荷应等于由式(11.37)计算的负荷,再加上绝缘监察电压表所消耗的功率,则

$$P_A = \frac{1}{\sqrt{3}} S_{ab} \cos(\varphi_{ab} - 30°) + P_a = \frac{1}{\sqrt{3}} 12.74 \cos(60.7° - 30°) \text{ W} + 0.2 \text{ W} = 6.52 \text{ W}$$

$$Q_A = \frac{1}{\sqrt{3}} S_{ab} \sin(\varphi_{ab} - 30°) + Q_a = \frac{1}{\sqrt{3}} 12.6 \sin(60.7° - 30°) \text{ var} + 0 = 3.71 \text{ var}$$

同理,电压互感器 B 相负荷为

$$P_B = \frac{1}{\sqrt{3}} \big[S_{ab} \cos(\varphi_{ab} + 30°) + S_{ab} \cos(\varphi_{bc} - 30°) \big]$$

$$= \frac{1}{\sqrt{3}} \big[12.74 \cos(60.7° + 30°) + 12.6 \cos(60.7° - 30°) \big] \text{W} = 10.68 \text{ W}$$

$$Q_B = \frac{1}{\sqrt{3}} \big[S_{ab} \sin(\varphi_{ab} + 30°) + S_{bc} \sin(\varphi_{bc} - 30°) \big]$$

$$= \frac{1}{\sqrt{3}} \big[12.74 \sin(60.7° + 30°) + 31.54 \sin(60.7° - 30°) \big] \text{var} = 11.07 \text{ var}$$

显然,B 相负荷最大,应按 B 相负荷检验二次负荷。B 相负荷为

$$S_b = \sqrt{P_b^2 + Q_b^2} = \sqrt{10.68^2 + 11.07^2} \text{ VA} = 15.38 \text{ VA}$$

$$S_b < 120/3 \text{ VA}$$

故符合要求。

经校验合格,选用选定 JSJW-10-$\dfrac{10}{\sqrt{3}}\Big/\dfrac{0.1}{\sqrt{3}}\Big/\dfrac{0.1}{3}$ 型电压互感器。

思考与练习题

1. 选择电气设备的一般条件是什么?

2. 选择矩形母线的条件是什么?

3. 什么是母线的最大允许跨距? 应如何计算?

4. 什么是母线的最小允许截面? 应如何计算?

5. 选择支持绝缘子的条件是什么?

6. 如何选择高压断路器? 如何选择隔离开关?

7. 选择电流互感器的条件是什么?

8. 选择电压互感器的条件是什么?

9. 某 35 kV 配电装置中,三相母线垂直布置。已知该装置中的一条支路的最大工作电流 $I_{max}=600$ A,母线相间距离 $a=0.5$ m,同相绝缘子间距离 $L=1.2$ m;该支路通过的最大短路电流为:$I''^{(3)}=30$ kA,$I_{0.4}^{(3)}=28$ kA,$I_{0.8}^{(3)}=26$ kA,短路电流持续时间 $t=0.8$ s 环境温度 $\theta=25$ ℃。试求:

(1)该支路选用矩形铜母线(50×4) mm^2 时,母线的最大应力和短路后最高温度为多少?

(2)该支路选用单条矩形铝质母线时,其截面为多少?

(3)选择该支路所用支持绝缘子的型号。

(4)选择该支路所用高压断路器和隔离开关的型号。

10. 试选择如图 11.10 所示电路的 10 kV 某支路用电流互感器。已知:线路最大工作电流为 390 A;电流表为 $1T_1$-A 型,消耗功率为 3 VA;有功电能表为 DS1 型,电流线圈消耗功率为 0.5 VA;无功电能表为 DX$_1$ 型,电流线圈消耗功率为 0.5 VA;有功功率表为 DS$_1$-W 型,电流线圈消耗功率为 0.5 VA;无功功率表为 DX$_1$ 型,电流线圈消耗功率为 1.5 VA;电流互感器至仪表间距离为 10 m;母线相间距离为 0.4 m;互感器端部与最近支持绝缘子间距离为 0.8 m;互感器二次额定电流为 5 A;该支路通过的最大短路电流为 $I''=I_1=I_2=15$ kA;短路电流通过时间为 2 s。

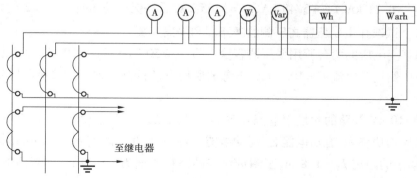

图 11.10　电路图

11. 试选择如图 11.11 所示的 10 kV 母线用电压互感器。已知电压互感器所接仪表如下：DS_1 型有功功率表 4 只(每个电压线圈消耗功率为 0.6 VA)；DX_1 型无功功率表 2 只(每个电压线圈消耗功率为 0.5 VA)；DS_1 型有功电能表 4 只(每个电压线圈消耗功率为 6.84 VA)；DX_1 型无功电能表 4 只(每个电压线圈消耗功率为 4.56 VA)；$16L_1$-Hz 频率表 1 只(电压线圈消耗功率为 0.5 VA)；$16L_1$-V 电压表 1 只(电压线圈消耗功率 0.2 VA)。

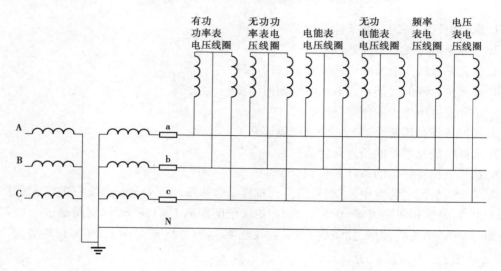

图 11.11 电路图

12. 什么叫短路电流的电动力效应？如何校验电器及母线的动稳定？

13. 什么叫短路电流的热效应？如何校验电器及母线的热稳定？

14. 某 10 kV 母线三相水平平放，型号 LMY-60×80 mm^2，已知 $I'' = I_\infty = 21$ kA，母线跨距 1 000 mm，相间距 250 mm，跨距数大于 2，短路持续时间为 2.5 s，系统为无穷大。试校验此母线的动稳定和热稳定。

15. 电气设备选择的一般条件是什么？

16. 高压断路器的特殊校验项目是什么？怎样校验？

17. 电流、电压互感器的特殊选择项目是什么？怎样选择？

18. 已知某变电所主变压器 $S_N = 16\ 000$ kVA，$V_{N1} = 110$ kV，最大过负荷倍数 1.5 倍，高压侧短路电流 $I'' = 6.21$ kA，$I_\frac{tk}{2} = 5.45$ kA，$I_{t_k} = 5.55$ kA，后备保护动作时间 $t_{pr} = 2$ s，当地年最高温度为 40 ℃。试选择主变压器高压侧的断路器和隔离开关。

19. 已知某变电所的两台所用变压器容量均为 $S_N = 50$ kVA，$V_{N1} = 10$ kV，最大过负荷倍数为 1.5 倍，高压侧短路电流 $I'' = 10.5$ kA，不考虑所用电动机自启动。试选择所用变压器高压侧的熔断器。

20. 选择 110 kV 线路的测量用电流互感器。已知该线路 $I_{max} = 260$ A，装有电流表三只，有功功率表、无功功率表、有功电能表、无功电能表各一只；相间距离 $a = 2.2$ m，电流互感器至最近一个绝缘子的距离 $L_1 = 1.8$ m，至测量仪表的路径长度为 $L = 70$ m；其断路器后短路时，$i_{sh} = 25.5$ kA，$Q_k = 150[(KA)^2 \cdot S]$；当地年最高温度为 40 ℃。

21. 某小型变电所有 4 条 10 kV 线路,分别向 4 个用户供电,从出线断路器到架空线之间用电力电缆连接,并列敷设于电缆沟内,长度 $L = 18$ m,电缆中心距离为电缆外径的 2 倍。各线路 P_{max} 均为 1 600 kW,$T_{max} = 4 200$ h,$\cos4 = 0.85$,当地最热月平均温度为 30 ℃。电缆始端短路电流为 $I'' = 4$ kA,$I_{\frac{t_k}{2}} = 3$ kA,$I_{tk} = 2$ kA。线路保护动作时间 $t_{pr} = 0.1$ s,断路器全开断时间 $t_{ab} = 0.3$ s。试选择线路电缆。

第 **12** 章
防雷与接地

【学习描述】

　　民用电器大多采用 220，380 V 的电压，若电压突然升高，电器的绝缘就会损坏，如电视机被烧毁。假若雷雨天气，电话线路遭到雷击，正在打电话的人可能有生命危险。对电力设备而言，电压突然升高，也会使其损坏，造成大面积停电，甚至造成人身伤亡。造成供配电系统过电压的原因有很多，雷电是其中最常见、危害最大的一种（见图 12.1），必须对其进行防范。

图 12.1　雷云与闪电

【教学目标】

　　了解防雷设备的作用和性能；掌握供配电线路和变电站的防雷装置的配置接地类型及其作用，以及接地装置的构成。

【学习任务】

　　熟悉常用防雷设备的性能和用途，能够配置供配电线路和变电站的防雷设备；了解接地装置的类型及其作用，会根据情况选择接地装置。

12.1　过电压及其分类

供配电系统在正常运行时,电气设备或线路上所受电压为其相应的额定电压。但因某些原因,使电气设备或线路上所受电压超过了正常工作电压要求,并对其绝缘构成威胁,甚至造成击穿损坏,这一超过电器设备正常工作的电压称为过电压。

过电压按产生原因,可分为外部过电压和内部过电压。外部过电压(也称大气过电压或雷电过电压)是供配电系统的设备或建筑物因受到大气中的雷击或雷电感应而引起的过电压;内部过电压是因供配电系统正常操作、事故切换、发生故障或负荷骤变时引起的过电压。

12.1.1　大气过电压

大气过电压又称雷电过电压,是因电力系统的设备或建(构)筑物遭受来自大气中的雷击或雷电感应而引起的过电压,因其能量来自系统外部,故称外部过电压。

雷电过电压有两种基本形式:直击雷过电压和感应雷过电压。

(1)直击雷过电压

直击雷过电压是指雷云直接对电气设备或建筑物放电而引起的过电压。强大的雷电流通过这些物体导入大地,从而产生破坏性极大的热效应和机械效应,造成设备损坏,建筑物破坏。直击雷的放电如图 12.2 所示。

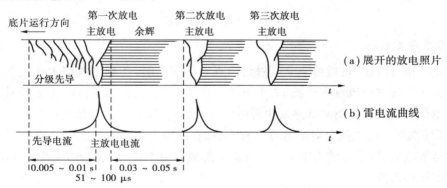

图 12.2　雷电放电发展过程

关于雷电产生原因的学说较多,如图 12.3 所示。一般认为,地面湿气受热上升,或空气中不同冷、热气团相遇,凝成水滴或冰晶,形成云。云在运动中使电荷发生分离,带有负电荷或正电荷的云称为雷云。当空中的雷云靠近大地时,雷云与大地之间形成一个很大的雷电场。因静电感应作用,使地面出现异号电荷。当雷云电荷聚集中心的电场达到 25 ~ 30 kV/cm 时,周围空气被击穿,雷云对大地放电,形成一个导电的空气通道,称为"雷电先导"。大地的异性电荷集中的上述方位尖端上方,在雷电先导下行到离地面 100 ~ 300 m 时,也形成一个上行的"迎雷先导"。雷电先导和迎雷先导相互接近,正负电荷迅速中和,产生强大的"雷电流",并伴有电闪雷鸣,这就是直击雷的"主放电阶段"。主放电电流很大,高达几百千安,但持续时间极短,一般只有 50 ~ 100 μs。主放电阶段之后,雷云中的剩余电荷继续沿主放电通道向大地放电,就是直击雷的"余辉放电阶段"。这一阶段电流较小,几百安,持续时间为 0.03 ~ 0.15 s。

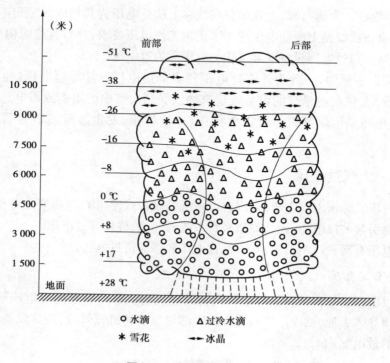

图 12.3　雷电形成过程

（2）感应雷过电压

所谓感应雷过电压,是指当架空线附近出现对地雷击时,在输电线路上感应的雷电过电压。感应雷过电压的形成过程如图 12.4 所示。在雷云放电的起始阶段,雷云及其雷电先导通道中的电荷所形成的电场对线路发生静电感应,逐渐在线路上感应出大量异号的束缚电荷 Q。因线路导线和大地之间有对地电容 C 存在,故在线路上建立一个雷电感应电压 $U = Q/C$。当雷云对地放电后,线路上的束缚电荷被释放而形成自由电荷,向线路两端冲击流动,这就是感应雷过电压冲击波。

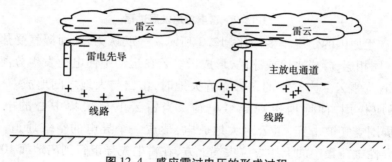

图 12.4　感应雷过电压的形成过程

高压线路上的感应过电压,可高达几十万伏,低压线路上的感应过电压,也可达几万伏。如果这个雷电冲击波沿着架空线路侵入变电站或厂房内部,对电气设备的危害很大。

12.1.2 内部过电压

内部过电压是电力系统正常操作、事故切换、发生故障或负荷骤变时使系统参数发生变化时电磁能产生振荡,积聚而引起的过电压。它可分为操作过电压、弧光接地过电压和谐振过电压。

内部过电压的能量来自电力系统本身,经验证明,内部过电压一般不超过系统正常运行时额定相电压的 3 ~ 4 倍,对电力线路和电气设备绝缘的威胁不是很大。

内部过电压按其电磁振荡的起因、性质和形成不同,又可分为工频电压升高、谐振过电压和操作过电压。其中,工频过电压的幅值不高,一般不超过工频电压的 2 倍,对 220 kV 及以下的系统的电气设备绝缘没有危险。

(1)操作过电压

操作过电压是电力系统中开关操作或故障,使电容、电感等储能元件运行状态发生突变,引起的电场、磁场能量转换的过渡过程中出现的振荡性过电压。其作用时间在几毫秒到数十毫秒之间。倍数一般不超过 4 倍的工频电压。常见的操作过电压有切、合空载长线路的过电压、切空载变压器过电压及电弧接地过电压等。

(2)谐振过电压

电力系统中的电路参数(R,L,C)配合不当,可能会构成某一自振频率的振荡回路,在开关操作或故障的激发下,形成周期性或准周期性的剧烈振荡,电压幅值急剧上升,形成谐振过电压。谐振过电压的持续时间较长,甚至稳定存在,因此危害性很大。

(3)限制内部过电压的措施

①采用灭弧能力强的快速高压断路器,在断路器主触头上并联电阻(约 3 000 Ω),在并联电阻上串联一个辅助触头,以减少电弧重燃的次数,控制操作过电压的倍数。

②装设磁吹避雷器或氧化锌避雷器。

③对对地电容电流大的网络,中性点经消弧线圈接地,限制电弧接地过电压。

④增加对地电容或减少系统中电压互感器中性点接地的台数,即增加母线对地的感抗,从而减小固有自振频率,避免因系统扰动而发生母线铁磁谐振过电压。

12.1.3 雷电的有关概念

(1)雷电流的幅值和陡度

雷电流是一个幅值很大、陡度很高的冲击波电流,其特征以雷电流波形表示,如图 12.5 所示。

雷电流的幅值 I_m 与雷云中的电荷量及雷电放电通道的阻抗有关。雷电流一般在 1 ~ 4 μs 内增大到最大值(幅值)。在雷电流波形图中,雷电流由零增大到幅值的

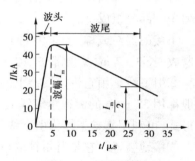

图 12.5 雷电流波形

这段时间的波形称为波头 τ_{wh}，而从幅值起到雷电流衰减为 $I_m/2$ 的一段波形称为波尾。雷电流的陡度 α 用雷电流波头部分增长的速率来表示，即 $\alpha = di/dt$。雷电流陡度据测定可达 50 kA/μs 以上。对供配电系统和电气设备的绝缘来说，雷电流的陡度越大，则产生的过电压 $U_L = L\,di/dt$ 越高，对供电系统的影响就越大，对电气设备的绝缘的破坏程度也就越严重。因此，应当设法降低雷电流的幅值和陡度，保护设备绝缘。

（2）年平均雷暴日数

在一天内，凡看到雷闪或听到雷声，都称为雷暴日。

由当地气象部门统计的多年雷暴日的年平均值称为年平均雷暴日数。把年平均雷暴日数不超过 15 天的地区称为少雷地区；年平均雷暴日数超过 40 天的地区称为多雷地区；年平均雷暴日数超过 90 天的地区称为雷害严重地区。年平均雷暴日数越多，对防雷要求就越高。

（3）雷电活动的规律

一般来说，热而潮湿的地区比冷而干燥的地区雷电活动多，山区多于平原。从时间上看，雷电主要出现在春夏和夏秋之交气温变化的时段内。

（4）直击雷的活动规律

①一般来说，旷野中孤立的建筑物和建筑群中的高耸建筑物，易受雷击。

②与建筑物的结构有关。金属屋顶、金属构架、钢筋混凝土结构的建筑物、地下有金属管道及内部有大量金属设备的厂房，易受雷击。

③与建筑物的性质有关。建筑群中特别潮湿的地方、地下水位较高的地方、排出导电粉尘的厂房、废气管道、地下有金属矿物质的地带以及变电所、架空线路等易受雷击。

12.2 防雷设备

为了避免电气设备遭受直击雷以及防止感应过电压击穿绝缘，通常采用避雷针、避雷线、避雷器、避雷网等设备进行过电压保护。下面分别介绍这些防雷设备。

12.2.1 避雷针

避雷针是人们最熟悉的防雷设备之一。避雷针的构造很简单，不管其形式如何，都是由下列 3 个部分组成：

①接闪器。或称"受雷尖端"，它是避雷针最高部分，用来接收雷电放电，现在多用不锈钢管制成，长 3～7 m，其顶部略呈尖形即可。

②引下线。用它将接闪器上的雷电流安全地引到接地装置，使之尽快泄入大地。引下线一般都用 35 mm^2 的镀锌钢绞线或者圆钢以及扁钢制成。如果避雷针的支架是采用铁管或铁塔形式，可利用其支架作为引下线，而无须另设引下线。

③接地装置。它是避雷针的最下部分，埋入地下。它与大地中的土壤紧密接触，可使雷电流很好地泄入大地。接地装置一般都是用角钢、扁钢或圆钢、钢管等打入地中，其接地电阻

一般不能超过 10 Ω。

由于避雷针比被保护物高出较多,又与大地直接相连,当雷云先导接近时,它与雷云之间的电场强度最强,雷云放电又总是朝着电场强度最强的方面发展。因此,避雷针则具有引雷的作用,也就是将雷云放电的通道,由原来可能向被保护物体发展的方向,吸引到避雷针本身,然后经与避雷针相连的引下线和接地装置将雷电流泄放到大地中去,使被保护物免受直接雷击。

在一定高度的避雷针下面,有一个安全区域,在这个区域中的物体基本上不致遭受雷击,这个安全区一般称为避雷针的保护范围。避雷针按采用的支数不同可分为单只、双支和多支的避雷针,其保护范围各有不同。目前电力行业对避雷针和避雷线的保护范围都是按"折线法"来确定,而新颁国家标准《建筑物防雷设计规范》(GB 50057—2010)则规定采用 IEC 推荐的"滚球法"来确定。本章按"折线法"来确定避雷针和避雷线的保护范围。

(1)**单支避雷针的保护范围**

如图 12.6 所示,单支避雷针在地面上的保护范围可确定为

$$r = 1.5\,h$$

式中　r——保护范围的半径,m;

$\quad\quad h$——避雷针的高度,m。

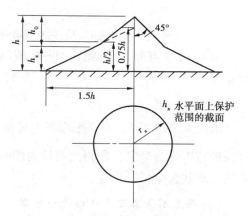

图 12.6　单支避雷针的保护范围

在空间的保护范围是一个锥形空间,这个锥形空间的顶点向下作与避雷针成 45°的斜线,构成锥形保护空间的上部,从距针底沿地面各方向 1.5 h 处向针 0.75 h 高度处作连接线,与上述 45°斜线相交,交点以下的斜线构成了锥形保护空间的下部。如果用公式来表达保护空间,则在高度为 h_x(被保护物的高度)水平面上的保护半径 r_x 为

当 $h_x \geqslant \dfrac{h}{2}$ 时

$$r_x = (h - h_x)p$$

当 $h_x < \dfrac{h}{2}$ 时

$$r_x = (1.5h - 2h_x)p$$

式中,p 为考虑到针太高时保护半径不与针高成正比增大的系数。当 $h \leqslant 30$ m 时,$p = 1$;当 30 m $< h \leqslant 120$ m 时,$p = \dfrac{5.5}{\sqrt{h}}$。

(2)**两支等高避雷针的保护范围**

如图 12.7 所示,两支高度相等的避雷针,其外侧保护范围与单针相同,两针内侧的保护范围应按通过两针顶点及保护范围上部边缘最低点 O 的圆弧来确定。O 点的高度 h_0 可计算为

$$h_0 = h - \frac{D}{7p}$$

式中　D——两针间的距离,m;

　　　h 及 p 的意义与前述同。

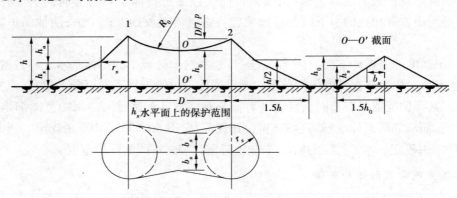

图 12.7　两支等高避雷针在 h_x 水平面上的保护范围

由图 12.7 可知,两针间在 O—O' 截面中,高度为 h_0 水平面上保护范围一侧的宽度 b_x 可计算为

$$b_x = 1.5(h_0 - h_x)$$

求出 b_x 的大小后,则在平面图上可得点 $\left(\frac{D}{2}, b_x\right)$,由此点向半径 r_x 的圆作切线(此圆由单针保护范围方法确定),便得到两针内侧的保护范围。两针之间的距离 D 必须小于 $7ph_a$,两针方能构成联合保护。

(3)两支不等高避雷针的保护范围

如图 12.8 所示,两支不等高避雷针的外侧保护范围仍按单针方法确定。两针内侧保护范围可先按单针方法作出较高针 1 的保护范围的边界,然后经过较低针 2 的顶点作一水平线与之交于点 3,再由点 3 对地面作一垂线。将此垂线看作一假想的避雷针 3,则可作出两等高避雷针 2 和 3 的联合保护范围。此时,圆弧的弓高为

$$f = \frac{D'}{7p}$$

式中　f——图 12.7 中圆弧的弓高,m;

　　　D'——较低针与假想针的距离,m。

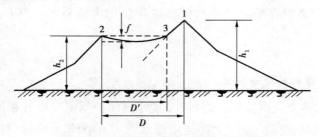

图 12.8　两支不等高避雷针的保护范围

若为多个避雷针,只要所有相邻各对避雷针之间的联合保护范围都能保护,而且通过 3 个避雷针所作圆的直径 D_y,或者由 4 个或更多避雷针所组成多边形的对角线长度 D 不超过有效高度的 8 倍(即 $D \leqslant 8h_a$),则避雷针间的全部面积都可以受到保护。如图 12.9 所示为多个避雷针的保护范围。

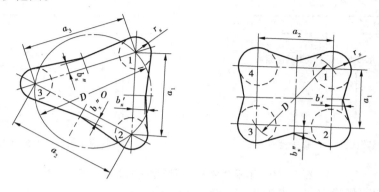

图 12.9　多个避雷针在 h_x 水平面上的保护范围

1,2,3,4—避雷针;a_1,a_2,a_3—避雷针之间的距离

12.2.2　避雷线及避雷网

(1)避雷线

避雷线也称架空地线,它是悬挂在高空的接地导线,一般为 $35 \sim 70 \ \text{mm}^2$ 的镀锌钢绞线,顺着每根支柱引下接地线并与接地装置相连接。引下线应有足够的截面,接地装置的接地电阻一般应保持在 10 Ω 以下。

避雷线与避雷针一样,将雷电引向自身,并安全地将雷电流导入大地。采用避雷线主要用来防止送电线路遭受直击雷。如果避雷线挂得较低,离导线很近,雷电有可能绕过避雷线直击导线,因此,为了提高避雷线的保护作用,需要将它悬挂得高一些。

用单根避雷线保护发、变电所的电气设备时,其保护范围如图 12.10(a)所示。由避雷线两侧分别向下作与避雷线的铅垂面成 25° 的斜面,构成保护空间的上部。斜面在避雷线悬挂高度 h 的一半处($h/2$)向外偏折,与地面上离避雷线水平距离为 h 的直线相连的平面,构成保护空间的下部。

当 $h_x \geqslant \dfrac{h}{2}$ 时

$$r_x = 0.47(h - h_x)p$$

当 $h_x < \dfrac{h}{2}$ 时

$$r_x = (h - 1.53h_x)p$$

式中,当 $h \leqslant 30 \ \text{m}$ 时,$p = 1$,当 $30 \ \text{m} < h \leqslant 120 \ \text{m}$ 时,$p = \dfrac{5.5}{\sqrt{h}}$。

用两根避雷线保护发变电所电气设备时,其保护范围如图 12.10(b)所示。两根避雷线外侧的保护范围按单根避雷线来决定。两根避雷线内侧保护范围的横截面,则由通过避雷线

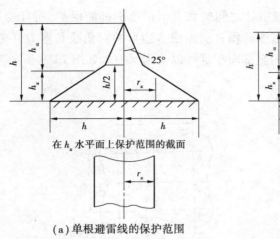

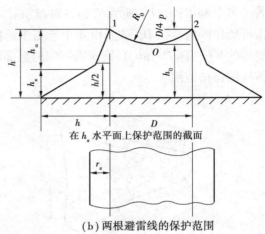

（a）单根避雷线的保护范围　　　　　　（b）两根避雷线的保护范围

图 12.10　单根及两根平行避雷线的保护范围

顶点及中点 O 的圆弧确定。O 点的高度可确定为

$$h_0 = h - \frac{a}{4p}$$

式中　a——两根避雷线间的距离；

　　　h——避雷线的高度。

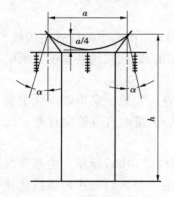

图 12.11　避雷线的保护角及
其保护范围

用避雷线保护送电线路时，避雷线对外侧导线的遮蔽作用通常以保护角 α 来表示。所谓保护角，就是指避雷线到导线的直线和避雷线对大地的垂线之间的夹角，如图 12.11 所示。保护角越小，其保护可靠程度也越高。运行经验证明：在正常结构的杆塔上，当避雷线的保护角 α 小于 20°时，雷电绕过避雷线直击导线的可能性很小（小于 0.001）。当保护角大于 30°时，雷电直击导线的概率就显著增大。但要使保护角 α 减小，就需要增加避雷线的支持高度，这样将使线路造价大为增加。从安全、经济的观点出发，避雷线的保护角一般应保持在 20°～30° 为宜。

必须指出，为了降低雷电通过避雷针放电时感应过电压的影响，不论是避雷针或者是避雷线与被保护物之间必须有一定的安全空气距离，一般情况下不允许小于 5 m。另外，防雷保护用的接地装置与被保护物的接地体之间也应保持一定的距离，一般不应小于 3 m。

（2）避雷带和避雷网

避雷带和避雷网主要用来保护高层建筑物免遭直击雷和感应雷。

避雷带和避雷网宜采用圆钢和扁钢，优先采用圆钢。圆钢直径应不小于 8 mm；扁钢截面应不小于 48 mm²，其厚度应不小于 4 mm。当烟囱上采用避雷环时，其圆钢直径应不小于 12 mm；扁钢截面应不小于 100 mm²，其厚度应不小于 4 mm。避雷网的网格尺寸要求可查相关设计手册得到。

以上接闪器均应经引下线与接地装置连接。引下线宜采用圆钢或扁钢,优先采用圆钢,其尺寸要求与避雷带(网)采用的相同。引下线应沿建筑物外墙明敷,并经最短的路径接地,建筑艺术要求较高者可暗敷,但其圆钢直径应不小于 10 mm,扁钢截面应不小于 80 mm^2。

12.2.3 避雷器

如图 12.12 所示,当雷电波入侵时,如果不采取措施,雷电压 U_0 将全部作用于设备 T 上。若雷电压 U_0 高于设备 T 的绝缘水平(绝大多数情况恰恰就是这样),将使设备绝缘击穿,甚至爆炸。如果在靠近设备处装一组避雷器 A,当雷电波 U_0 到达时,避雷器动作,雷电流通过避雷器泄入大地。大气过电压被截断,使加到设备上的电压仅为避雷器动作电压 U'。只要设备的绝缘水平高于避雷器的放电电压,就可以实现保护的目的。

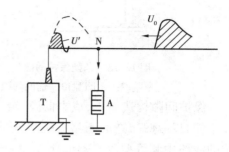

图 12.12 避雷器作用示意图
A—避雷器
T—被保护设备(开关、变压器等)

因此,避雷器是电力系统中限制过电压、保护电气设备绝缘的电器。通常将它接于导线和地之间,与被保护设备并联。在正常工作情况下,避雷器中无电流流过。当线路上传来危及被保护设备绝缘的过电压波时,避雷器立即动作,过电压的能量经避雷器泄放到大地,这样将过电压限制在一定的水平。过电压消失后,避雷器中仍有工频电压所产生的工频电弧电流(俗称续流),此电流的大小是安装处的短路电流。要求避雷器能自动切断工频续流,使电力系统恢复正常工作。

避雷器经过了保护间隙、管型避雷器、阀型避雷器、氧化锌避雷器一系列更新换代的过程,但在供配电系统的不同场合仍在使用。

(1)保护间隙

保护间隙又称放电间隙,是最简单的防雷保护装置。它由主间隙、辅助间隙和支持瓷瓶组成。主间隙按结构形式不同,可分为棒型、环型和角型。在供配电系统中,角型保护间隙使用最广泛,如图 12.13 所示。主间隙 2 由两个金属电极构成,两极间有一定的空气间隙,一个极接于供电系统,一个极与大地相连,与被保护设备并联接线。当雷电波侵入时,保护间隙作为一个薄弱环节首先击穿,将雷电流引入大地,避免了被保护设备的电压升高、从而保护了设备。辅助间隙 3 的作用是为了防止主间隙被异物短路,引起误动作。

电气设备的冲击绝缘强度是用伏秒特性表示。所谓伏秒特性,即绝缘材料在不同幅值的冲击电压作用下,其冲击放电电压与对应的起始放电时间的关系。避雷器与被保护设备的伏秒特性之间应有合理的配合。保护间隙与主间隙间的电场是不均匀电场。在这种电场中,当放电时间减小时,放电电压增加较快,即其伏秒特性段较陡,且分散性也较大。如图 12.14 所示。曲线 2 是被保护设备的伏秒特性,曲线 1 是保护间隙的伏秒特性,为使被保护设备得到可靠的保护,要求曲线 1 低于曲线 2,且两者之间需有一定距离。如果被保护设备的伏秒特性较平坦,这时保护间隙的伏秒特性与其配合就比较困难,故不宜它来保护具有较平坦伏秒特性的电气设备,如变压器、电缆等。

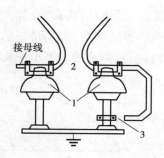

接母线

图 12.13　角型保护间隙
1—瓷瓶;2—主间隙;3—辅助间隙

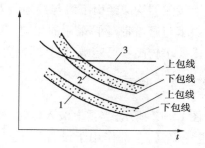

图 12.14　保护间隙的保护效果

保护间隙构造简单,成本低廉,维护方便,但由于无专门灭弧装置,间隙熄弧能力差,往往不能自动熄弧,造成断路器跳闸,这是保护间隙的主要缺点。规程规定,在具有自动重合闸的线路中和管型避雷器或阀型避雷器的参数不能满足安装地点的要求时,可采用保护间隙。

防雷保护间隙的结构应满足以下要求:

①间隙距离应符合要求,并稳定不变。

②间隙放电时,应能够防止电弧跳到其他设备上。

③能防止间隙的支持绝缘子损坏。

④间隙正常动作时,能防止电极烧坏。

⑤电极应镀锌或采取其他防锈蚀的措施。

⑥主、辅间隙之间的距离应尽量小,最好三相共用一个辅助间隙

(2)管型避雷器

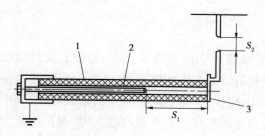

图 12.15　管型避雷器结构示意图
1—产气管;2—棒形电极;
3—环形电极

管型避雷器是保护间隙的改进,如图 12.15 所示。它由产气管 1、内部间隙 S_1 和外部间隙 S_2 3 部分组成。产气管由纤维、有机玻璃或塑料制成。内部间隙装在产气管内。一个电极为棒形,另一个电极为环形。外部间隙设在避雷器和带电的导体之间,其作用是保证正常时避雷器与电网的隔离,避免纤维管受潮漏电。

当线路遭受雷击时,在大气过电压的作用下,管型避雷器的内外部间隙相继被击穿。内部间隙的放电电弧使管内温度迅速升高,管子内壁的纤维材料分解出大量的气体,由环形电极端面的管口喷出,产生纵向吹弧。当交流电弧电流第一次过零时,电弧熄灭。这时外部间隙恢复了绝缘性能,管型避雷器与电网断开,恢复正常运行。

管型避雷器的铭牌上和样本中一般都标出额定断流能力这一参数,该参数有上限与下限两个数值(如 0.5 ~ 4 kA,2 ~ 10 kA 等),表示避雷器断流能力(开断续流)的范围。也就是说,管型避雷器只有这一开断续流范围内才能正常工作。由于管型避雷器是按自吹灭弧原理工作的,因此,其熄弧能力取决于开断电流的大小。管型避雷器在额定断流能力的上限与下限

之间能保证可靠熄弧。选用管型避雷时,应注意除了其额定电压要与线路的电压相符外,还要核算安装处的短路电流是否在额定断流范围之内。如果短路电流的最大有效值(考虑非周期分量)比避雷器的额定断流能力的上限值大,避雷器可能引起爆炸;若短路电流可能的最小值(不考虑其非周期分量)比下限值小,则避雷器不能正常灭弧。

管型避雷器具有简单经济、残压很小的优点,由于结构上的特点,其伏秒特性较陡,不易与变压器的伏秒特性相配合,且在动作时有电弧和气体喷出,因此,它只能用于室外架空场所,主要是架空线路上。

(3)阀型避雷器

阀型避雷器由装在密封磁套管中的火花间隙组和具有非线性电阻特性的阀片串联组成,其结构和外形如图 12.16 所示。火花间隙组是根据额定电压的不同采用若干个单间隙叠合而成,如图 12.17 所示,每个间隙由两个黄铜电极和一个厚 0.5～1 mm 的云母垫圈组成。由于两黄铜电极间间距小,面积较大,因此电场较均匀,可得到较平缓的放电伏秒特性。阀片是由金刚砂(SiC)和结合剂在一定的高温下烧结而成,具有良好的非线性特性和较高的通流能力。正常电压时,阀片电阻很大,过电压时,阀片电阻变得很小。因此,阀型避雷器在线路上出现雷电过电压时,其火花间隙击穿,阀片能使雷电流顺畅地向大地泄放。当雷电过电压消失、线路上恢复工频电压时,阀片呈现很大的电阻,使火花间隙绝缘迅速恢复而切断工频续流,从而保证线路恢复正常运行。必须注意:雷电流流过阀片电阻时要形成电压降,即线路在泄放雷电流时有一定的残压加在被保护设备上。残压不能超过设备绝缘允许的耐压值,否则设备绝缘仍要被击穿。

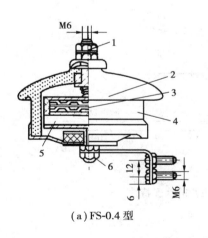

(a)FS-0.4 型

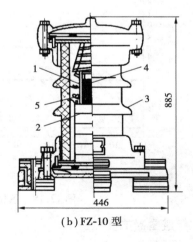

(b)FZ-10 型

图 12.16　阀型避雷器的结构

(a)FS-0.4 型

1—上接线端;2—火花间隙;3—云母片;4—瓷套管;5—阀片;6—下接线端

(b)FZ-10 型

1—火花间隙;2—阀片;3—瓷套管;3—云母片;5—分路电阻

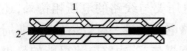

图 12.17　单个平板型火花间隙

1—黄铜电极;2—云母片

由于阀型避雷器具有伏秒特性比较平缓、残压较低的特点,因此,常用来保护变电所中的电气设备。

(4)氧化锌避雷器

氧化锌避雷器是一种没有火花间隙只有压敏电阻片的阀型避雷器。压敏电阻片是由氧化锌或氧化铋等金属氧化物烧结而成的多晶半导体陶瓷元件,具有理想的阀特性。在工频电压下,它呈现极大的电阻,能迅速有效地阻断工频续流,因此无须火花间隙来熄灭由工频续流引起的电弧,而且在雷电过电压作用下,其电阻又变得很小,能很好地泄放雷电流。

1)氧化锌非线性电阻片

该电阻片是在以氧化锌为主要材料的基础上,掺以微量的氧化铋、氧化钴、氧化铬、氧化锑等添加物,经过成型、烧结、表面处理等工艺过程而制成,故称金属氧化物电阻片,做成的避雷器也称金属氧化物避雷器(MOA)。

如图 12.18 所示为氧化锌电阻片的伏安特性。图 12.18 中,电阻片的全伏安特性可分为 3 个典型区域。区域Ⅰ为低电场区,非线性系数 α 较高,为 0.1 ~ 0.2;区域Ⅱ为中电场区,相当于用公式 $U = CI^{\alpha}$ 表示的非线性区域,非线性系数 α 大大降低,为 0.015 ~ 0.05;区域Ⅲ为高电场区,氧化锌晶粒的固有电阻起支配作用,伏安特性曲线向上翘。

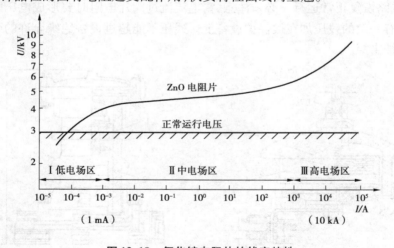

图 12.18　氧化锌电阻片的伏安特性

2)氧化锌避雷器的优点

与由碳化硅 SiC 电阻片和串联火花间隙构成的传统避雷器相比,具有以下优点:

①保护性能优越。由于氧化锌避雷器(电阻片)有优越的伏安特性,在正常运行电压下,流过它的电流仅为微安级的电流,因此也不需要隔离的间隙,只要电压稍有升高,避雷器即可迅速吸收过电压能量,抑制过电压的发展。

氧化锌避雷器还有很好的伏秒特性,它没有间隙的放电时延,它的伏秒特性很平,在 0.5 μs 以内,伏秒特性略有上翘。因此,对 SF₆ 气体绝缘变电站能有效地保护。

②无续流、通流量大。由于氧化锌避雷器工频续流很小(微安级),可认为无续流。认为

该避雷器只吸收雷电及操作过电压的能量,不吸收工频续流的能量。这样动作电流时间很短,不会发热损坏。因此,此种避雷器具有耐受多重过电压的能力。同碳化硅电阻片比较,氧化锌电阻片单位面积的通流能力大4～4.5倍。

③性能稳定、不受外界干扰。无间隙氧化锌避雷器的性能几乎不受温度、湿度、气压、污秽等环境条件的影响,故其性能稳定。

④氧化锌电阻片伏安特性是对称的,不存在极性问题,可制成直流避雷器。

⑤制造工艺简单,造价较低,适用大批生产。

以前的氧化锌避雷器外装为瓷套,瓷套的内部容易受潮,可能发生爆炸,使用上受到限制。为了克服瓷套的缺陷,现在的氧化锌避雷采用复合绝缘外套(见图12.19)。新型的全密封内部固体绝缘的悬挂式110 kV复合外套ZnO避雷器的整体结构如图12.20所示。

图12.19　复合绝缘ZnO避雷器外形图

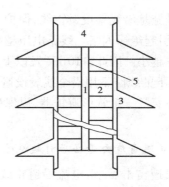

图12.20　复合绝缘ZnO避雷器整体结构示意图
1—环氧玻璃钢芯棒;2—ZnO阀片;3—硅橡胶裙套;
4—铝合金电极;5—高分子密封填充胶

这种结构的ZnO避雷器的显著特点就是发挥了复合绝缘外套和ZnO阀片各自在机械和电气性能方面的特长。氧化锌电阻片有很好电气性能,芯棒材料有很高的机械强度、裙套材料有耐老化及耐污秽性能的特点,它们发挥了各自的优良性能。内部无气隙,不会受潮和发生爆炸。

由于没有串联间隙,ZnO避雷器的阀片不得不直接承受长期工频电压及各种暂时过电压的作用,阀片中流过持续电流。虽然在正常情况下该电流极小,但长时间作用的结果将使阀片发热,伏安特性漂移,功率损耗增加,阀片逐渐老化,最终造成MOA损坏。因此,必须定时对MOA进行必要的试验,尤其是带电监测,以保证设备的安全。

金属氧化物避雷器具有无间隙、无续流、通流量大、残压低、体积小、质量轻等优点,目前供配电系统中ZnO避雷器已经取代了碳化硅阀式避雷器,广泛用于电气设备的防雷保护。

12.3 防雷措施

12.3.1 架空线路防雷措施

由了架空线路长,地处旷野,距离地面较高,且分布广,遭受雷击。供配电系统的雷害事故中,以线路的事故占大多数。线路事故跳闸,不但影响系统正常供电,而且增加了线路和开关设备的检修工作量。同时,雷电过电压波还会沿线路侵入变电所,危及电气设备安全。因此,对架空线路必须保护,具体的保护措施如下:

(1)防止雷击导线

主要措施是沿线架设避雷线,保护导线不受直接雷击,因为雷直击导线时,可能产生很高电位,极易引起绝缘闪络。线路电压越高,采用避雷线的效果越好,而且避雷线在线路造价中所占比重也越小。因此,110 kV 及以上的钢筋混凝土电杆或铁塔线路应沿全线装设避雷线。35 kV 及以下的线路不用沿全线装设避雷线,而是在进出变电所 1 ~ 2 km 装设避雷线,并在避雷线两端各安装一组管形避雷器,以保护变电所的电气设备。而 10 kV 及以下线路上一般不装设避雷线。

(2)防止避雷线受雷击后引起绝缘闪络

避雷线遭雷击后,雷电流沿避雷线流入杆塔。此时,因杆塔或接地引下线的电感,以及接地电阻上的压降,使杆顶电位提高,有可能使绝缘子串闪络,即所谓反击。要防止反击,需要改善避雷线的接地,降低接地电阻值;适当提高线路的绝缘水平;个别杆塔还可使用避雷器,如换位杆和线路交叉部分以及线路上电缆头、开关等处,对全线来说,它们的绝缘性能较低。

(3)防止雷击闪电后建立工频短路电弧

即使绝缘子串闪络了,也要使它尽量不转为稳定的工频电弧,如果工频电弧建立不起来,线路就不会跳闸。相应的措施如下:

①适当增加绝缘子片数,减少绝缘子串的工频电场强度,可减少雷击闪电后转变为稳定电弧的可能性。

②在 3 ~ 10 kV 的线路中采用瓷横担绝缘子,比铁横担线路的绝缘耐雷击性能高得多。

③电网中性点采用不接地或经消弧线圈接地,当线路绝缘发生单相对地的冲击闪络时,电弧自行熄灭。

(4)防止线路中断供电

为了使线路跳闸后,也能保证不中断供电,可采用自动重合闸或双回路、环网供电等措施。

因配电线路的绝缘水平较低,故遭受雷击时容易引起绝缘子的闪络,造成线路跳闸。在断路器跳闸后,电弧即自行熄灭。如果采用自动重合闸,使断路器经 0.5 s 或稍长一点时间后自动重合闸,电弧通常不会复燃,从而能恢复供电,这对一般用户不会有什么影响。

实际应用时,应按线路电压等级、重要程度,当地雷电活动强弱,以及其他具体情况等,从技术和经济两方面来决定具体的防雷措施。

12.3.2　变配电站防雷措施

变配电所内有很多电气设备(如变压器等)的绝缘性能远比电力线路的绝缘性能低,而且变配电所又是供配电网的枢纽,如果变电所内发生雷害事故,将会造成很大损失,因此必须采用防雷措施。

(1)装设避雷针防止直击雷

变电所对直击雷的防护,一般装设避雷针,使电气设备全部处于避雷针的保护范围之内。如果变配电所处在附近高建(构)筑物上防雷设施保护范围之内或变配电所本身为室内型时,不必再考虑直击雷的防护。

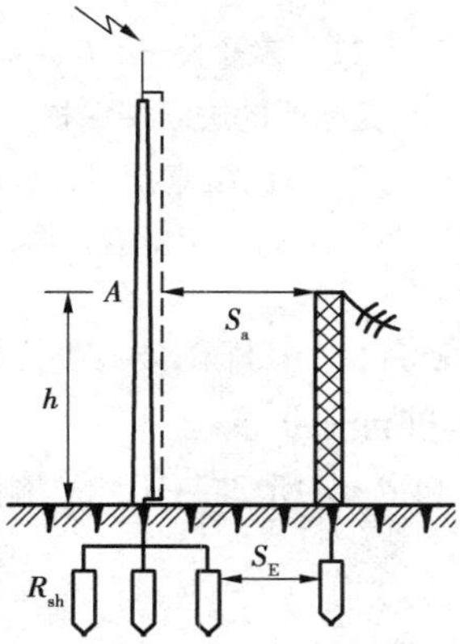

避雷针可分为独立避雷针和架构避雷针两种。独立避雷针和接地装置一般是独立的,其接地电阻不宜超过 10 Ω。架构避雷针是装设在构架上或厂房上的,其接地装置与架构或厂房的地相连,因而与电气设备的外壳也连在一起。主变压器的门型架构和 35 kV 及以下变电所的架构上不允许装设构架避雷针。

图 12.21　避雷针与电气设备间
允许距离示意图

装设避雷针应注意以下 5 点:

①装在架构上的避雷针与主接地网的地下连接点至变压器接地线与主接地网的地下连接点之间,沿接地体的长度不得小于 15 m,以防避雷针放电时,反击击穿变压器的低压绕组。

②为防止雷击避雷针时,雷电波沿电线传入室内,危及人身安全,严禁在装有避雷针、避雷线的构筑物上架设未采取保护措施的通信线、广播线和低压线。

③独立避雷针及其接地装置,不应装设在工作人员经常通行的地方,并应距离人行道路不小于 3 m,否则要采取均压措施,或铺设厚度为 50 ~ 80 mm 的沥青加碎石层。

④独立避雷针与配电装置带电部分、变电所电气设备接地部分、架构接地部分之空气中距离(见图 12.21),应符合

$$S_a \leqslant 0.2R_{sh} + 0.1h$$

式中　S_a——空气中距离,m;

R_{sh}——避雷针的冲击接地电阻,Ω;

h——避雷针校验点的高度,m。

⑤独立避雷针的接地装置与变电所接地网间的地中距离 S_E,应符合

$$S_E \leqslant 0.3R_{sh}$$

一般 S_E 不超过 3 m。

(2) 对沿线侵入雷电波的保护

为了防止变配电所电气设备不受由沿线路侵入雷电波的损害,主要依靠阀型避雷器来保护。但阀型避雷器有局限性:一是侵入雷电流的幅值不能太高;二是侵入雷电流的陡度不能太大。

变配电所的防雷保护接线方式,与其容量大小有关,现分别介绍如下:

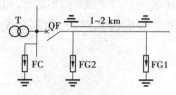

图 12.22　容量大于 5 600 kVA
变电所的进线端保护
FC—阀型避雷器;
FG1,FG2—管型避雷器

① 容量在 5 600 kVA 以上的变电所,进线保护应架设 1~2 km 长的架空避雷线,如果是木杆线路进线保护的首段,应装设三相一组管型避雷器,如图 12.22 所示。

② 容量为 3 150~5 600 kVA 的变电所,以避雷线作为保护装置的进线长度为 0.5~0.6 km,避雷器至变压器及互感器的最大允许距离一般不超过 20 m。其他设置与图 12.22 所示完全一样。

③ 容量在 3 150 kVA 以下的变电所,不要求在进线段架设避雷线,只要求在首端装设管型避雷器,并在 0.5~0.6 km 每一电杆都要接地,如图 12.23 所示。但当变电所有一级负荷时,则应按如图 12.22 所示进行保护。

④ 变电所 3~10 kV 侧的保护,是在每条出线和母线上装设阀型避雷器,如图 12.24 所示。

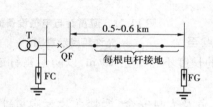

图 12.23　小于 3 150 kVA 变电所的进线端保护
FC—阀型避雷器;FG—管型避雷器

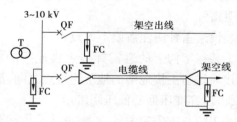

图 12.24　变电所 3~10 kV 侧的
保护 FC—阀型避雷器

对具有电缆出线段的架空线路,阀型避雷器应装设在电缆与架空线路的连接处。阀型避雷器的接地应与电缆的铅皮相连,并通过它连到变电所的接地网上。

(3) 配电设备的保护

1) 配电变压器及柱上油开关的保护

3~35 kV 配电变压器一般采用阀型避雷器进行保护。避雷器应装在高压断路器的后面。为了提高保护的效果,应尽可能地靠近变压器安装。在缺少阀型避雷器时,可用保护间隙进行保护,这时应尽可能采用自动重合熔断器。

对 10 kV 配电变压器,为了防止雷电流流过接地电阻时,接地电阻上的压降与避雷器的残压叠加以后作用在变压器绝缘上,应将避雷器的接地与变压器外壳共同接地,使得变压器高压侧主绝缘上只有阀型避雷器的残压。但此时,接地体和接地引下线上的压降,将使变压器外壳电位大大提高,可能引起外壳向低压侧的闪络放电。因此,必须将变压器低压侧中性点与外壳共同接地,这样中性点与外壳等电位,就不会发生闪络放电了。其接地电阻值为:对100 kVA 及以上的变压器,应不大于 4 Ω;对小于 100 kVA 的变压器,应不大于 10 Ω。

在多雷区,为防止在配电变压器的二次侧落雷,应在二次出口处加装低压避雷器或压敏电阻,其接地可与一次侧的避雷器共同接地,如图 12.25 所示。

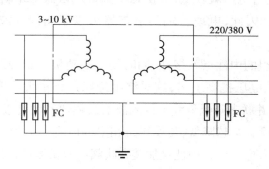

图 12.25　配电变压器的防雷接线

为了防止避雷器流过冲击电流时,在接地电阻上产生的电压降沿低压零线侵入用户,应在变压器两侧相邻电杆上将低压零线进行重复接地。

柱上开关可用阀型避雷器或管型避雷器进行保护。对经常闭路运行的柱上开关,可只在电源侧安装避雷器。对经常开路运行的柱上开关,则应在其两侧都安装避雷器。其接地线应和开关的外壳连在一起共同接地,其接地电阻,一般不应大于 10 Ω。

2) 低压线路的保护

低压线路的保护是将靠近建筑物的一根电杆上的绝缘子铁脚接地。当雷击低压线路时,就可向绝缘子铁脚放电,把雷电流导入大地,起到保护作用。其接地电阻一般不应大于 30 Ω。

(4) 高压电动机的防雷保护

一般对经配变再与架空配电网相连的电动机,可不另做防雷措施。对直接与架空配电网络连接的高压电动机(又称直配电机),一旦遭受雷击,将造成电动机绝缘损坏或烧毁,因此,对这类高压电动机必须加强防雷保护。

在运行中电动机绕组的安全冲击耐压值常低于磁吹阀型避雷器的残压,因此,单靠避雷器构成的高压电动机保护不够完善,必须与电容器和电缆线段等联合组成保护,如图 12.26所示。

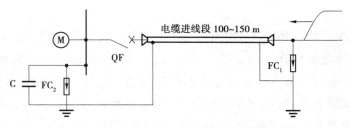

图 12.26　具有电缆进线段的电动机的防雷保护

当侵入波使管型避雷器 FC_1 击穿后,电缆首端的金属外皮和芯线间被电弧短路,由于雷电流频率很高和强烈的趋肤效应使雷电流沿电缆金属外皮流动,而流过电线芯线的雷电流很小。同时,由于电缆和架空线的波阻抗不同(架空线 400～500 Ω,电缆 10～50 Ω),雷电波在架空线与电缆的连接点上会发生折射与反射。雷电波侵入电缆以后,电压波幅值已经大大降低。这样电动机母线所受过电压就较低,即使磁吹阀型避雷器 FC_2 动作,流过它的雷电流及残压也不会超过允许值。因此,电缆首端的避雷器可以限制侵入波到达母线上的过电压幅值。

另外,如果电动机绕组的中性点不接地,同时侵入电动机三相绕组的雷电冲击波在中性点处的折射电压比入口处电压提高 1 倍,这对绕组绝缘危害很大。因此为保护中性点的绝缘,采用 FC_2 与电容器 C 并联来降低母线上侵入波的波幅值和波陡度。并联 C 值越大,侵入波上升速度就越慢,波陡度就会越降低,装设于每相上的电容器值为 0.25～0.5 μF。如果电动机绕组的中性点能引出,也可以在中性点加装磁吹阀型避雷器进行保护。

12.4 接地与接零

12.4.1 接地与接零的类型

为了人身安全和电力系统工作的需要,要求电气设备采取接地措施。按接地目的和作用不同,可分为工作接地和保护接地两大类。电力系统因运行和安全的需要,常将发电机和变压器的中性点以及避雷器、避雷针的接地端与大地连接,称为工作接地。这种接地方式可起到降低触电电压,迅速切断故障设备或降低电气设备对地的绝缘水平等作用。为避免触电事故的发生,保障人身安全而将电气设备的金属外壳进行接地,称为保护接地,代号 PE。根据保护接地的实现方式,又可分为 IT 系统、TN 系统和 TT 系统。

电力系统和电气设备的对地关系可用两个字母来表示:第一个字母表示电力系统的对地关系:T 表示一点直接接地;I 表示所有带电部分对地绝缘或一点经阻抗接地。第二个字母表示装置的外露金属部分的对地关系:T 表示外露金属部分直接接地,且与电力系统的任何接地点无关;N 表示外露金属部分与电力系统的接地体连接接地。

(1)IT 系统

在中性点不接地的三相三线制供电系统中,将电气设备正常情况下不带电的金属外壳和构架等与接地体之间作很好的金属连接,称为 IT 系统,如图 12.27 所示。如果电气设备的外壳未接地,当电气设备发生一相碰壳而使其外壳带电时,人体触及外壳,则电流经人体而构成通路,造成触电危险,如图 12.27(a)所示。如果设备外壳接地,则因人体电阻远远大于接地电阻,即使人体触及外壳,流经人体的电流较小,没有多大危险,如图 12.27(b)所示。

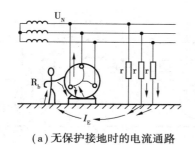
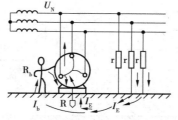

（a）无保护接地时的电流通路　　　　（b）有保护接地时的电流通路

图 12.27　中性点不接地供电系统无接地和有接地时的触电情况

（2）TT **系统**

TT 系统适用于中性点直接接地的三相四线制系统,电气设备的金属外壳均各自单独接地,该接地点与系统接地点无关。在 TT 系统中设备与大地接触良好,发生故障时的单相短路电流较大,足以使过电流保护装置动作,迅速切除故障设备,大大地减少触电危险。即使在故障未切除时人体触及设备外壳,由于人体电阻远大于接地电阻。因此,通过人体的电流较小,触电的危险性也不大,如图 12.28 所示。

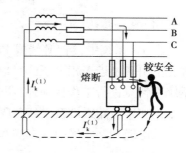

图 12.28　TT **系统保护接地**

但是,如果这种 TT 系统中设备只是因绝缘不良而漏电,由于漏电电流较小而不足以使过电流保护装置动作,从而使漏电设备长期带电,增加了触电的危险。因此,TT 系统应考虑加装灵敏的触电保护装置(如漏电保护器),以保障人身安全。

TT 系统由于设备外壳经各自的 PE 线分别直接接地。因此,各 PE 线间无电磁联系,它适用于数据处理、精密检测装置等的供电。而同时 TT 系统又属于三相四线制系统,故在国外得到广泛采用,我国也在逐渐推广。

（3）TN **系统**

TN 系统适用于中性点接地的三相四线制的低压系统。该系统将电气设备的金属外壳经公共的保护线(PE 线)或保护中性线(PEN 线,又称零线)与系统中性点相连接地。在如图 12.29(a)所示的 TN 系统中,当电气设备发生一相碰壳时,短路电流经外壳和零线构成回路,回路中相线、零线和设备外壳阻抗很小,短路电流很大,令线路上的空气开关(或熔断器)迅速动作,将故障设备与电源断开,从而减小触电危险,保护人身和设备的安全。

TN 系统根据保护线与中线的组合形式可分为 TN-C 系统、TN-S 系统和 TN-C-S 系统。TN-C 系统把中性线 N 与保护线 PE 合为一根 PEN 线(见图 12.29(a)),所用材料少,投资省。但由于其保护线与中性线合一,因此,通常用于三相负荷比较平衡且单相负荷容量较小的场所。TN-S 系统的中性线 N 与保护线 PE 是分开的(见图 12.29(b)),正常时 PE 线上没有电流。该系统的优点是即使 N 线断线,也不会影响保护。如图 12.29(c)所示为TN-C-S 系统,该系统兼有以上两种的特点,一部分采用中性线与保护线合一,局部采用专设的保护线。

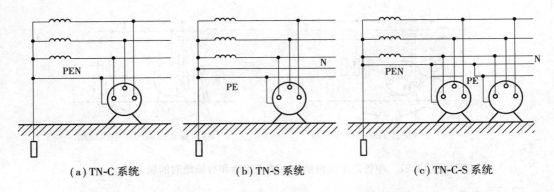

(a) TN-C 系统   (b) TN-S 系统   (c) TN-C-S 系统

图 12.29   TN 系统的 PE 线与 N 线的组合形式

(4)重复接地

在 TN 系统中,当 PE 线或 PEN 线断线且有设备发生单相碰壳时,接在断线处后面的设备外壳上出现接近于相电压的对地电压,存在触电危险。因此,为了进一步提高安全可靠性,除系统中性点进行工作接地外,还必须在以下地点的 PE 线或 PEN 线上重复接地(见图 12.30):

①架空线路末端及沿线每隔 1 km 处。

②电缆和架空线引入车间和大型建筑物处。

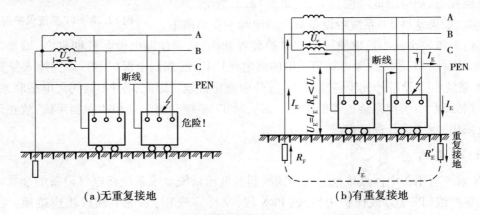

(a)无重复接地   (b)有重复接地

图 12.30   重复接地功能说明示意图

为保证用电安全,PE 线或 PEN 线不允许断线。施工时,一定要保证其安装质量,运行中,应注意检查。并且不允许在 PE 线或 PEN 线上装设开关和熔断器。

12.4.2   接地装置的构成及其散流效应

(1)接地装置的构成

接地装置由接地体和接地线两部分构成。接地体可分为水平接地体和垂直接地体。垂直接地体通常采用直径 50 mm,长 2～2.5 m 的钢管或 50 mm×50 mm×5 mm,长 2.5 m 的角钢,打入地中与大地直接相连。水平接地体一般采用扁钢或角钢,将垂直接地体由若干水平接地体在大地中相互连接而构成的总体,称为接地网。连接于接地体与电气设备金属外壳之间的金属导线,称为接地线。接地线通常采用 25 mm×4 mm 或 40 mm×4 mm 的扁钢或直径

16 mm 的圆钢,端部削尖,埋入地中。为了减少投资,还可利用金属管道以及建筑物的钢筋混凝土基础等作为自然接地体,但易燃易爆的液体或气体管道除外。

（2）**接地装置的散流效应**

当电气设备发生接地故障时,电流经接地装置是以半球面形状向大地散开的,称为散流效应。离接地体越远的地方,半球的表面积越大,散流电阻越小,其电位分布曲线如图 12.31 所示。在距接地体 20 m 左右处,散流电阻趋近于零,该处电位也接近于零,称为电气上的"地"。由图 12.31 可知,接地体的电位最高,它与零电位的"地"之间的电位差,称为对地电压,用 U_E 表示。

（3）**接触电压与跨步电压**

因接地装置散流效应,当电气设备发生单相碰壳或接地故障时,在接地点周围的地面就会有对地电位分布,如图 12.32 所示。此时,若人站在该设备旁,手接触到设备外壳,则人手与脚之间呈现出的电位差 U_{tou} 称为"接触电压"。跨步电压是指在接地故障点附近行走,两脚之间所出现的电位差 U_{step}。由图 12.32 中可知,离接地装置越远,跨步电压越小,通常距接地点 20 m 处,跨步电压近似为零。

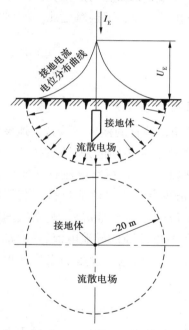

图 12.31　接地电流、对地电压及接地
　　　　　电流电位分布图

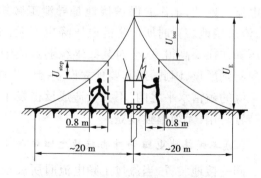

图 12.32　接触电压和跨步电压

（4）**对接地电阻的要求**

接地电阻是指接地体的散流电阻与接地线和接地体电阻的总和。其中,接地体和接地线的电阻与散流电阻相比较小,可忽略不计。在同样的接地电流下,接地电阻越小,接触电压和跨步电压也越小,对人身越安全。接地装置规程对接地电阻的规定见表 12.1。

表 12.1　接地电阻的允许值

电力装置所在电力系统	接地电阻的允许值	电力装置所在电力系统	接地电阻的允许值
1 kV 以上中性点接地系统	$R_E \leqslant 0.5\ \Omega$	1 kV 以下中性点接地系统	$R_E \leqslant 4\ \Omega$
1 kV 以上中性点不接地系统	$R_E \leqslant 250\ V/I_E \leqslant 10\ \Omega$	1 kV 以下中性点不接地系统	$R_E \leqslant 4\ \Omega$

（5）接地装置的布置

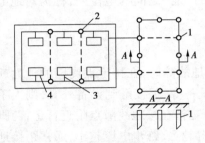

图 12.33　接地装置示意图
1—接地体；2—接地干线；
3—接地支线；4—电气设备

在变电所中，通常用扁钢将若干接地体连接成一个整体构成接地网。接地网的布置形式有外引式和回路式，如图 12.33 所示。外引式将接地体引出厂外某处集中埋于地下，该方式安装方便，且较经济，但接地体附近地面电位分布不均，跨步电压较大，厂房内接触电压较大；另外，接地网的连接可靠性也较差。因此，变电所中常采用回路式接地装置，回路式是将接地体围绕设备或建筑物四周打入地中，它使地面电位分布均匀，减小跨步电压，同时抬高了地面电位，减小了接触电压，安全性好，连接可靠。

12.4.3　防雷接地

（1）防雷接地与一般电气设备的工作或保护接地的区别

所谓防雷接地，是指避雷针（线）、避雷器、放电间隙等防雷装置的接地。就其接地装置的形式和结构与一般电气设备的工作或保安接地没有什么两样。所不同的是：防雷接地是导泄雷电流入地的，工作或保护接地是导泄工频短路电流入地的。工频短路电流远比雷电流要小，流过接地装置时所产生的电压降也不大，不会出现反击现象。雷电流流过接地装置时的电压降往往要高得多，会对某些绝缘弱点或绝缘间隙产生反击。由于避雷针、避雷线的反击现象特别严重，因此，对其要独立设立接地装置；而避雷器，放电间隙的导泄电流，一般都在电气绝缘的耐雷水平之内，不大会造成反击发生。因此，可以与一般电气设备的工作或保护接地装置合用，无须单独设立。

（2）工频接地电阻和冲击接地电阻的关系

同一接地装置，当流过工频电流时所表现的电阻值，称为工频接地电阻。流过雷电冲击电流时所表现的电阻值，称为冲击电阻。因为雷电冲击电流流过接地装置时，电流密度大，波头陡度高，会在接地体周围的土壤中产生局部火花放电，其效果相当于增大了接地体的尺寸，会使接地电阻的数值降低，所以冲击接地电阻要比工频接地电阻小，两者相差一个小于 1 的系数，称为接地电阻冲击系数。

思考与练习题

1. 什么叫年平均雷暴日数？什么叫多雷地区和少雷地区？

2. 某厂有一锅炉房，高 10 m，其最远的一角距离高 60 m 的烟囱为 50 m，烟囱上装有一支 25 m 高的避雷针，试验算此避雷针能否保护这座变电所？

3. 高压架空线路有哪些防雷电措施？一般工厂 6～10 kV 架空线路主要采取哪种防雷电措施？

4. 试说明阀型避雷器和管型避雷器的工作原理和性能区别。

5. 对高压电动机怎样实现防雷保护？变电所的进线段又应怎样实现防雷保护？

6. 工厂变配电所有哪些防雷电措施？主要保护什么电气设备？

7. 避雷针（线）是怎样进行防雷电的？避雷器是怎样进行防雷电的？

8. 什么是接触电压？什么是跨步电压？

9. 何谓 IT 系统？何谓 TN 系统？

10. 为什么中性点不接地系统必须实行保护接地，而中性点接地的低压系统必须实行保护接零？

11. 试说明重复接地的作用。

12. 什么叫接地电阻？什么叫工频接地电阻和冲击接地电阻？

参考文献

［1］陈家瑁,包晓晖.供配电系统及其电气设备［M］.北京:水利电力出版社,2004.

［2］江文,许慧中.供配电技术［M］.北京:机械工业出版社,2005.

［3］张炜.供配电设备［M］.北京:电力出版社,2004.

［4］刘介才.工厂供电［M］.3 版.北京:机械工业出版社,2000.

［5］李俊.供用电网络及设备［M］.北京:电力出版社,2000.

［6］中华人民共和国住房和城乡建设部.GB 50052—2009 供配电系统设计规范［S］.北京:中国计划出版社,2009.

278